轨道交通装备制造业职业技能鉴定指导丛书

制 齿 工

中国北车股份有限公司 编写

中国铁道出版社

2015年·北 京

图书在版编目(CIP)数据

制齿工/中国北车股份有限公司编写．—北京：
中国铁道出版社，2015.2
(轨道交通装备制造业职业技能鉴定指导丛书)
ISBN 978-7-113-19567-0

Ⅰ.①制… Ⅱ.①中… Ⅲ.①齿轮加工－职业技能－
鉴定－教材 Ⅳ.①TG61

中国版本图书馆 CIP 数据核字(2014)第 268207 号

书　名：轨道交通装备制造业职业技能鉴定指导丛书
制　齿　工
作　者：中国北车股份有限公司

策　划：江新锡　钱士明　徐　艳
责任编辑：陈小刚　　编辑部电话：010-51873193
封面设计：郑春鹏
责任校对：龚长江
责任印制：郭向伟

出版发行：中国铁道出版社(100054，北京市西城区右安门西街 8 号)
网　址：http://www.tdpress.com
印　刷：三河市兴达印务有限公司
版　次：2015 年 2 月第 1 版　2015 年 2 月第 1 次印刷
开　本：787 mm×1092 mm　1/16　印张：12.75　字数：310 千
书　号：ISBN 978-7-113-19567-0
定　价：40.00 元

中国北车职业技能鉴定教材修订、开发编审委员会

主　任： 赵光兴

副主任： 郭法娥

委　员：（按姓氏笔画为序）

于帮会　王　华　尹成文　孔　军　史治国
朱智勇　刘继斌　闫建华　安忠义　孙　勇
沈立德　张晓海　张海涛　姜　冬　姜海洋
耿　刚　韩志坚　詹余斌

本《丛书》总　编： 赵光兴

副总编： 郭法娥　刘继斌

本《丛书》总　审： 刘继斌

副总审： 杨永刚　娄树国

编审委员会办公室：

主　任： 刘继斌

成　员： 杨永刚　娄树国　尹志强　胡大伟

序

在党中央、国务院的正确决策和大力支持下，中国高铁事业迅猛发展。中国已成为全球高铁技术最全、集成能力最强、运营里程最长、运行速度最高的国家。高铁已成为中国外交的新名片，成为中国高端装备“走出国门”的排头兵。

中国北车作为高铁事业的积极参与者和主要推动者，在大力推动产品、技术创新的同时，始终站在人才队伍建设的重要战略高度，把高技能人才作为创新资源的重要组成部分，不断加大培养力度。广大技术工人立足本职岗位，用自己的聪明才智，为中国高铁事业的创新、发展做出了重要贡献，被李克强同志亲切地赞誉为“中国第一代高铁工人”。如今在这支近5万人的队伍中，持证率已超过96%，高技能人才占比已超过60%，3人荣获“中华技能大奖”，24人荣获国务院“政府特殊津贴”，44人荣获“全国技术能手”称号。

高技能人才队伍的发展，得益于国家的政策环境，得益于企业的发展，也得益于扎实的基础工作。自2002年起，中国北车作为国家首批职业技能鉴定试点企业，积极开展工作，编制鉴定教材，在构建企业技能人才评价体系、推动企业高技能人才队伍建设方面取得明显成效。为适应国家职业技能鉴定工作的不断深入，以及中国高端装备制造技术的快速发展，我们又组织修订、开发了覆盖所有职业（工种）的新教材。

在这次教材修订、开发中，编者们基于对多年鉴定工作规律的认识，提出了“核心技能要素”等概念，创造性地开发了《职业技能鉴定技能操作考核框架》。该《框架》作为技能人才评价的新标尺，填补了以往鉴定实操考试中缺乏命题水平评估标准的空白，很好地统一了不同鉴定机构的鉴定标准，大大提高了职业技能鉴定的公信力，具有广泛的适用性。

相信《轨道交通装备制造业职业技能鉴定指导丛书》的出版发行，对于促进我国职业技能鉴定工作的发展，对于推动高技能人才队伍的建设，对于振兴中国高端装备制造业，必将发挥积极的作用。

中国北车股份有限公司总裁：

2015.2.7

前　言

鉴定教材是职业技能鉴定工作的重要基础。2002年，经原劳动保障部批准，中国北车成为国家职业技能鉴定首批试点中央企业，开始全面开展职业技能鉴定工作。2003年，根据《国家职业标准》要求，并结合自身实际，组织开发了《职业技能鉴定指导丛书》，共涉及车工等52个职业（工种）的初、中、高3个等级。多年来，这些教材为不断提升技能人才素质、适应企业转型升级、实施"三步走"发展战略的需要发挥了重要作用。

随着企业的快速发展和国家职业技能鉴定工作的不断深入，特别是以高速动车组为代表的世界一流产品制造技术的快步发展，现有的职业技能鉴定教材在内容、标准等诸多方面，已明显不适应企业构建新型技能人才评价体系的要求。为此，公司决定修订、开发《轨道交通装备制造业职业技能鉴定指导丛书》（以下简称《丛书》）。

本《丛书》的修订、开发，始终围绕促进实现中国北车"三步走"发展战略、打造世界一流企业的目标，努力遵循"执行国家标准与体现企业实际需要相结合、继承和发展相结合、坚持质量第一、坚持岗位个性服从于职业共性"四项工作原则，以提高中国北车技术工人队伍整体素质为目的，以主要和关键技术职业为重点，依据《国家职业标准》对知识、技能的各项要求，力求通过自主开发、借鉴吸收、创新发展，进一步推动企业职业技能鉴定教材建设，确保职业技能鉴定工作更好地满足企业发展对高技能人才队伍建设工作的迫切需要。

本《丛书》修订、开发中，认真总结和梳理了过去12年企业鉴定工作的经验以及对鉴定工作规律的认识，本着"紧密结合企业工作实际，完整贯彻落实《国家职业标准》，切实提高职业技能鉴定工作质量"的基本理念，在技能操作考核方面提出了"核心技能要素"和"完整落实《国家职业标准》"两个概念，并探索、开发出了中国北车《职业技能鉴定技能操作考核框架》；对于暂无《国家职业标准》、又无相关行业职业标准的40个职业，按照国家有关《技术规程》开发了《中国北车职业标准》。经2014年技师、高级技师技能鉴定实作考试中27个职业的试用表明：该《框架》既完整反映了《国家职业标准》对理论和技能两方面的要求，又适应了企业生产和技术工人队伍建设的需要，突破了以往技能鉴定实作考核中试卷的难度与完整性评估的"瓶颈"，统一了不同产品、不同技术含量企业的鉴定标准，提高了鉴定考核的技术含量，保证了职业技能鉴定的公平性，提高了职业技能鉴定工作质量和管理水平，将成为职业技能鉴定工作、进而成为生产操作者技能素质评价的新标尺。

本《丛书》共涉及98个职业(工种),覆盖了中国北车开展职业技能鉴定的所有职业(工种)。《丛书》中每一职业(工种)又分为初、中、高3个技能等级,并按职业技能鉴定理论、技能考试的内容和形式编写。其中:理论知识部分包括知识要求练习题与答案;技能操作部分包括《技能考核框架》和《样题与分析》。本《丛书》按职业(工种)分册,并计划第一批出版74个职业(工种)。

本《丛书》在修订、开发中,仍侧重于相关理论知识和技能要求的应知应会,若要更全面、系统地掌握《国家职业标准》规定的理论与技能要求,还可参考其他相关教材。

本《丛书》在修订、开发中得到了所属企业各级领导、技术专家、技能专家和培训、鉴定工作人员的大力支持;人力资源和社会保障部职业能力建设司和职业技能鉴定中心、中国铁道出版社等有关部门也给予了热情关怀和帮助,我们在此一并表示衷心感谢。

本《丛书》之《制齿工》由中国北车集团大连机车车辆有限公司《制齿工》项目组编写。主编孙景屹;主审郝玉琴;参编人员米晓伟。

由于时间及水平所限,本《丛书》难免有错、漏之处,敬请读者批评指正。

中国北车职业技能鉴定教材修订、开发编审委员会

二〇一四年十二月二十二日

目　　录

制齿工(职业道德)习题

一、填 空 题

1. 操作者对本工序(本岗位)执行工艺和操作标准(规程)的(　　)负责。

2. 生产时应严格执行的“三按”为按图纸、按工艺、(　　)。

3. 机床操作者应做到“三好”、“四会”,其中“三好”是指管好、用好和(　　)。

4. 机床操作者应做到的“四会”是指会使用、会保养、会检查、(　　)。

5. 职业道德有利于企业树立(　　)、创造企业品牌。

6. 拆卸零部件,是修理工作的重要环节,拆卸时,使用的工具必须保证对合格零件不会发生损伤,严禁用硬手锤直接在零件的(　　)上敲击。

7. 职业道德含义由三部分组成,即职业道德活动、(　　)和职业道德规范。

8.(　　)是我国安全生产法律体系的核心。

9. 吊钩应当设置防止吊物意外脱钩的(　　)装置,严禁使用铸造吊钩。

10. 从业人员在作业过程中,应当严格遵守安全生产规章制度和安全技术操作规程,服从管理,正确佩戴和使用(　　)。

11. 皮带防护罩与皮带的距离不应小于(　　)mm。

12. 以操作人员的操作位置所在的平面为基准,机械加工设备凡高度在(　　)米之内的所有传动机构的可动零、部件及其危险部位,都必须设置防护装置。

13. 团结互助有利于营造人际和谐氛围,有利于增强(　　)。

14. 文明生产是指以(　　)为准则,按现代化生产的客观要求进行生产活动的行为。

15. 企业新建、改建、扩建工程项目的安全设施,必须与主体工程同时设计、同时施工、(　　)。

二、单项选择题

1. 制齿工应当接受安全生产教育和培训,掌握本职工作所需的(　　),提高安全生产技能,增强事故预防和应急处理能力。

(A)操作知识　(B)安全生产知识　(C)预防知识　(D)生产知识

2. 中国北车企业文化核心理念中,中国北车的使命是(　　)。

(A)接轨世界,牵引未来　(B)成为轨道交通装备行业世界级企业

(C)振兴装备制造业,赶超行业世界一流　(D)实力 活力 凝聚力

3. 社会主义荣辱观教育,是当前(　　)建设的首要任务。

(A)思想观念　(B)思想道德　(C)经济文化　(D)物质文化

4. 积极参加(　　)是职业道德修养的根本途径。

(A)职业实践　(B)职业教育　(C)职业评级　(D)职业素养

5. 工作者要做到敬业，首先要树立正确的(　　)，认识到无论哪种职业都是社会分工的不同，并无高低贵贱之分。

(A)社会发展观　(B)社会观　(C)人生观　(D)职业观

6. 每个社会成员都应该爱护公共财物，如对花园中的花草树木、街道两旁的电话邮筒、影剧院里的座位音响、马路上的井盖路标等加以保护，不损害、不滥用、不浪费、不私占。这属于(　　)。

(A)职业道德基本要求　(B)社会公德基本要求

(C)家庭道德基本要求　(D)环境保护基本要求

7. 职业道德建设的核心是(　　)。

(A)服务群众　(B)爱岗敬业　(C)办事公道　(D)奉献社会

8. 在社会公共生活中，尊老爱幼，尊重妇女，对待老人、儿童、残疾人员，特别予以尊重、照顾、爱护和帮助；尊师敬贤，对待师长和贤者，示以尊重和敬佩亲敬这是社会公德中(　　)。

(A)遵纪守法的要求　(B)保护环境的要求

(C)诚实守信的要求　(D)文明礼貌的要求

9. 法律最首要的作用是(　　)。

(A)预测作用　(B)评价作用　(C)强制作用　(D)指引作用

10. 职业是(　　)的产物。

(A)社会分工　(B)生产发展　(C)科技进步　(D)生活提高

11. 职业道德常常以条约、章程、守则、公约的形式来表现，这一特点体现了职业道德的(　　)。

(A)行业性　(B)多样性　(C)适用性　(D)继承性

12. 职业道德的基础和核心是(　　)。

(A)集体主义　(B)爱岗敬业　(C)热爱祖国　(D)大公无私

13. 做人及从事职业活动的根本是(　　)。

(A)大公无私　(B)热爱本职工作　(C)勇敢　(D)诚实守信

14. 起重机的吊钩危险端面的磨损量达到原来的(　　)时，应及时报废，绝对不可采取补焊的办法来增大端面面积。

(A)30%　(B)20%　(C)10%　(D)5%

15. 下列选项中，不适用于《生产安全事故报告和调查处理条例》的有(　　)。

(A)甲醇泄漏事故　(B)环境污染事故

(C)国防科研生产事故　(D)核设施事故

三、多项选择题

1. 安全生产管理的方针是(　　)。

(A)安全第一　(B)预防为主　(C)综合治理　(D)全面推进

2. 维护公共秩序的基本手段是(　　)。

(A)风俗　(B)道德　(C)纪律　(D)法律

3. 职业道德是增强企业凝聚力的手段，主要表现在(　　)。

(A)协调企业部门间的关系　(B)协调员工与领导间的关系

(C)协调员工同事间的关系　　(D) 协调员工与企业间的关系

4. 职业对个人来说,具有(　　)的作用。

(A)维持生活　　(B)发展个性　　(C)承担社会义务　　(D)关怀他人

5. 安全文化的功能有(　　)。

(A)导向功能　　(B)示范功能　　(C)凝聚功能　　(D)约束功能

四、判 断 题

1. 生产经营单位从业人员有权对本单位安全生产工作中存在的问题提出批评、检举、控告;无权拒绝违章指挥和拒绝强令冒险作业。(　　)

2. 劳动者有权依法参加工会,无权组织工会。(　　)

3. 操作者应熟悉本岗位工艺规程,按工艺文件进行操作,执行工艺纪律。(　　)

4. 当发生自然灾害、事故或者因其他原因威胁劳动者生命健康和财产安全需要紧急处理时,劳动者每日延长工作时间不能超过三个小时。(　　)

5. 对操作者而言,使用设备时只需要用好即可,其余的事与他们无关。(　　)

6. 制齿工应当接受安全生产教育和培训,掌握本职工作所需的安全生产知识,提高安全生产技能,增强事故预防和应急处理能力。(　　)

7. 对于一个级别高的制齿工,单知道各种零件的制齿就够了,不必了解整个加工过程和工艺规程。(　　)

8. 操作者在操作机床时,要严格按照机床操作规程进行,但不用注意安全生产。(　　)

9. 中国北车企业文化核心理念中,中国北车核心价值观:诚信为本 创新为魂 崇尚行动 勇于进取。(　　)

10. 职业道德是人们在职业活动中必须遵守的行为规范和准则。(　　)

11. 社会主义职业道德建设与社会主义精神文明建设没有什么联系。(　　)

12.《安全生产法》关于从业人员的安全义务主要有四项:遵章守规,服从管理;佩戴和使用劳动防护用品;接受培训,掌握安全生产技能;发现事故隐患及时报告。(　　)

13. 机械设备在运转时,工人可以用手调整、测量零件或进行润滑工作,这样有利提高工作效率。(　　)

14. 机械加工要求女工戴防护帽,同时要戴手套,否则有被绞入的危险。(　　)

15. 安全标志的作用是引起人们对不安全因素的注意,设立安全标志可以用来代替安全技术操作规程和防护措施。(　　)

制齿工(职业道德)答案

一、填 空 题

1. 正确性　2. 按标准　3. 修好　4. 会排除故障
5. 良好形象　6. 工作表面　7. 职业道德意识　8.《安全生产法》
9. 闭锁　10. 劳动防护用品　11. 50　12. 2
13. 企业凝聚力　14. 高尚的道德规范　15. 同时投入生产使用

二、单项选择题

1. B　2. A　3. B　4. A　5. D　6. B　7. A　8. D　9. D
10. A　11. C　12. B　13. A　14. C　15. A

三、多项选择题

1. ABC　2. BD　3. BCD　4. ABC　5. ACD

四、判 断 题

1. ×　2. ×　3. √　4. ×　5. ×　7. ×　8. ×　9. √
10. √　11. ×　12. √　13. ×　14. ×　15. ×

制齿工(初级工)习题

一、填 空 题

1. 国家标准规定图样上的尺寸以(　　)为计量单位时,不需要标注单位代号或名称。

2. 机械制图中的斜体字字头向右倾斜,与水平线约成(　　)度角。

3. 在装配图中,对于不穿通的螺纹孔,可以不画出钻孔深度,仅按(　　)画出。

4. 装配图中的序号应按(　　)方向排列整齐。

5. 最大极限尺寸减其基本尺寸所得的代数差叫(　　)。

6. 一般在工厂车间中,常用与(　　)相比较的方法来检验零件的表面粗糙度。

7. 机械制图中,符号“▽”表示表面粗糙度是用(　　)的方法获得的。

8. 碳钢按含碳量可分为低碳钢、中碳钢和高碳钢,20CrMnTi 属于(　　)。

9. 金属材料的性能主要可分为使用性能和(　　)性能两个方面。

10. 金属的使用性能常包括物理性能、化学性能和(　　)。

11. 不锈钢的含铬量越(　　),其耐腐蚀性越好。

12. 齿向误差反映了齿轮在(　　)方向上的接触精度。

13. 一对渐开线齿轮啮合传动时,节点的运动方向与(　　)所夹的锐角称为啮合角。

14. 齿轮的误差代号 f_f 表示(　　)。

15. 标准齿轮的传动中心距是两齿轮的(　　)之和的一半。

16. 圆柱齿轮的制造误差中影响传动精度最大的是(　　)。

17. 机构运动简图中“匚”符号表示(　　)。

18. 用切削加工的方法加工齿轮齿形,若按加工原理的不同,可以分为成形法和(　　)。

19. 在加工精密齿轮时,选择基准广泛采用的原则是(　　)原则。

20. 圆锥齿轮加工机床主要有弧齿锥齿轮铣床和(　　)等。

21. 加工直齿圆柱齿轮的机床主要有滚齿机和(　　)。

22.(　　)是指用与被切齿轮齿间形状相符的成形刀具,直接切出齿形的加工方法。

23. Y3180 型齿轮加工机床中的 31 表示(　　)。

24. 在 Y236 刨齿机上加工直齿锥齿轮时,机床有刨刀的往复、分齿运动、进给运动和(　　)五个运动。

25. 切削用量的三要素包括切削速度、进给量和(　　)。

26. 工件上钻孔时,钻头进出表面应尽量与孔的轴线(　　),否则容易折断钻头。

27. 要求得到较高的表面粗糙度时,切削速度应避开(　　)的生产速度范围。

28. 概括起来说,圆柱齿轮的加工工艺过程可分为齿坯加工、(　　)、热处理和热后精加工。

29. 一般渗碳工序安排在(　　)之前进行。

30. 金属切削加工中常用的切削液可分为水溶液、乳化液和(　　)三大类。

31. 液体传动中,受压液体流动时,既有(　　)能又具有动能。

32. 在液压传动中,有两个基本参数,即压力和(　　)。

33. 刮刀可分为平面刮刀和(　　)两大类。

34. 钳工用錾子的种类有扁錾、狭錾(尖錾)和(　　)。

35. 錾削中的挥锤法有手挥、(　　)和肩挥三种。

36. 游标卡尺是一种精度比较高的量具,它可以直接测量出工件的(　　)、宽度、长度和孔距等。

37. 界限量规分为卡规和(　　)两种。

38. 直角尺一般用于校验直角和(　　)。

39. 深度游标卡尺用来测量孔的深度、(　　)和槽子的深度。

40. 万能游标角度尺可以测量(　　)的外角和 40°～130°的内角。

41. 欧姆定律的表达式是(　　)。

42. 电气设备的安全保护措施主要有接地和(　　)两种。

43. 生产现场的治理通过(　　　　)、督促、制订和落实整改措施的方式进行。

44. 劳动防护用品分为一般劳保用品和(　　)用品。

45. 消防工作应贯彻(　　)的方针。

46. 污染物集中控制是指将(　　)、处理方法相近的污染因素,采取综合的管理手段与治理技术集中解决。

47. 职业病防治工作坚持(　　)的方针,实行分类管理,综合治理。

48. 劳动合同的期限分为固定期限、(　　)和以完成一定的工作为期限。

49. Y54 插齿机传动系统主要有切削主运动、圆周进给运动、分齿运动、径向进给运动、(　　)、自动计数装置运动、工作台主轴的快速回转。

50. 滚齿机由床身、立柱、(　　)、后立柱、工作台及齿轮箱组成。

51. 根据图面的表达形式,剖视图可以分为全剖视图、(　　)、局部剖视图。

52. 机械制图中的波浪线表示(　　)和视图与剖视的分界线。

53. 在同一金属零件的零件图中,剖面图、剖视图的剖面线应画成间隔相等、(　　)而且与水平线成 45°的平行线。

54. 绘制机械图样时,应首先考虑看图方便,根据机件的结构特点,选用适当的(　　)。

55. 机械制图中尺寸数字不可被任何图线所通过,否则必须将其(　　)。

56. 螺纹的牙顶用(　　)表示,牙底用细实线表示。

57. 机械制图中的齿轮的齿根圆和齿根线用(　　)绘制,可省略不画,在剖视图中,齿根线用粗实线绘制。

58. 机械制图中矩形花键的内花键,在平行于花键轴线的投影面的剖视图中,大径用粗实线绘制,小径用(　　)绘制。

59. $_\wedge_$定位符号表示其主要定位点是(　　)的。

60. 形位公差可以分为形状公差和(　　)公差两大类。

61. 形位公差的相关原则可分为最大实体原则与(　　)两种。

62. 表面粗糙度符号应注在(　　)、尺寸线、尺寸界线或它们的延长线上。

63. 工件在机床上的装夹，一般可采用直接装夹、(　　)和夹具装夹三种方式。

64. 夹具夹紧元件与工件的接触面积应尽量大，以避免(　　)和单位面积压力过大。

65. 工件定位中，用长圆柱销可限制工件的(　　)个自由度。

66. 在滚齿机上齿轮坯的定位通常采用(　　)和外圆定心端面定位两种方式。

67. 用百分表测量平面时，测量杆要与被测表面(　　)。

68. 百分表中游丝的作用是消除百分表内部齿轮(　　)引起的误差。

69. 内径百分表的活动测头移动(　　)mm，百分表的指针转1格。

70. 滚刀精度的选择主要取决于(　　)。

71. AAA级高精密滚刀用于加工(　　)级以上精度的齿轮。

72. 按照加工性质的不同，齿轮滚刀可分为精切滚刀、粗切滚刀、挤前滚刀、剃前滚刀和(　　)。

73. 蜗轮滚刀按照走刀方式，可分为径向滚刀和(　　)。

74. 滚刀的(　　)数关系到切削过程的平稳性、齿形精度和齿面粗糙度，以及滚刀每次重磨后的耐用度和使用寿命。

75. 对于粗加工或半精加工的齿轮滚刀，剃前滚刀一般选用(　　)级精度滚刀。

76. 滚刀的容屑槽一般做成与(　　)平行的直槽形式。

77. 加工直齿圆柱齿轮时，滚齿机工作台的运动只有工件的(　　)运动。

78. 选择进给量必须考虑机床(　　)传动链的强度。

79. 滚齿时加工中利用尾顶尖，那么就要求尾顶尖对于(　　)圆跳动误差小于0.02 mm。

80. 滚齿机滚切斜齿圆柱齿轮时，需要有滚切运动、切削运动、轴向进给运动和(　　)四种运动。

81. 滚刀安装前要检查刀杆和滚刀的(　　)，以用手推入刀杆为准。

82. 滚齿机液压缸压力大小是用装在主传动箱分齿交换齿轮罩下的(　　)来调节的。

83. 滚切直齿圆柱齿轮与滚切斜齿圆柱齿轮的差别在于导线的形状不同，在滚切斜齿圆柱齿轮时，除切削运动传动、滚切运动传动和轴向进给传动外，还需要有(　　)传动。

84. 滚切斜齿轮时，滚刀轴线的旋转方向要根据工件的螺旋方向而定，加工右旋齿轮时，刀架应向(　　)时针方向旋转。

85. 加工直齿圆柱齿轮时，滚齿机的运动有：滚刀旋转运动、(　　)、垂直进给运动。

86. 加工左旋斜齿轮时(螺旋角为β)，如用左旋滚刀(安装角为λ)，已知$\beta<\lambda$，那么刀架应拨的角度为(　　)。

87. 加工斜齿圆柱齿轮时，滚齿机的运动必须具有加工直齿轮的几种运动外还必须有(　　)。

88. 滚齿时，可以采用顺滚与逆滚的方法，由于机床进给机构难免有间隙，因此(　　)时易打刀。

89. 标准直齿圆柱齿轮其(　　)为标准值，压力角为20°，其齿顶高系数为$h_a^*=1$，顶隙系数为$C^*=0.25$。

90. 斜齿轮中不同直径上的螺旋角是不同的，名义螺旋角是指(　　)上的螺旋角，用β

表示。

91. 渐开线的形状取决于(　　)的大小。

92. 渐开线上任一点的法线必与其基圆(　　)。

93. 标准直齿圆柱齿轮，以模数为标准值，压力角为 20°，其齿顶高系数为 $h_a^*=1$，顶隙系数为 $C^*=$(　　)。

94. 斜齿轮法面模数 m_n 与端面模数 m_f 之间的关系是(　　)。

95. 齿线是分度圆锥面的直母线的锥齿轮称为(　　)。

96. 直齿锥齿轮分度圆锥面被一个垂直于轴线的平面所截，其截线为一个圆。锥齿轮在此圆上的齿距为给定值时，此圆就称为(　　)。

97. 直齿锥齿轮的几何尺寸是以锥齿轮的(　　)为计算要素，取为标准模数，其齿形参数也是以大端齿形为标准的。

98. 直齿锥齿轮的齿顶圆至分度圆之间沿锥母线量得的距离称为(　　)。

99. 对于直齿锥齿轮，弦齿厚指的是当量圆柱齿轮的(　　)。

100. 直齿锥齿轮的(　　)是指分锥顶点至定位面的轴向距离。

101. 任一个标准齿轮，其(　　)上的齿厚与齿间宽是相等的。

102. 直齿内齿轮的齿数与模数的乘积等于(　　)。

103. 基圆相同则渐开线(　　)。

104. 同样材料的硬度、加工精度要求，插削内齿轮时的切削深度比插削外齿轮的切削深度(　　)。

105. 插齿刀的类型有(　　)、碗形、筒形和锥柄。

106. 根据用途的不同，插齿刀可分为(　　)、专用插齿刀、剃前插齿刀、修缘插齿刀和特形插齿刀等。

107. 插齿刀是以展成法加工内齿轮的唯一刀具，插齿刀实质上是一个(　　)。

108. 插削内齿轮时，为了避免顶切现象，必须注意插削标准齿轮时，齿轮的齿数不宜小于(　　)。

109. 当用圆盘刀插削斜齿圆柱齿轮时，刀具与工件两者的螺旋角必须相等，加工外齿轮时，两者螺旋方向(　　)。

110. 插齿刀的冲程长度为(　　)加上插齿刀两端超越行程量。

111. 一般插齿机的曲柄盘上装有游标卡尺，用以调整插齿刀的(　　)，改变球拉杆伸出的长短来调整行程位置。

112. 插齿时，工件装在工作台上做旋转运动，并随同工作台做直线运动，实现(　　)运动。

113. 插齿机加工直齿内齿轮的加工原理是利用(　　)来加工的，很像两个齿轮作无间隙的啮合传动。

114. 插削直齿内齿轮，当加工不通孔的内齿轮时，应有足够的空刀槽，调整插齿刀的(　　)时，要细心、谨慎，不要碰到空刀槽下面的端面，以免损伤刀具及齿坯。

115. 插齿刀工作时，其往复行程长度在工件上下面的一段距离称为刀具的超越行程，其大小由(　　)决定。

116. 直齿锥齿轮的切削用量与(　　)、热处理后齿面的硬度、直齿轮要求的精度等有关。

117. 国产刨齿刀可分为(　　)种类型。

118. 刨刀应根据实际磨损情况进行修磨,修磨后应该注意刀刃的(　　)。

119. Y236 刨齿机加工齿轮时,被加工齿轮的轴心线与(　　)相交在一点上,这交点即是机床的中心。

120. 利用伞齿刨加工齿轮时,调整完刨刀的冲程后,必须调整刨刀的(　　),使齿大端及小端获得正确的冲出量。

121. 伞齿刨安装刨刀时应保证刀尖切削轨迹通过并垂直于摇台轴线,并与机床中心平面(　　),即刀尖在与它轴心线垂直的平面内移动,而其的运动路线须同摇台的轴心线相交。

122. 用成对刨刀加工直齿锥齿轮,大都是按照(　　)原理的加工方法。

123. Y236 刨齿机刨刀的高度规有两个,分上对刀规和下对刀规,用来检查刨齿刀刀尖的运动轨迹是否通过机床的(　　)。

124. Y236 刨齿机是按照展成法为原理的加工(　　)的机床。

125. 珩齿机按其所用不同的珩齿工具分为三类:外齿珩轮珩齿机、内齿珩轮珩齿机、(　　)。

126. 对于剃刀的安装:当剃削不带台肩的开式齿轮时,剃齿刀宽度的中心线应与刀架回转中心相重合,用机床所附的(　　)进行调整。

127. 用游标卡尺测量中心孔与平面距离时,卡尺上读出来的尺寸应加上工件的(　　)。

128. 内径千分尺用于测量孔径、槽宽、(　　)及其他内径尺寸。

129. 使用外径千分尺时,首先要根据被测件的(　　)选择适当测量范围的千分尺。

130. 用游标卡尺测量孔径时,若量爪测量线不通过孔的中心,则其读数值比实际尺寸(　　)。

131. 公法线长度的测量实际上是测量两条反向渐开线间的(　　)切线的长度。

132. 公法线千分尺在测量面上装有两个带精确平面的(　　)。

133. 使用公法线千分尺测量时,公法线千分尺一定要放正,并注意(　　)的影响。

134. 齿厚卡尺用来测量齿轮(或蜗杆)的弦齿厚和(　　)。

135. 渐开线圆柱齿轮,S_i 表示以任意半径 r_i 所做圆的圆周上的(　　)。

136. 机床的润滑方法分为分散润滑和(　　)两大类。

137. 机床的日常维护包括每班维护和(　　),由操作者负责进行。

138. 插齿机床的操作者应熟悉插齿机床的使用说明书,掌握插齿机床的试车、调整、操纵、维护及(　　)的常识。

139. 润滑的作用是:减少摩擦,减少(　　),降低温度,防止锈蚀,形成密封等。

140. 齿轮加工机床一级保养时,对交换齿轮的保养要求是(　　)。

141. 开机前应按润滑规定加油、检查油标、油量是否正常,油路是否畅通,保持(　　)清洁,润滑良好。

142. 在对液压系统进行维修工作之前,所有液压储能器必须(　　)压力,打开所有截止阀。

143. 油芯润滑是利用(　　)原理,将油从油杯中吸起,借助其自重滴下,流到摩擦表面。

144. 润滑速度高时，采用黏度(　　)的润滑油。

145. 滚齿机床的磁性过滤器是齿轮机床切削液的(　　)装置。

146. 滚齿机应当根据(　　)，确定采用润滑油的牌号、加油处及加油量。

147. 进行齿轮加工机床一级保养时，不仅需要对齿轮机床进行清洗、清理，还需要对各操作部位进行(　　)。

148. 机床的润滑对其精度和(　　)有很大影响，特别是一些关键部位，润滑不良会造成机床事故。

149. 事后维修是机床发生故障或性能、精度降低到合格水平以下时所采取的(　　)修理。

150. 常用润滑脂具有对载荷性质、(　　)的变化等有较大的适应范围的特点。

151. 初次经过大修的机床，它的精度和性能应达到(　　)。

152. 滚齿机床两班制连续使用三个月，进行一次保养，保养时间为 4～8 小时，由操作者进行，维修人员协助，这种保养方法叫滚齿机床的(　　)。

153. 机床的(　　)是根据机床的实际技术状态，对状态劣化已达不到生产工艺要求的项目，按实际情况进行针对性的修理。

154.(　　)容易产生热量和噪声，多用于箱体的润滑。

155. 机床变形主要由于地基不好，安装不正确，以及(　　)使用等因素引起。

二、单项选择题

1. 机械制图中的汉字应写成长(　　)，并应采用国家正式公布推行的简化字。

(A)仿宋体　(B)楷体　(C)黑体　(D)宋体

2. 在装配图中，除金属零件外，当各邻接零件的剖面符号相同时，应采用(　　)的方法以示区别。

(A)不同线型　(B)疏密不一　(C)不同线粗　(D)不同颜色

3. 在装配图中，当剖切平面通过螺杆的轴线时，对于螺柱、螺栓、螺母及垫圈等均按(　　)绘制。

(A)全剖切　(B)未剖切　(C)半剖切　(D)任意剖切方式

4. 装配图中零部件的指引线相互不能相交，当通过有剖面线的区域时，指引线不应与剖面线(　　)。

(A)平行　(B)垂直　(C)不重合　(D)相交

5. 零件与标准件相配合时，应选用(　　)。

(A)基孔制　(B)基轴制

(C)以标准件为准的基准制　(D)基孔制、基轴制均可

6. 机械图样的标注中有 $\phi 60\ \frac{H7}{g6}$ 表示(　　)。

(A)基孔制的间隙配合　(B)基轴制的过盈配合

(C)基孔制的过渡配合　(D)基孔制的过盈配合

7. 轴的最大实体尺寸就是其(　　)尺寸。

(A)最小极限　(B)最大极限　(C)实际　(D)设计

8. 碳合金中,含碳量小于2.11%的称钢,而含碳量大于2.11%的称(　　)。

(A)铸钢　(B)铸铁　(C)碳钢　(D)合金钢

9. 随着材料含碳量的提高,材料的抗拉强度和屈服极限随之增大,材料的硬度随之提高,材料的塑性随之(　　)。

(A)提高　(B)降低　(C)不变　(D)不确定提高还是降低

10. 下列哪项不是对工件进行淬火处理的目的(　　)。

(A)提高工件的硬度　(B)提高工件的强度

(C)增高工件的耐磨性　(D)增加工件的塑性和韧性

11. 在热处理方面,为了提高机车齿轮的强度和耐磨性,机车齿轮广泛采用(　　)工艺。

(A)调质　(B)淬火　(C)正火　(D)氮化

12. 氮化处理前应进行(　　)处理。

(A)调质　(B)正火　(C)退火　(D)回火

13. 公法线长度误差,除包含齿厚误差外,还包含(　　)和渐开线齿形误差。

(A)基节误差　(B)齿向误差　(C)齿距累计误差　(D)齿形误差

14. 一对正常的标准直齿圆柱齿轮满足连续传动的条件是重合度ε的数值要(　　)。

(A)大于1　(B)小于1　(C)等于1　(D)多大均可

15. 渐开线齿轮传动时,具有保持(　　)的瞬时传动比,因此传动比较平稳。

(A)恒定　(B)稳定　(C)不变　(D)变化

16. 标准齿轮的传动中心距是两个齿轮的(　　)之和的一半。

(A)分度圆　(B)齿顶圆　(C)齿根圆　(D)任意最大圆

17. 齿轮的定位基准一般有(　　)、内孔、外圆、端面等。

(A)分度圆　(B)中心孔　(C)齿顶圆　(D)减重孔

18. 齿向误差反映了齿轮在(　　)方向的接触精度。

(A)齿距　(B)齿宽　(C)齿高　(D)齿形

19. 直齿锥齿轮一般用来传递两相交轴之间的旋转运动,而且两直齿锥齿轮的轴交角之和一般为(　　)。

(A)60°　(B)90°　(C)120°　(D)180°

20. 机构运动简图中“　”符号表示(　　)。

(A)具有停留的单向运动　(B)具有局部反向的单向运动

(C)往复运动　(D)折线单向运动

21. 利用齿轮刀具与被切齿轮的啮合运动,切出齿形的加工方法被称为(　　)。

(A)成形法　(B)仿形法　(C)展成法　(D)渐开线法

22. 对于5级精度的齿轮,一般广泛采用精密(　　)加工。

(A)磨齿　(B)剃齿　(C)珩齿　(D)研齿

23. 下列机床可以加工蜗轮的是(　　)。

(A)剃齿机　(B)插齿机　(C)滚齿机　(D)拉齿机

24. 用仿形法加工齿形的有(　　)。

(A)铣齿　(B)刨齿　(C)拉齿　(D)插齿

25. 齿轮机床的各名称通常是按加工齿轮的(　　)命名的。

(A)方法　　(B)原理　　(C)种类　　(D)主运动

26. 在半精加工及精加工时，进给量主要受(　　)的限制。

(A)工件硬度　　(B)刀具材料

(C)加工表面光洁度　　(D)工件热处理方法

27. 影响切削力的主要因素是工件材料、切削用量和(　　)。

(A)刀具材料　　(B)刀具几何角度

(C)工件热处理方法　　(D)加工方法

28. 切削液中冷却性能最好的是(　　)。

(A)水溶液　　(B)乳化液　　(C)切削油　　(D)水、油混合溶液

29. 在液压传动系统中，负载的运动速度只与输入液体的(　　)有关。

(A)流量　　(B)体积　　(C)动能　　(D)静态能

30. [Y]↓ 表示(　　)夹紧符号。

(A)液压　　(B)气动　　(C)机械　　(D)电磁

31. 操作工人检验工件时所用的量规称为(　　)。

(A)工作量规　　(B)验收量规　　(C)校对量规　　(D)检验量规

32. 由于划线时在零件的每一个方向的各尺寸中都需选择一个基准，因此，立体划线时，一般要选择(　　)个划线基准。

(A)2　　(B)3　　(C)4　　(D)5

33. 钳工基本的锉削方法有顺锉法、(　　)、推锉法三种。

(A)逆锉法　　(B)斜锉法　　(C)交叉锉　　(D)平锉法

34. 万能游标量角器可以测量0°～180°的外角和(　　)的内角。

(A)0°～180°　　(B)40°～130°　　(C)90°～200°　　(D)20°～150°

35. 读数值为0.02 mm的游标卡尺的读数原理是尺身上49 mm等于游标(　　)格刻线的宽度。

(A)20　　(B)19　　(C)49　　(D)50

36. 卡钳的种类有普通内卡钳、普通外卡钳、可调节卡钳和(　　)。

(A)专用卡钳　　(B)多用卡钳　　(C)两用卡钳　　(D)精密卡钳

37. 万能游标角度尺的主刻线在(　　)的圆弧上。

(A)0°　　(B)40°　　(C)130°　　(D)180°

38. 一般规定(　　)以下的电压为安全电压。

(A) 36 V　　(B)38 V　　(C)35 V　　(D)40 V

39. 绝缘手套和绝缘鞋除按期更换外，还应做到(　　)做绝缘性能的检查和每半年做一次绝缘性能复测。

(A)每天　　(B)每周　　(C)每月　　(D)每次使用前

40. 1972年10月，在联合国27届大会上决定将每年的(　　)定为“世界环境日”。

(A)6月5日　　(B)6月10日　　(C)6月12日　　(D)6月15日

41. 操作者应熟悉岗位的质量责任制、作业技术、工艺要求、(　　)、检测方法，执行生产现场管理的规定。

(A)质量标准 (B)规章制度 (C)加工精度 (D)设备保护

42. 对发现的不良品项目和质量问题应(　　)。

(A)及时处理 (B)想办法解决

(C)及时反馈报告 (D)等待负责人员解决

43. 对产品的性能、精度、寿命、可靠性和安全性有严重影响的关键部位或重要的影响因素所在的工序叫(　　)。

(A)关键工序 (B)特殊工序 (C)重要工序 (D)控制工序

44. 劳动法中规定,法定节假日安排劳动者工作的,应支付其不低于工资的(　　)的工资报酬。

(A) 150% (B)200% (C)300% (D)400%

45. 用人单位支付劳动者的工资不得低于当地(　　)的标准。

(A) 最低工资 (B)平均工资 (C)社会保障金 (D)最低生活标准

46. 对于高速钢刀具,宜采用(　　)的切削速度。

(A)较低 (B)较高 (C)高、低均好 (D)无法确定

47. 切削速度确定前,必须验算机床电机(　　)是否足够。

(A)功率 (B)转速 (C)输出转矩 (D)切削功率

48. 增大切削速度比增大进给量(　　)提高生产效率。

(A)不利于 (B)利于 (C)分不清 (D)差不多

49. 在滚齿机上用展成法加工齿轮,其优点是用一把滚刀可加工(　　)的齿轮。

(A)同一模数同一齿数 (B)同一模数不同齿数

(C)不同模数不同齿数 (D)不同模数同一齿数

50. Y236 刨齿机是按照(　　)的原理进行加工的。

(A)展成法 (B)成形法 (C)仿形法 (D)切齿法

51. 机械制图图纸中所标注的比例为 1∶1 时,称原值比例,即图样与机件实际大小相同;所标注的比例为 2∶1 时,表示图样大小是机件实际大小的(　　)倍。

(A)0.5 (B)2 (C)0.25 (D)4

52. 在机械制图中,六个基本视图为主视图、俯视图、左视图、(　　)、后视图、仰视图。

(A)斜视图 (B)局部视图 (C)右视图 (D)剖视图

53. 齿轮的节圆及节线在机械制图中用(　　)表示。

(A)细点划线 (B)细实线 (C)双点划线 (D)虚线

54. 机械制图中由前向后投影所得的视图是(　　)。

(A)主视图 (B)右视图 (C)后视图 (D)俯视图

55. 绘图标注角度时,尺寸线应画成圆弧,其圆心是(　　)。

(A)任意点 (B)该角的顶点

(C)该角轮廓线上任一点 (D)半径不大于 10 的任意点

56. 绘制图样时,当需要表示螺纹收尾时,螺尾部分的牙底用与轴线成(　　)的细实线表示。

(A)15° (B)30° (C)45° (D)60°

57. 机械制图中的齿轮当需要表示齿线的形状时,可用(　　)条与齿线方向一致的细实

线表示。

(A)1 (B)2 (C)3 (D)4

58. 一个工人在一台机床上用一把刀具对一个工件连续完成的部分工艺过程称(　　)。

(A)工步 (B)工序 (C)工艺过程 (D)工位

59. 定位符号表示其主要定位点是(　　)的。

(A)固定式 (B)活动式 (C)可调式 (D)可移动式

60. 与微观不平行度形状特性有关的参数是(　　)。

(A)Ra (B)Ry (C)Rz (D)Rx

61. 同轴度属于(　　)公差。

(A)定向 (B)定位 (C)跳动 (D)平行度

62. 公法线长度上偏差用(　　)符号表示。

(A)E_{wms} (B)E_{ss} (C)T_{wm} (D)T_s

63. 给出了形状或位置公差的点、线、面称为(　　)要素。

(A)理想 (B)被测 (C)基准 (D)相关

64. 滚切直齿圆柱齿轮时的进给量比滚切斜齿圆柱齿轮时的进给量(　　)。

(A)大 (B)小 (C)相等 (D)无法比较

65. 滚齿机床加工出的齿轮齿面出现斜波纹的原因是(　　)。

(A)切削用量选择不当 (B)工件定位偏心

(C)冷却润滑不良 (D)分度蜗杆副磨损或调整不当

66. 滚齿时的速度选择，粗加工时，采用(　　)切削速度，大进给量。

(A)高 (B)中 (C)低 (D)偏高

67. 滚切斜齿轮时，若螺旋角 β 大于 30°时，取滚切直齿轮时进给量的(　　)。

(A)20％ (B)40％ (C)60％ (D)80％

68. 滚齿时的速度选择，精加工时，采用(　　)的切削速度，小的进给量。

(A)高 (B)低 (C)中 (D)偏低

69. 根据夹具的作用，其结构应由定位元件、(　　)、对刀元件和夹具体等几部分组成。

(A)夹紧装置 (B)导向装置 (C)辅助装置 (D)调整装置

70. 夹具的定位基准必须与(　　)重合，并尽量与设计基准重合。

(A)工艺基准 (B)工序基准 (C)装配基准 (D)工件的定位基准

71. 夹具结构应符合合理、(　　)、高效、经济的原则。

(A)可靠 (B)简单 (C)轻便 (D)适应性强

72. 工件定位中，用短圆柱销可限制工件的(　　)个自由度。

(A)1 (B)2 (C)3 (D)4

73. 有时要保证工件的加工尺寸，并不需要完全限制六个自由度，像这种没有完全限制六个自由度的定位，称为(　　)。

(A)欠定位 (B)部分定位 (C)过定位 (D)重复定位

74. 滚齿时为保证齿向精度，对于滚齿时胎具、芯轴和齿坯的安装都必须检查，除保证它们的制造精度、安装精度外，还要求芯轴安装后相对于刀架导轨垂直移动的(　　)小于

0.02 mm(在 150 mm 长度上)。

(A)平行度误差　(B)垂直度误差　(C)位置度误差　(D)平面度误差

75. 选择定位基准时,为了减少累积误差,应尽可能与工件的(　　)一致。

(A)装配基准　(B)测量基准　(C)设计基准　(D)工艺基准

76. 使用百分表时,百分表的齿杆的升降范围不能(　　),以减少由于存在间隙所产生的误差。

(A)太大　(B)太小　(C)正好　(D)大小均可

77. 百分表的精度分为 0 级、1 级和 2 级三种,用于校正和检验(　　)级零件。

(A)1～3　(B)2～4　(C)3～5　(D)1～4

78. 若杠杆百分表的杠杆测头轴线与测量线不垂直,则表的读数值比实际尺寸(　　)。

(A)大　(B)小　(C)相等　(D)无法确定

79. 一般常用的齿轮滚刀为(　　)滚刀。

(A)渐开线　(B)阿基米德螺线　(C)啮合线　(D)包络线

80. 按照刀齿后刀面形状的不同,滚刀可分为(　　)、尖齿式滚刀和圆磨法滚刀。

(A)铲齿式滚刀　(B)剃齿式滚刀　(C)切齿式滚刀　(D)磨齿式滚刀

81. 随着齿轮滚刀的刃磨,滚刀加工齿轮时的(　　)要相应减小,因而滚刀加工齿轮时的安装斜角应随滚刀重磨后的分度圆螺纹升角而变化。

(A)节圆直径　(B)齿顶高　(C)齿根圆直径　(D)齿厚

82. 在加工斜齿轮时,为了使用标准刀具,应按(　　)来选择加工刀具。

(A)法向模数　(B)端面模数　(C)齿数　(D)螺旋角

83. 对于粗加工或半精加工,剃前滚刀一般选用(　　)级精度滚刀。

(A)A　(B)B　(C)C　(D)AA

84. 对于粗加工或半精加工,磨前滚刀一般选用(　　)级精度滚刀。

(A)A　(B)B　(C)C　(D)AA

85. 齿轮滚刀的顶刃后角与侧刃后角应保持一定的关系,使滚刀重磨后(　　)不发生变化。

(A)齿形　(B)齿全高　(C)齿厚　(D)节圆直径

86. 在整个斜齿轮的加工过程中,(　　)垂直进给运动与差动运动的联系。

(A)可以脱开　(B)一般不脱开　(C)特殊时可脱开　(D)不允许脱开

87. 在滚齿机上加工直齿圆柱齿轮,工件是一个螺旋角为 0°的圆柱齿轮,刀具相当于一个(　　)。

(A)直齿圆柱齿轮　(B)斜齿圆柱齿轮　(C)蜗轮　(D)蜗杆

88. 为消除滚刀刀杆的径向圆跳动误差和轴向圆跳动误差,可将刀杆转动(　　)后重新安装。

(A)90°　(B)180°　(C)270°　(D)360°

89. 滚齿机滑板垂直进给丝杠副的轴向窜动应在(　　)mm 以内。

(A)0.01　(B)0.05　(C)0.1　(D)0.2

90. 加工斜齿圆柱齿轮时,滚齿工作台的运动是工件的分齿运动和(　　)的合成。

(A)进给运动　(B)附加运动　(C)差动运动　(D)展成运动

91. 滚齿机采用顺滚的方法加工工件，不但能（　　），而且还能改善加工工件的表面粗糙度。

(A)提高加工效率　　(B)提高刀具的使用寿命
(C)采用高的切削速度　　(D)增大进给量

92. 滚切斜齿轮时，分度挂轮的齿数挂错，引起了齿轮的（　　）。

(A)乱齿　(B)齿向误差　(C)齿形误差　(D)齿厚偏差

93. 滚切斜齿轮时，差动挂轮的误差影响了齿轮的（　　）。

(A)齿数　(B)齿向误差　(C)齿形误差　(D)齿厚偏差

94. 基圆相同则渐开线（　　）。

(A)一定相同　(B)一定不同　(C)不一定相同　(D)不一定不同

95. 一条动直线沿着一个定圆的外侧作无滑动的滚动时，该直线上任一点的平面运动轨迹称（　　）。

(A)渐开线　(B)摆线　(C)螺旋线　(D)曲线

96. 在相同齿数条件下，模数越大，齿轮直径越（　　）。

(A)大　(B)小　(C)多　(D)少

97. 标准直齿圆柱齿轮，沿任意圆周所量得的相邻两齿对应点之间得弧长称为该圆周上的（　　）。

(A)基节　(B)齿距　(C)齿厚　(D)齿宽

98. 对于标准直齿圆柱齿轮，已知分度圆上的齿厚为 S，压力角为 α，则其固定弦齿厚为（　　）。

(A) $S\cos\alpha$　(B) $\frac{S}{2}\cos\alpha$　(C) $S\cos^2\alpha$　(D) $\frac{S}{2}\cos^2\alpha$

99. 为了减小传动时的轴向分力，斜齿轮的螺旋角一般取 β=（　　）。

(A)小于 5°　(B)5°～10°　(C)7°～15°　(D)大于 15°

100. 已知一标准圆柱齿轮模数 m_n、齿数 Z、螺旋角 β，其端面模数 m_p=（　　）。

(A) $m_n\cos\beta$　(B) $m_n\sin\beta$　(C) $\frac{m_n}{\cos\beta}$　(D) $\frac{m_n}{\sin\beta}$

101. 标准斜齿圆柱齿轮的法面齿距与端面齿距之间的关系是（　　）。

(A) $P_n=P_t\times\cos\beta$　(B) $P_t=P_n\times\cos\beta$　(C) $P_n=P_t\times\cos\alpha_t$　(D) $P_t=P_n\times\cos\alpha_t$

102. 标准斜齿圆柱齿轮的基圆齿距与分度圆齿距之间的关系是（　　）。

(A) $P_{bn}=P_n\times\cos\beta$　(B) $P_{bn}=P_t\times\cos\beta$　(C) $P_{bn}=P_n\times\cos\alpha_n$　(D) $P_{bn}=P_t\times\cos\alpha_t$

103. 标准斜齿圆柱齿轮的法面齿厚的计算公式为（　　）。

(A) $S_n=\frac{P_n}{2}\times\cos\beta$　(B) $S_n=\frac{P_n}{2}\times\cos\alpha_n$　(C) $S_n=\frac{\pi\times P_n}{2}$　(D) $S_n=\frac{P_n}{2}$

104. 标准斜齿圆柱齿轮的基圆螺旋角的符号是（　　）。

(A) β　(B) β_b　(C) β_n　(D) β_t

105. （　　）是指齿顶曲面位于齿根曲面之内的齿轮。

(A)直齿轮　(B)锥齿轮　(C)内齿轮　(D)螺旋齿轮

106. 标准内齿轮需要采用短齿时，齿顶高系数 h_a^*=0.8 mm，工作齿高 h'=（　　），径向

间隙系数 $C^{*}=0.3$ mm。

(A)1.5 m (B)1.6 m (C)2 m (D)2.5 m

107. 直齿内齿轮的齿顶圆直径等于分度圆直径减去(　　)倍的齿顶高。

(A)2 (B)2.5 (C)3 (D)4

108. 插削内齿轮时,插齿刀同时参加切削的齿数多,因此在选择切削用量时都应比插削外齿轮时要小。一般降低约(　　)。

(A)10%～20% (B)20%～40% (C)30%～50% (D)大于40%

109. 标准插齿刀的齿形角为(　　)。

(A)5° (B)10° (C)15° (D)20°

110. 由于各截面上的顶圆直径不同,使插齿刀的顶刃产生了后角,由于各截面上的齿厚不同,使插齿刀的齿侧刃产生了(　　)。

(A)前角 (B)后角 (C)刃倾角 (D)主后角

111. 用插齿机床加工人字齿轮时,应选用(　　)。

(A)盘形插齿刀 (B)碗形插齿刀 (C)锥柄插齿刀 (D)筒形插齿刀

112. 插齿刀的基本参数有(　　)、模数、分度圆压力角。

(A)齿数 (B)分度圆直径 (C)前角 (D)后角

113. A级插齿刀可加工(　　)级精度的齿轮。

(A)6 (B)7 (C)8 (D)9

114. 圆柱齿轮作无侧隙啮合传动,插直齿时,插齿刀和齿坯就象一对轴线(　　)的相啮合的一对齿轮。

(A)相互垂直 (B)相互平行 (C)相互交叉 (D)相交

115. 插削变位内齿轮时,加工齿轮的齿数与插齿刀的齿数之差不小于(　　)。

(A)8 (B)10 (C)12 (D)16

116. 插齿机的工作原理是按(　　)的原理加工的。

(A)展成法 (B)成形法 (C)仿形法 (D)切齿法

117. 插齿时,工件装在工作台上做旋转运动,并随同工作台做直线运动,实现(　　)运动。

(A)轴向进给 (B)径向切入 (C)分齿 (D)差动

118. 插齿加工的主运动是(　　)运动。

(A)插齿刀连续旋转 (B)插齿刀往复直线
(C)工件的旋转 (D)展成

119. 插齿机的(　　)运动是刀具主轴绕自己的轴线作慢速回转运动。

(A)圆周进给 (B)垂直进给 (C)径向进给 (D)分齿进给

120. 内齿轮齿数与使用的插齿刀的齿数之差不小于(　　),变位内齿轮也不小于10为好,否则将产生顶切现象。

(A)10 (B)12 (C)15 (D)16

121. 盘形插齿刀和(　　)是以安装孔和支承端面为基准安装在插齿机刀具主轴上的,然后用垫圈和螺钉紧固。

(A)筒形插齿刀 (B)柄状插齿刀 (C)碗形插齿刀 (D)柱壮插齿刀

122. 刨齿机用夹具(芯轴)安装时,应该注意清洁,轻轻推入主轴内,芯轴端面与主轴端面间隙应在(　　)mm 之间。

(A)0.01～0.05　(B)0.05～0.2　(C)0.2～0.3　(D)0.05～0.1

123. 我国生产的直齿锥齿轮刨刀有(　　)种类型,在 Y236 刨齿机上用得最多的是三型刨刀。

(A)三　(B)四　(C)五　(D)六

124. 刨齿刀的齿形角是 20°,它(　　)被切削齿的实际啮合角。

(A)大于　(B)小于　(C)等于　(D)不等于

125. 刨齿刀刃磨的前角大小,根据工件模数选择,一般在(　　)。

(A)0°～15°　(B)0°～25°　(C)10°～15°　(D)10°～30°

126. 刨齿机床进给鼓轮有两条曲线梯形槽,外侧的槽为(　　)槽,内侧的槽为精加工槽。

(A)粗加工　(B)精加工　(C)半精加工　(D) 粗、精加工

127. 伞齿刨安装刨刀时应保证刀尖切削轨迹通过并垂直于摇台轴线,并与机床中心平面重合,即刀尖在与它轴心线垂直的平面内移动,而其的运动路线须同摇台的轴心线(　　)。

(A)平行　(B)相交　(C)垂直　(D)垂直相交

128. 在使用带有内、外测量面的卡尺测量内孔时,应将读得的尺寸(　　)量爪的厚度。

(A)加上　(B)减去　(C)乘以　(D)与量爪的厚度无关

129. 三爪内径千分尺用于测量精密的(　　)孔径。

(A)大　(B)偏大　(C)中小　(D)微小

130. 用千分尺测量圆柱形工件的直径时,直接从尺上读数,这种测量方法是(　　)。

(A)绝对测量　(B)相对测量　(C)直接测量　(D)间接测量

131. 当斜齿轮的齿宽 b 小于(　　)的情况下,将无法测量斜齿轮的公法线长度。

(A)$W_{kn}\times\sin\beta$　(B)$W_{kn}\times\cos\beta$　(C)$\frac{W_{nk}}{\sin\beta}$　(D)$\frac{W_{nk}}{\cos\beta}$

132. 公法线千分尺在测量面上装有两个带精确(　　)的量钳。

(A)平面　(B)斜面　(C)凹面　(D)凸面

133. 精加工齿轮时,齿面粗糙度要求较高,一般应选用(　　)作用好的切削液。

(A)润滑和冷却　(B)冷却和防锈　(C)润滑和防锈　(D)冷却

134. 根据剃齿原理,剃齿刀与工件是一对作无侧隙啮合传动的空间交错轴(　　)。

(A)直齿轮　(B)锥齿轮　(C)斜齿轮　(D)蜗轮蜗杆

135. 齿轮倒角机进行倒角的切削速度一般按(　　)计算选择。

(A)铣刀的计算直径　(B)工件的齿数

(C)工件的宽度　(D)工件倒角的大小

136. 机床的维修方式有预防维修、(　　)和事后维修几种方式。

(A)定期维修　(B)状态维修　(C)监测维修　(D)改善维修

137. 润滑油与润滑脂相比,其(　　)。

(A)摩擦因数低　(B)摩擦因数高　(C)换油不方便　(D)冷却效果好

138. 润滑油可用于润滑(　　)。

(A)外露的齿轮 (B)中速滚动轴承 (C)垂直表面 (D)变速箱

139. Y54 型插齿机床的主轴和工作台面的加油润滑次数为( )。

(A)每班一次 (B)每班二次 (C)每班三次 (D)每天一次

140. 钙基润滑脂可以与水接触,但其熔点较低,一般用在工作温度不超过( )的摩擦表面。

(A)40 ℃ (B)50 ℃ (C)60 ℃ (D)70 ℃

141. 链传动时,润滑油应浇注在( )。

(A)链轮上 (B)链条的松边

(C)链条的紧边 (D)链条的松、紧边均可

142. ( )容易产生热量和噪声,多用于箱体的润滑。

(A)油芯油杯润滑 (B)飞溅润滑 (C)集中循环润滑 (D)手工润滑

143. 机床的润滑方法分为( )两大类。

(A)分散润滑和集中润滑 (B)分散润滑和飞溅润滑

(C)集中润滑和飞溅润滑 (D)其他

144. 操作者应熟悉自用机床的使用( ),掌握自用机床的试车、调整、操纵、维护及保养的常识和润滑部位等。

(A)用途 (B)说明书 (C)调整 (D)规定

145. 油芯润滑是利用( )原理,将油从油杯中吸起,借助其自重滴下,流到摩擦表面。

(A)连通器 (B)毛细 (C)离心泵 (D)能量守恒

146. 滚齿机床 Y320 的变速箱采用的润滑方法为( )。

(A)油泵 (B)油杯 (C)手动定期 (D)油池

147. 为了提高机床寿命,最有效的办法是( )。

(A)经常性和定期对机床进行维护 (B)对机床进行大修

(C)不定期对机床进行拆检 (D)经常性的对机床加润滑油

148. 下列是常用润滑脂的特点的是( )。

(A)受温度影响不大 (B)易流失

(C)极强的可压缩性 (D)黏度小

149. 滚齿机床中修的特点是不仅在于修理或更换磨损的零件,修复后还须( )。

(A)清扫机床 (B)清洗各机床附件设备

(C)更换易损件 (D)检验机床的精度

150. 滚齿机床的二级保养为两班制连续使用( ),进行一次保养。

(A)一年 (B)三个月 (C)两个月 (D)两年

151. 机床定期维护的目的就是对机床一些部件进行适当的( ),使机床恢复到正常的技术状态。

(A)清洗、清理 (B)清洗、检查 (C)调整、维护 (D)检查、拆修

152. 齿轮机床磁性过滤器是机床( )装置。

(A)润滑油的滤清 (B)切削液的滤清

(C)压力油的滤清 (D)气压系统的滤清

153. 下列不是润滑的作用的是( )。

(A)减少摩擦 (B)形成密封 (C)防止锈蚀 (D)方便拆装

154. 润滑速度高时,采用(　　)的润滑油。

(A)黏度低 (B)黏度高 (C)密度低 (D)密度高

155. 齿轮加工机床一级保养时,(　　)的保养要求是油路畅通,毛毡、毛线干净,油窗清洁明亮。

(A)润滑部位 (B)切削液系统

(C)各机床附件 (D)交换齿轮凸爪离合器轴套

三、多项选择题

1. 关于机械制图的比例,下列说法正确的是(　　)。

(A)放大比例是比值大于1的比例

(B)绘图,应向规定系列选取适当的比例

(C)无论什么情况都不允许同一视图铅垂方向和水平标注不同的比例

(D)必要时,图样比例可采用比例尺的形式

2. 下列各项属于标题栏的组成的是(　　)。

(A)名称及代号区 (B)更改区 (C)签字区 (D)技术要求区

3. 下列关于尺寸标注描述正确的是(　　)。

(A)不应成封闭的尺寸链 (B)同一基本体的尺寸尽量分散标注

(C)平行尺寸大内小外 (D)直径尽量注在非圆视图上

4. 互换性在机械制造行业中具有重大意义,所以按互换性进行生产具有(　　)等特点。

(A)提高劳动生产率 (B)适用于高精度装配和小批量生产

(C)保证产品质量 (D)降低生产成本

5. 下列各项形位公差中,无基准要求的是(　　)。

(A)平行度 (B)圆跳动 (C)平面度 (D)圆柱度

6. 下列各形位公差中,属于位置公差的是(　　)。

(A)平行度 (B)圆柱度 (C)面轮廓度 (D)全跳动

7. 正火的处理目的是(　　)。

(A)消除切削加工后的硬化现象和内应力

(B)细化晶粒,均匀组织

(C)降低低碳钢工件的硬度,提高切削加工性能

(D)消除过共析钢中网状硬化物,为随后的热处理做好组织准备

8. 将钢件加热到某一定温度,保持一段时间,然后以适当的速度冷却,最后获得(　　)组织的工艺称为淬火。

(A)马氏体 (B)奥氏体 (C)渗碳体 (D)贝氏体

9. 铸铁分类按化学成分分为(　　)。

(A)麻口铸铁 (B)普通铸铁 (C)合金铸铁 (D)灰铸铁

10. 淬火处理的目的是(　　)。

(A)提高钢件的硬度 (B)增加耐磨性

(C)提高切削加工性能 (D)消除内应力

11. 钢按照其化学成分分为(　　)。

(A)结构钢　　(B)工具钢　　(C)碳素钢　　(D)合金钢

12. 一对标准直齿圆柱齿轮正确啮合的条件是(　　)。

(A)两轮的齿数相等　　(B)两轮的模数相等

(C)两轮分度圆压力角相等　　(D)两轮的渐开线形状相同

13. 一对外啮合标准斜圆柱齿轮传动,其正确啮合应满足的条件是(　　)。

(A)两轮的法向模数相等　　(B)两轮的法向压力角相等

(C)两轮的螺旋角大小相等方向相反　　(D)两轮螺旋角的大小相等方向相同

14. 下列属于齿轮传动的缺点有(　　)。

(A)传动效率低

(B)传动比变化范围小

(C)无过载保护作用

(D)运转时,有振动和噪声,会产生一定的动载荷

15. 下列属于齿轮传动的优点有(　　)。

(A)传动比准确　　(B)有过载保护作用

(C)传动效率高　　(D)结构紧凑

16. 渐开线斜齿轮与渐开线直齿轮相比较,具有(　　)等特点。

(A)冲击和噪声较小,传动较平稳　　(B)承载能力有所增加

(C)不产生根切的最少齿数少　　(D)轴向力产生摩擦力,增加传动效率

17. 下列描述摩擦轮传动特点正确的有(　　)。

(A)结构简单　　(B)工作时无噪声

(C)可在运转中变速变向　　(D)使用维修方便

18. 下列关于皮带传动特点描述正确的有(　　)。

(A)结构紧凑　　(B)传动比准确

(C)能缓冲吸振　　(D)传动平稳、无噪声

19. 斜齿内齿轮切齿办法有(　　)。

(A)滚齿　　(B)插齿　　(C)拉齿　　(D)铣齿

20. 刀具材料应满足(　　)等基本要求。

(A)高脆性　　(B)高硬度　　(C)高的耐热性　　(D)良好的工艺性

21. 切削金属时,刀具的磨损形式有(　　)。

(A)前面磨损　　(B)崩刀　　(C)后面磨损　　(D)边界磨损

22. 人体发生触电后,根据电流通过人体的途径和人体触及带电体方式,一般可分为(　　)。

(A)单项触电　　(B)两项触电　　(C)三项触电　　(D)跨步电压触电

23. 漏电保护装置主要用于(　　)。

(A)防止人身触电事故　　(B)防止中断供电

(C)减少线路损耗　　(D)防止漏电火灾事故

24. 根据合同法,当事人在订立合同过程中有(　　)情形之一,给对方造成损失的,应当承担损害赔偿责任。

(A)假借订立合同,恶意进行磋商
(B)故意隐瞒与订立合同有关的重要事实或者提供虚假情况
(C)有其他违背诚实信用原则的行为
(D)擅自变更或者解除合同

25. 劳动合同是劳动者和用人单位之间(　　)的协议。
(A)确定劳动工资　(B)确立劳动关系
(C)确保双方利益　(D)明确双方权利和义务

26. 根据有关标准和规定,用正投影法所绘制出物体的图形称为视图,下列关于各视图说法错误的有(　　)。
(A)左视图是由左向右投射所得视图　(B)右视图是由左向右投射所得的视图
(C)主视图是由前向后投射所得视图　(D)俯视图是由下向上所得视图

27. 关于轮齿的绘制下列说法错误的是(　　)。
(A)齿顶圆和齿顶线用粗实线绘制
(B)分度圆和分度线用细实线绘制
(C)齿根圆和齿根线用虚线绘制,可省略不画
(D)剖视图中,齿根线用粗实线绘制

28. 下列各项属于完整零件图四大项的是(　　)。
(A)一组视图　(B)尺寸　(C)比例尺　(D)技术要求

29. 关于剖面图和剖视图下列说法正确的是(　　)。
(A)剖面图画出被切断的图形
(B)剖面图画出被切断图形以外,还画出剖切后其余部分的投影面
(C)剖视图画出被切断面的图形
(D)剖视图画出被切断图形以外,还画出剖切后其余部分的投影面

30. 国家标准规定图样中书写的字体必须做到字体工整、(　　)。
(A)字体美观　(B)笔画清楚　(C)间隔均匀　(D)排列整齐

31. 关于平行于圆柱齿轮、锥齿轮的轴线啮合图,下列说法正确的是(　　)。
(A)啮合处的齿顶线不需画出　(B)节线都用细点划线绘制
(C)节线都用细实线绘制　(D)啮合处节线用粗实线绘制

32. 下列关于螺纹画法说法正确的是(　　)。
(A)有效螺纹终止线用粗实线表示
(B)有效螺纹终止线用细实线表示
(C)不可见螺纹的所有图线可用虚线绘制
(D)螺纹尾部必须使用与轴成30°的细实线画出

33. 齿轮绘图,下列关于齿线特征的表示描述正确的是(　　)。
(A)可用三条与齿线方向一致的细实线表示
(B)直齿同样需要用三条线表示
(C)直齿不需要表示
(D)可用三条与齿线方向一致虚线表示

34. 下列各种各类型中心孔,其中中心孔不带螺纹的有(　　)。

(A)R 型中心孔　　(B)A 型中心孔　　(C)B 型中心孔　　(D)C 型中心孔

35. 螺纹按功用分为(　　)等。

(A)紧固螺纹　　(B)米制螺纹　　(C)传动螺纹　　(D)管螺纹

36. 下列关于定位基准面接触面积和分布面积描述正确的是(　　)。

(A)大的接触面积和分布面积没有必要

(B)接触面积大能承受大切削力

(C)分布面积大可使定位稳定

(D)大的接触面积有必要但大的分布面积没有必要

37. 消除过定位及其干涉的途径(　　)。

(A)改变定位元件的结构,减少转化支撑点数目

(B)提高工件定位基准面之间及夹具定位元件工作表面之间的位置精度

(C)使用辅助支承

(D)消除任一定位元件

38. 关于用找正法装夹工件,下列描述正确的是(　　)。

(A)分为直接找正法和划线找正法　　(B)要求工人技术等级低

(C)生产效率高　　(D)劳动强度大

39. 按工艺过程的不同,夹具可分为(　　)等。

(A)机床夹具　　(B)检验夹具　　(C)装配夹具　　(D)焊接夹具

40. 下列夹具是按机床种类不同进行分类的是(　　)。

(A)车床夹具　　(B)装配夹具　　(C)铣床夹具　　(D)钻床夹具

41. 三爪自定心卡盘、(　　)等这一类属于机床附件夹具。

(A)装配夹具　　(B)机用台虎钳　　(C)四爪单动卡盘　　(D)组合夹具

42. 工件在机床上的装夹,一般可采用(　　)。

(A)直接装夹方式　　(B)找正装夹方式

(C)夹具装夹方式　　(D)自动装夹的方式

43. 关于定位、夹紧符号及装置符号的使用,下列说法正确的是(　　)。

(A)定位符号、夹紧符号和装置符号可单独使用

(B)定位符号、夹紧符号和装置符号可联合使用

(C)必须用符号表示明确,不可用文字补充说明

(D)当符号表示不明确时,可用文字补充说明

44. 在表面粗糙度的评定参数中,(　　)高度参数为基本参数,RSm、Rmr(c)为附加参数。

(A)Ra　　(B)Rx　　(C)Ry　　(D)Rz

45. 表面粗糙度代号、符号一般应标注在(　　),也可以标注在指引线上。

(A)可见轮廓线　　(B)尺寸线　　(C)尺寸界线　　(D)尺寸界线的延长线

46. 下列关于尺寸公差说法正确的是(　　)。

(A)尺寸公差就是尺寸允许的变动量

(B)其值等于上极限偏差减去下极限偏差

(C)尺寸公差分为上极限偏差和下极限偏差

(D)其值等于上极限尺寸减去下极限尺寸

47. 滚齿加工，切削速度 v 和进给量 f 的选用，应当以(　　)为前提。

(A)保证机床的刚度　　(B)保证工件质量

(C)延长滚刀寿命　　(D)提高生产率

48. 滚齿加工时，关于切削速度下列说法正确的是(　　)。

(A)粗加工采用较低切削速度　　(B)精度高、模数小的齿轮采用较高切削速度

(C)少齿数、大螺旋角采用较高的切削速度　(D)粗加工采用较高切削速度

49. 滚齿加工时，关于进给量下列说法正确的是(　　)。

(A)粗加工齿轮采用较大的进给量　　(B)工件材料较硬的齿轮采用较高进给量

(C)粗加工齿轮采用较小的进给量　　(D)精度高、模数小的齿轮采用较低进给量

50. 内孔定心端面定位夹具采用夹具体与心轴组合结构，心轴的可换性具有(　　)等特点。

(A)结构简单　(B)通用性好　(C)生产效率高　(D)质量稳定

51. 关于工件的定位下列说法正确的是(　　)。

(A)不完全定位是合理的定位方式　　(B)欠定位是允许的

(C)只有完全定位是合理的定位方式　　(D)过定位不是绝对不允许的

52. 为了保证齿轮加工精度，必须正确安装齿坯和心轴，下列关于安装说法正确的是(　　)。

(A)夹具及齿坯定位面必须平整无毛刺　(B)紧固状态硬性敲打齿坯，进行找正

(C)夹具支承面应尽量靠近切削力作用处　(D)工件基准面贴于夹具定位端面

53. 滚刀参数要根据工件的(　　)和工艺要求来确定。

(A)厚度　(B)模数　(C)精度等级　(D)齿形角

54. 滚刀精度按齿轮精度选用，下列关于滚刀选用描述正确的是(　　)。

(A)滚削 6～7 级精度齿轮选用 AA 级滚刀

(B)滚削 7～8 级精度齿轮选用 B 级滚刀

(C)滚削 8～9 级精度齿轮选用 A 级滚刀

(D)滚削 9～10 级精度齿轮选用 C 级滚刀

55. 下列关于齿轮滚刀头数的选用描述正确的是(　　)。

(A)精加工，为了提高加工精度宜选用单头滚刀

(B)粗加工，为了提高加工效率宜选用多头滚刀

(C)模数较大、齿数较少的齿轮宜选用多头滚刀

(D)精加工，为了提高加工精度宜选用多头滚刀

56. 下列关于使用多头滚刀与单头滚刀比较描述正确的是(　　)。

(A)参与范成齿形的切削次数少　　(B)滚刀轴向的载荷变动小

(C)齿面粗糙度大　　(D)齿形齿向精度高

57. 滚刀类型按照加工性质可分为(　　)等。

(A)精切滚刀　(B)粗切滚刀　(C)尖齿滚刀　(D)圆磨法滚刀

58. 滚刀类型按照刀具切削部分材料可分为(　　)等。

(A)高速钢滚刀　(B)硬质合金滚刀　(C)金属陶瓷滚刀　(D)焊接式滚刀

59. 滚刀类型按照滚刀结构可分为(　　)等。

(A)整体滚刀　　(B)硬质合金滚刀　　(C)焊接式滚刀　　(D)装配式滚刀

60. 根据滚刀磨钝标准,在滚齿时如发现齿面有(　　)等现象时,必须检查滚刀磨损量。

(A)光斑　　(B)拉毛　　(C)粗糙度变坏　　(D)崩裂

61. 滚齿加工时,关于齿轮滚刀的描述正确的是(　　)。

(A)滚刀可以滚切直齿和斜齿圆柱齿轮

(B)一把滚刀可以滚切任意模数、齿数齿轮

(C)滚刀是多刃连续切削,切削效率很高

(D)滚刀在滚齿机按成形法切出齿形

62. 关于滚刀移位量大小,下列说法正确的是(　　)。

(A)移位量大小与滚刀磨损状态有关

(B)移位量大小与滚刀磨耗量有关

(C)移位量通常根据经验或者试切确定,模数小则取大的移位量

(D)每次最小移位量与滚刀容屑槽数及容屑槽形状有关

63. 滚齿机能加工(　　)。

(A)蜗杆　　(B)蜗轮　　(C)直齿　　(D)斜齿

64. 滚齿机是加工齿轮最广泛和最普遍的机床,由于齿轮滚刀和滚齿机(　　)。

(A)结构简单　　(B)生产效率高　　(C)断续切削　　(D)加工精确

65. 将滚刀杆锥度部分擦干净后插入滚齿机刀杆主轴孔内,用螺杆拉紧,用百分表检查滚齿机刀杆偏差,下列描述正确的是(　　)。

(A)检查滚刀杆的径向圆跳动

(B)检查滚刀杆的端面圆跳动

(C)检查不合要求,换新滚刀杆

(D)检查不合要求,将刀杆转一方位再做检查,直到符合要求为止

66. 安装滚刀垫圈及托架,需要注意的事项有(　　)。

(A)滚刀中部应位于齿坯的轴线处

(B)托架装入时要保证刀杆无法转动

(C)安装完毕后,检查滚刀两凸台的径向跳动和轴向窜动

(D)凸台的径向跳动方向应在同轴向平面内,尽量避免“对角跳动”

67. 滚刀装好后需要对中心,对中心的目的是保证滚刀刀齿齿形的对称中心线,要通过齿坯中心线,对中心的方法有以下几种(　　)。

(A)用对刀架对中心　　(B)用纸片对中心

(C)用试切法对中心　　(D)用直尺测量对中心

68. 如果滚刀与齿坯的中心没有对准,会产生(　　)后果。

(A)滚切出的齿形不准确　　(B)可能造成齿廓某部分留磨量不够

(C)滚刀磨损速度加快　　(D)滚切出齿向误差增大

69. 滚齿加工时,需要对滚切深度进行调整;根据齿轮的(　　)等决定用一次、两次或多次进刀,调整滚切深度。

(A)齿数　(B)模数　(C)精度要求　(D)材料强度

70. 普通滚齿机滚齿加工时,当垂直进给滚切完齿轮后,可以利用装在刀架滑板 T 型槽中的挡块来停止刀架的进给,下列关于挡块说法正确的是(　　)。

(A)挡块作用于行程开关　(B)挡块直接将刀架进给卡死

(C)挡块位置根据滚切齿轮的长度来调整　(D)挡块的形状越大越安全

71. 关于齿轮几何参数常用代号表示正确的是(　　)。

(A)齿顶圆直径:d_a　(B)齿顶高:h_a　(C)顶隙:c^*　(D)基圆:d_b

72. 下列各项描述正确的是(　　)。

(A)法向模数常用代号为 m_n　(B)端面模数常用代号为 m_d

(C)轴向模数常用代号为 m_t　(D)锥齿轮大端模数常用代号为 m

73. 目前齿形曲线常用的有(　　)。

(A)摆线　(B)渐开线　(C)圆弧　(D)阿基米德螺旋线

74. 关于渐开线几个特性描述正确的是(　　)。

(A)基圆内无渐开线

(B)基圆半径趋于无穷大时,渐开线变为阿基米德螺旋线

(C)基圆相同,则渐开线一定完全相同

(D)基圆半径趋于无穷大时,渐开线变为直线

75. 关于渐开线上各点的压力角下列说法正确的是(　　)。

(A)渐开线各点的压力角相等　(B)渐开线各点的压力角不相等

(C)基圆上的压力角等于零　(D)没有说明,一般压力角是指基圆上的

76. 对于标准直齿圆柱齿轮,下列关于齿轮各部分说法正确的是(　　)。

(A)分度圆是齿轮上一个约定的假想圆

(B)齿根高是齿根圆与基圆之间的径向距离

(C)齿高是齿顶圆与齿根圆之间的径向距离

(D)分度圆与节圆一定是重合

77. 标准直齿圆柱齿轮的尺寸计算,下列公式正确的是(　　)。

(A)$d=mz$　(B)$d_a=d+h_a$　(C)$d_f=d-h_f$　(D)$d_b=d\cos\alpha$

78. 齿轮按齿廓的形状分为(　　)等。

(A)锥齿轮　(B)渐开线圆柱齿轮　(C)圆柱齿轮　(D)摆线圆柱齿轮

79. 渐开线齿轮啮合传动时,具有(　　)等特点。

(A)传动比恒定不变　(B)中心距变动不影响传动比

(C)啮合线是过节点的直线　(D)能与直线齿廓的齿条啮合

80. 关于内齿轮下列描述正确的是(　　)。

(A)为了使齿顶齿廓全为渐开线,齿顶圆必大于基圆

(B)齿顶圆大于齿根圆

(C)内齿轮的轮齿相当于外齿轮的齿槽

(D)轮齿分布在空心圆柱体的内表面上

81. GB/T 10095.1—2008 对单个渐开线圆柱齿轮规定了 13 个精度等级,下列关于齿轮精度等级说法正确的是(　　)。

(A)0 级精度最高　　(B)1 级精度最高

(C)3～5 级称为高精度等级　　(D)1～2 级称为高精度等级

82. 插齿加工时,切削速度的选择取决于机床性能状态、(　　)等决定的。

(A)工件的齿数　(B)工件的材料　(C)插齿刀材料　(D)精度要求

83. 插齿加工时,进刀次数的选择决定于(　　)等决定的。

(A)齿轮精度　(B)齿面粗糙度要求　(C)模数大小　(D)工件齿数

84. 齿轮倒角机进行倒角时,下列因素与倒角刀在切削过程中进刀次数的确定有关的是(　　)。

(A)切削余量　(B)齿宽　(C)切削速度　(D)模数

85. 采用轴向剃齿的加工方式时,下列阐述是其加工方式的优点的是(　　)。

(A)可剃宽齿轮,剃齿刀宽度与工件齿宽无关

(B)剃齿刀切削区在加工中连续移动,刀齿磨损均匀,耐用度高

(C)用摆动工作台可剃鼓形齿

(D)剃削有台肩的齿轮不受任何限制

86. 剃齿刀根据结构形式的不同,分为盘形剃齿刀、(　　)剃齿刀。

(A)齿条形　(B)蜗轮形　(C)蜗杆形　(D)锥齿形

87. 切削液的主要作用有(　　)。

(A)防锈　(B)减小摩擦　(C)清洗和降温　(D)使刀具更锋利

88. 大批量生产齿轮时,车间采用(　　)方式测量公法线不太合理。

(A)游标卡尺　(B)公法线千分尺　(C)米尺　(D)万能测齿仪

89. 单件小批生产齿轮时,在车间采用(　　)方式测量齿厚不太合理。

(A)游标卡尺　(B)万能测齿仪　(C)齿厚游标卡尺　(D)齿厚卡规

90. 下列关于游标卡尺说法错误的是(　　)。

(A)游标卡尺是一种中等精度的量具

(B)游标卡尺可以用来测量铸、锻件毛坯尺寸

(C)游标卡尺只适用于中等精度尺寸的测量和检验

(D)游标卡尺可以测量精密的零件尺寸

91. 润滑的作用是(　　)、形成密封等。

(A)减少摩擦　(B)减少磨损　(C)防止锈蚀　(D)补偿安装误差

92. 根据齿轮加工机床一级保养内容,进行齿轮加工机床一级保养时,下列各部分需要进行保养维护的是(　　)。

(A)各滑动面　　(B)切削液系统

(C)机床各表面及死角　　(D)交换齿轮凸爪离合器轴套

93. 对齿轮加工机床一级保养的工作内容及要求,下列描述错误的是(　　)。

(A)各滑动面的保养要求为导轨面、滑动面保持清洁,去掉毛刺及嵌入物

(B)机床各表面及死角保养要求为无油污、锈蚀、黄袍

(C)各机床附件保养要求为擦掉油污即可

(D)两班制连续使用的机床,应每隔三年进行一次一级保养

94. 下列属于机床的合理使用包含的内容的是(　　)。

(A)做好日常的维护保养工作
(B)严格按照机床说明书进行正确和安全操作
(C)根据经验自行对机床进行改装
(D)机床使用以最大发挥机床切削效率为准则

95. 制齿工在机床日常维护保养中,下列做法正确的是(　　)。
(A)班前对机床进行检查并润滑
(B)严格按操作规程操作,发现问题及时处理
(C)经常对机床进行拆解,防止机床发生故障
(D)机床状况交班记录本仅记录机床出现的故障

四、判 断 题

1. 在装配图中,当剖切平面通过螺杆的轴线时,对于螺柱、螺栓、螺母及垫圈等均按未剖切绘制。(　　)

2. 机械制图中花键联结用剖视图表示时,其联结部分按外花键的画法绘制。(　　)

3. 机械制图中标注标准件、外购件与零件(轴或孔)的配合代号时,可以仅标注相配零件的公差带代号。(　　)

4. 装配图中相同的零部件用一个序号,一般只需标注一次,多处出现的相同的零部件,必要时也可重复标注。(　　)

5. 基孔制就是基本偏差为一定的轴公差带与不同基本偏差的孔公差带形成的配合。(　　)

6. 孔的最小极限尺寸即为其最大实体尺寸。(　　)

7. 如果某一零件正好加工到其基本尺寸,那么该零件必然是合格品。(　　)

8. 碳素工具钢的牌号用汉语拼音字母"T"尾加一位或两位数字表示,T8 表示为平均含碳量为 0.8%的碳素工具钢。(　　)

9. 金属材料的切削性能的好坏主要决定于金属材料的强度和硬度。(　　)

10. 对工件进行调质处理可以获得高的韧性和足够的强度。(　　)

11. 齿向误差反映了齿轮在齿长方向的接触精度。(　　)

12. 齿轮按啮合方式的不同可分为外啮合齿轮和内啮合齿轮两大类。(　　)

13. 齿轮的 ΔF_p、ΔF_r、ΔF_β 同属于第一公差组。(　　)

14. 直锥齿轮的两轴线的交角必须是 90°。(　　)

15. 标准直齿锥齿轮的正确啮合条件是两齿轮的大端模数和大端压力角分别相等。(　　)

16. 齿轮的传动性能、制造工艺、传动范围均不如带传动。(　　)

17. 机构运动简图中"——|——"符号表示直线运动中间位置的瞬时停顿。(　　)

18. 齿轮加工就是齿形的加工。(　　)

19. 磨齿机用于精加工精度较高的淬硬的圆柱齿轮的齿廓面。(　　)

20. 对于 8 级精度的齿轮不必磨齿,必要时剃齿或研磨。(　　)

21. 齿轮加工机床可分为圆柱齿轮加工机床和圆锥齿轮加工机床两大类。(　　)

22. 采用成形法加工齿轮,刀具的精度决定了工件的精度。(　　)

23. 滚齿机可以加工出 4 级精度的齿轮。( )

24. 直齿锥齿轮的加工方法有两种:一种是仿形法,一种是展成法。( )

25. 圆柱内齿轮一般是用插齿机加工的,插齿机多用于粗、精加工内、外啮合的直齿圆柱齿轮,特别用于加工双联或多联齿轮。( )

26. 在机床型号中,居首位的是"Y",这说明这台机床是齿轮加工机床。( )

27. 表面处理工序一般均安排在工艺过程的最后进行。( )

28. 在重要表面加工前,对精基准应进行一次修正,以利于保证重要表面的加工精度。( )

29. 对于容易出现废品的工序,精加工和光整加工可适当放在前面,某些次要小表面的加工可放在其后,这可减少由于加工主要表面产生废品而造成的工时损失。( )

30. 在液压传动系统中,负载的大小决定了压力的大小,若没有负载,就不能建立起液压力。( )

31. 千分尺若受到撞击造成旋转不灵时,操作者应立即拆卸,进行检查和调整。( )

32. 锉刀上的齿纹有平齿纹和双齿纹两种。( )

33. 使用手锯时,安装锯条必须注意齿尖要朝前推的方向。( )

34. 厚薄规(又叫塞尺或间隙片)用来检验两个相结合面之间的间隙大小。( )

35. 使用厚薄规时,测量时不能用力太大,不应测量温度较高的工件。( )

36. 锥度量规是在成批生产圆锥零件时,用于检验圆锥工作的锥度和基面距偏差的。( )

37. 使用万能游标角度尺时,根据被测角度的特征,按不同方式组合基尺、直角尺、直尺,能够测量 0°~320°范围内的任何角度。( )

38. 同一长度导体的截面越大,其电阻越大。( )

39. 同步电动机和异步电动机同属于交流电动机。( )

40. 接零线路上必须装有保险和断路装置。( )

41. 机床电气接地必须良好,各种安全防护装置不许随意拆除,必须拆除、移位、改造时,应经有关部门鉴定审批。( )

42. 工件上机床前,无论是毛坯还是半成品,都要认真清除毛刺、飞边、油污和铸造粘砂等,防止装卡时伤手和旋转时砂尘飞溅造成事故。( )

43. 中华人民共和国消防法规定,任何单位、成年公民都有参加有组织的灭火工作的义务。( )

44. 生态环境具有生产、消费两大功能,运行良好的生态环境系统,其生产、消费处于动态平衡状态。( )

45. 操作者对本工序的产品质量承担质量责任。( )

46. 操作者应熟悉岗位的质量责任制、作业技术、工艺要求、质量标准、检测方法,执行生产现场管理的规定。( )

47. 从事技术工种的劳动者,上岗前必须经过培训。( )

48. 劳动者享有获得职业健康检查、职业病诊疗、康复等职业病防治服务。( )

49. 劳动者享有拒绝违章指挥和强令进行没有职业病防护措施的作业的权利。( )

50. 确定劳动合同部分无效的,如果不影响其余部分的效力,其余部分仍然有效。( )

51. 图样上标注的尺寸数值就是机件实际大小的数值，它与画图时采用的缩、放比例无关，与画图的精度亦无关。（　　）

52. 假想用剖切平面把机件的某处切断，仅画出断面的图形，此图形称为剖视图。（　　）

53. 在零件图中也可以用涂色代替剖面符号。（　　）

54. 机械制图的视图一般只画出机件的可见部分，必要时才画出其不可见的部分。（　　）

55. 机械制图中规定，尺寸线不能用其他图线代替，一般也不得与其他图线重合或画在其延长线上。（　　）

56. 无论是外螺纹或内螺纹，在剖视图或剖面图中剖面线都必须画到粗实线。（　　）

57. 机械制图中的齿轮的齿顶圆用点划线绘制，一般都省略不画。（　　）

58. △↓ 表示机床采用四爪卡盘装夹工件。（　　）

59. ［符号］定位符号表示其定位点是辅助定位点。（　　）

60. 直齿锥齿轮的齿厚用代号“S”表示，弦齿厚用代号“$\overline{S}$”表示，弦齿厚的上偏差用代号“$\overline{Ess}$”表示，下偏差用代号“$\overline{Esi}$”表示。（　　）

61. 表面粗糙度属于微观几何形状误差。（　　）

62. 形位公差就是限制零件的形状误差。（　　）

63. 滚齿时，齿轮的加工精度与夹具的制造精度和夹具的安装精度有关。（　　）

64. 滚齿时的速度选择，粗加工时，采用低切削速度，低进给量。（　　）

65. 夹具定位元件的定位面应具有较高的尺寸精度、配合精度、表面粗糙度和硬度。（　　）

66. 夹具的定位底面的尺寸应适当大于夹具的高度。（　　）

67. 工件的定位，若应限制的自由度没有被全部限制，出现欠定位，是不允许的。（　　）

68. 用百分表测量圆柱形工件时，测量杆的中心线应平行于被测量工件的中心线。（　　）

69. 杠杆百分表由于体积小，杠杆测头能改变方向，故对凹槽或小孔的测量能起到其他量具无法测量的独特作用。（　　）

70. 在加工斜齿轮时，为了使用标准刀具应按法面模数来选择刀具。（　　）

71. 单头齿轮滚刀一般用粗滚齿，多头滚刀一般用于精滚齿。（　　）

72. A 级普通滚刀用于加工 7～8 级精度的齿轮。（　　）

73. 滚刀的齿形是刀齿侧铲面与前刃面的交线。（　　）

74. 蜗轮滚刀的切削刃应该位于基本蜗杆的螺纹表面上。（　　）

75. 蜗轮滚刀的基本蜗杆应符合于被切蜗轮相啮合的工作蜗杆，其主要参数均须与蜗杆一致。（　　）

76. 齿轮滚刀的容屑槽数愈多，切削重迭系数愈大，分配在每一个刀齿上的负荷减小，因此，切削过程愈平稳，滚刀的耐用度就愈高。（　　）

77. 滚切右旋斜齿圆柱齿轮时，必须选用右旋齿轮滚刀。（　　）

78. 选择合理的切削用量必须联系合理的刀具使用寿命，应使刀具的使用寿命越大越好。

(　　)

79. 要获得较高的表面粗糙度时，切削速度越高越好。(　　)

80. 切削合金钢比切削中碳钢的切削速度要低。(　　)

81. 工件材料的强度、硬度高时，切削速度应取低些。(　　)

82. 选用切削速度时，不应使机床主轴的转速超过其最高值。(　　)

83. 过分提高切削速度会使刀具使用寿命大大降低。(　　)

84. 在滚齿机上加工圆柱齿轮时，工件和刀具模拟一对相互啮合的螺旋齿轮。(　　)

85. 滚齿机轴向进给运动的作用是切出齿宽，差动运动的作用是滚切斜齿轮时保证得到正确的螺旋角。(　　)

86. 滚刀安装后，要在滚刀的两端凸台处检查滚刀的径向和轴向圆跳动误差。(　　)

87. 滚齿机床身导轨为矩形导轨，它与相配合的工作台底座是采用单向镶条来调整配合间隙的。(　　)

88. 滚切直齿圆柱齿轮与滚切斜齿圆柱齿轮时，滚刀的安装角度不同。(　　)

89. 用滚齿机加工直、斜齿轮的加工原理相同。(　　)

90. 渐开线上任意一点的法线不一定与其基圆相切。(　　)

91. 一对相互啮合的齿轮，它们的渐开线形状是相同的。(　　)

92. 渐开线齿形上的压力角处处相等。(　　)

93. 对于标准直齿圆柱齿轮来说，基节与周节的大小相等。(　　)

94. 公法线长度的跨齿数 K 的计算公式是：$K=\frac{\alpha}{180^\circ}Z$。(　　)

95. 直锥齿轮的几何参数规定以大端为基准，以大端模数为标准值。(　　)

96. 直齿锥齿轮的分度圆等于模数与齿数的乘积。(　　)

97. 直齿锥齿轮的分锥顶点至齿顶圆所在平面的距离称为冠顶距。(　　)

98. 直齿内齿轮与直齿外齿轮的分度圆计算是相同的，都是齿数乘以模数。(　　)

99. 直齿内齿轮的齿顶圆直径是一个内圆直径。(　　)

100. 插齿时装夹工件时应将夹具芯轴等擦干净，清除毛刺，并要检查夹具有无磕碰。(　　)

101. 插齿的切削过程是连续的，齿坯所受的切削力是冲击力，因此插齿夹具要钢性好，并使其支承面的直径尺寸尽可能接近被加工齿轮的根圆处。(　　)

102. 用 AA 级插齿刀可以加工出 6 级精度的齿轮。(　　)

103. 插齿刀按国家标准 GB 6082—2001 规定分成 AA、A、AB、B 四个精度等级。(　　)

104. 插齿刀按加工对象不同，可分为加工直齿轮的直齿插齿刀和加工斜齿轮的斜齿插齿刀。(　　)

105. 插齿刀上有前角和后角，以便切削齿轮。(　　)

106. 插齿刀用钝后，只重磨插齿刀的前刀面。(　　)

107. 插齿刀的模数和压力角必须与被加工齿轮的模数和压力角相等。(　　)

108. 检查插齿机工作台圆锥导轨间隙调整情况，一般要求在 0.008 mm 以内。(　　)

109. 插齿刀轴冲程数增加，则圆周进给量也增加，若冲程数减少，圆周进给量也减少。(　　)

110. 插齿刀装在刀架的刀具主轴里，并做上下往复运动及旋转运动。（　）

111. 在Y54插齿机上插削内齿轮调整机床时，应注意使工件与刀具的旋转方向相同。（　）

112. 插齿刀安装夹紧后，应转动插齿机主轴检查其外径跳动量和前端面跳动量，达到要求的数值。（　）

113. Y54插齿机分齿运动是当插齿刀转过一个刀齿时，工件准确地转过一个齿。（　）

114. 伞齿刨刨刀的往复冲程数的选择要根据工件的材料和刨刀的强度决定。（　）

115. 根据被切齿轮节锥齿线的形状，锥齿轮刀具可以分为直齿锥齿轮刀具和曲线锥齿轮刀具两大类。（　）

116. 刨刀是加工直齿锥齿轮最常用的刀具，刨刀的后角是20°。（　）

117. Y236刨齿机加工工件时，被加工齿轮装在分齿箱的主轴上，移动分齿箱，被加工齿轮的锥顶与假想产生的齿轮锥顶相重合，并使齿根角与刀尖所经过的面平行。（　）

118. 伞齿刨安装刨刀时应保证刀尖切削轨迹通过并垂直于摇台轴线，并与机床中心平面重合，即刀尖在与它轴心线垂直的平面内移动，而其的运动路线须同摇台的轴心线相交。（　）

119. 在Y236刨齿机上加工直齿锥齿轮时，在分配加工余量时，摇台和刨刀应在零位上。（　）

120. Y236型刨齿机的加工调整主要是机床中心、摇台中心线的调整和刨齿刀安装角的调整。（　）

121. 刨齿刀刀架安装角影响工件齿形由小端向大端的收缩量，影响接触区位置齿高方向变化。（　）

122. 切削液的流动性越好，比热越低，则其冷却作用越好。（　）

123. 齿轮加工机床使用的切削油主要是由矿物油和水制成，少数切削油采用动、植物油制成。（　）

124. 盘形剃齿刀的精度等级有A、B两种，分别适用于加工6、7级精度的齿轮。（　）

125. 齿轮形珩磨轮粒度的选择与被珩磨轮的模数和被珩齿面要求的表面粗糙度无关。（　）

126. 倒棱是沿轮齿端面的倒角，主要防止由于小的磕碰造成齿面凸起而产生噪音和损伤啮合齿面，以及若要经过热处理时产生的应力集中。（　）

127. 当游标卡尺的游标零线与尺对准时，游标上的其他刻线都不与尺身刻线对准。（　）

128. 三爪内径千分尺可用于测量精密的大孔径。（　）

129. 用外径千分尺测量工件时，旋转微分筒，当用轻微力无法转动时，即可读数。（　）

130. 公法线千分尺的结构与普通千分尺的结构完全相同。（　）

131. 当斜齿轮的齿宽$b < W_{kn} \times \sin\beta$的情况下，将无法测量斜齿轮的公法线长度。（　）

132. 齿轮的分度圆齿厚就是其固定弦齿厚。（　）

133. 当斜齿圆柱齿轮的宽度比较小时，只能采用公法线千分尺测量该齿轮的齿厚尺寸。（　）

134. 齿厚卡尺可以用来测量蜗轮的弦齿厚。(　　)

135. 齿厚卡尺只能用来测量齿轮的弦齿厚。(　　)

136. 初次经过大修的机床,它的精度和性能应达到原出厂的标准。(　　)

137. Y3150E 型滚齿机床的刀架斜齿轮副和锥齿轮副均采用油池润滑。(　　)

138. 润滑速度高时,采用黏度低的润滑油。(　　)

139. Y54 型插齿机床的工作台摆动滚柱采用润滑脂润滑。(　　)

140. 钠基润滑脂可在高温下工作,但不能与水接触。(　　)

141. 手工润滑的特点是装置简单,供油时间长,润滑效果好,多用于负载较轻、速度较低或作间歇运动的摩擦表面。(　　)

142. 为提高机床寿命,最有效的办法是经常性和定期对机床进行维护。(　　)

143. 实际工作中,有大部分的机床故障都是润滑不良引起的。(　　)

144. 飞溅润滑主要用于高速、重载和对温升有一定要求的场合。(　　)

145. 磨损不是影响机床使用性能和寿命的主要原因。(　　)

146. 在修理机械设备中,能否准确判断故障、分析原因,恢复设备的工作性能,主要与设备状态有关,而与机械钳工的工作质量关系不大。(　　)

147. 设备出现故障,应及时通知修理人员修理,与自己无关。(　　)

148. 事后维修是机床发生故障或性能,精度降低到合格水平以下时所采取的非计划性修理。(　　)

149. 在工作过程中,发现机床有不正常现象时,要及时调整和修理,或请维修工进行检修。(　　)

150. 机床各部位加油时,有油标的地方把油加到规定的油标线,机床开动后,观察油窗内油流是否正常,润滑油泵和油路发生故障要及时检修。(　　)

151. 滚齿机床两班制连续使用三年,由操作者进行的一次保养称为机床二级保养。(　　)

152. 滚齿机床的中修就是对机床的一次大的保养,不涉及部件的拆修问题。(　　)

153. 开机前应按润滑规定加油、检查油标、油量是否正常,油路是否畅通,保持润滑系统清洁,润滑良好。(　　)

154. 机床的项修是指定期对机床的各项进行检查维修。(　　)

155. 必须按照机床切削规范选择适当的切削用量,绝不允许超负荷切削。(　　)

五、简 答 题

1. 试说明机械制图中双点划线的用途。

2. 试解释在齿轮工作图中标注的“7-6-6GM　GB 10095—88”的含义。

3. 在齿轮工作图中,标有 7-6-6 GM　GB 10095—88,其中 G,M 的含义是什么?它们的值与什么值有关?

4. 什么叫工序?

5. 什么叫工步?

6. 机械制图中,一轴的最右端标有“<2-B3/7.5”,试说明它的含义。

7. 形位公差代号包括哪些?

8. 零件同一表面存在着叠加在一起哪三种误差，按相邻波峰和波谷之间的距离（波距）如何加以区分。

9. 什么叫作表面粗糙度？

10. 什么叫作工件的装夹？

11. 什么叫夹紧？

12. 什么叫“六点定位”原理？

13. 什么叫欠定位？

14. 什么叫过定位？

15. 什么叫工艺基准？

16. 什么叫设计基准？

17. 什么叫装配基准？

18. 滚齿时怎样选择滚切方法？

19. 齿轮滚刀按照齿后刀面形状的不同，可以分为哪几种类型？

20. 选择切削用量的基本原则是什么？

21. 简述滚齿机的主要运动有哪些。

22. 简述滚齿机床的组成部分。

23. 简述滚齿机床刀架的作用及其运动方式。

24. 简述滚齿机床后立柱的作用。

25. 简述滚齿机床齿轮箱的作用。

26. 说明滚齿机床加工出的齿轮齿面出现鱼鳞纹的原因及解决办法。

27. 在滚齿加工中为什么会造成齿数不对或乱齿现象？

28. 试述标准齿轮形成的条件。

29. 什么叫齿轮的模数？它的大小对齿轮传动有什么影响？

30. 什么是直齿锥齿轮的齿厚？

31. 插削内齿轮时切削速度的选择依据是什么？

32. 插齿夹具的选用原则是什么？

33. 简述我国标准插齿刀主要参数及精度等级划分。

34. 简述插齿机床的组成部分。

35. 简述直齿锥齿轮的加工方法。

36. 在游标卡尺上读数时应分哪几个步骤。

37. 指示表量仪有哪些？

38. 简述游标卡尺的用途。

39. 简述百分表的用途。

40. 简述公法线千分尺的用途。

41. 在什么情况下测不着斜齿轮的公法线？该怎么办？

42. 简述量块的用途。

43. 分别简述水溶液、乳化液、切削油三类切削液的各自特点。

44. 简述齿轮游标卡尺的结构和用途。

45. 定位元件应满足哪些要求？

46. 什么叫加工精度?
47. 什么叫机械加工工艺系统?
48. 什么叫基本齿条?
49. 什么是基本齿廓?
50. 什么是齿顶圆?
51. 什么叫齿距?
52. 什么叫齿全高?
53. 什么叫齿厚?
54. 何为半剖视图?
55. 什么叫基本视图?
56. 试述插齿机的主要组成部分及其作用。
57. 测量的实质是什么?
58. 什么叫渐开线?
59. 试写出5种常用的齿轮加工机床。
60. 解释何为计量器具。
61. 试解释公法线长度变动。
62. 什么是顶隙 c?
63. 什么叫形状公差?
64. 什么是绝对测量?。
65. 什么叫工艺过程?
66. 影响滚齿机床使用性能及寿命的主要原因是什么?
67. 什么叫滚齿机床的一级保养?
68. 什么是机床的项修?
69. 滚齿机床的中修内容是什么?
70. 什么叫机床的定期维护?

六、综 合 题

1. 试说明下列符号表示的含义。

2. 图1的标注是否有误,如有,请画出正确的画法,并说明此标注的含义。

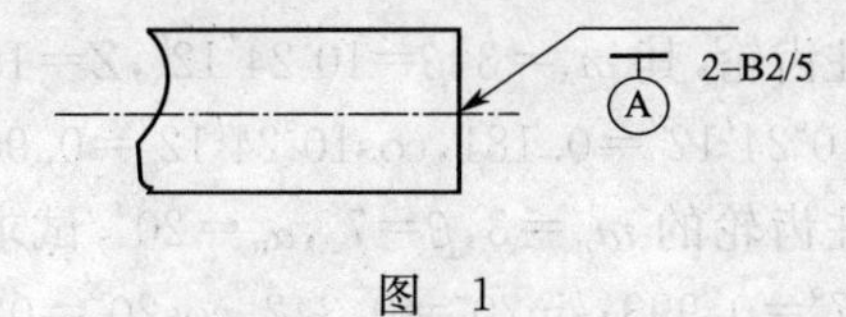

图 1

3. 计算 $\phi20^{+0.045}_{+0.025}$ 及 $\phi20^{-0.03}_{-0.06}$ 的公差、最大极限尺寸和最小极限尺寸各为多少。

4. 加工一齿轮,$\alpha=20°$第一次切削后测得其公法线长度 $W_1=69.24$,而图纸要求的公法线长度是 $W=71.36$,求第二次的切削深度 a_p。

5. 已知一标准内齿轮的模数为 $m=3$,压力角 $\alpha=20°$,试计算其齿顶高 h_a、工作齿高 h'、径

向间隙 C 为多少？

6. 已知一标准直齿圆柱齿轮，其模数为 $m=2.5$，压力角 $\alpha=20^\circ$，$Z=19$ 其齿顶高系数为 $h_a^*=1$，顶隙系数为 $C^*=0.25$，试求这个齿轮的齿顶圆直径 d_a，分度圆直径 d，齿根圆直径 d_f。

7. 已知一标准直齿圆柱齿轮，其模数为 $m=3$，齿数 $Z=24$，试求这个齿轮的齿顶圆直径 d_a，分度圆直径 d，齿根圆直径 d_f。

8. 已知一标准直齿圆柱齿轮，其模数为 $m=2.5$，齿数 $Z=67$，试求这个齿轮的齿全高 h。

9. 已知一标准直齿圆柱齿轮，其模数为 $m=7$，齿数 $Z=62$，试求这个齿轮的分度圆直径 d 与齿顶圆直径 d_a。

10. 已知一标准直齿圆柱齿轮，其模数为 $m=2.5$，齿数 $Z=67$，试求这个齿轮的齿顶圆直径 d_a，分度圆直径 d，齿顶高 h_a。

11. 已知一标准直齿圆柱齿轮，其模数为 $m=3$，齿数 $Z=40$，试求这个齿轮的分度圆直径 d，齿顶高 h_a。

12. 已知一标准直齿圆柱齿轮，其模数为 $m=7$，齿数 $Z=82$，试求这个齿轮的齿顶圆直径 d_a，齿顶高 h_a。

13. 已知一标准直齿圆柱齿轮，其模数 $m=3$，压力角 $\alpha=20^\circ$，且已知：$\sin20^\circ=0.342$，$\cos20^\circ=0.94$，试计算该齿轮分度圆上的齿厚、齿间宽及固定弦齿厚。

14. 说明下列符号的含义：

$d, h_a, h, d_a, P, S, e, \overline{S_c}$

15. 已知一标准斜齿轮的法面模数 $m_n=3$，齿数 $Z=15$，螺旋角 $\beta=10^\circ20'$，试求其端面模数与分度圆直径。(已知 $\sin10^\circ20'=0.18$，$\cos10^\circ20'=0.98$)

16. 已知一标准斜齿圆柱齿轮，其 $m_n=\beta=8^\circ$，$Z=23$，试求这个齿轮的分度圆直径。(已知 $\sin8^\circ=0.14$，$\cos8^\circ=0.99$)

17. 已知一标准斜齿圆柱齿轮，其 $m_n=3$，$\beta=12^\circ30'$，$Z=25$，试求这个齿轮的端面模数与分度圆直径。(已知 $\sin12^\circ30'=0.216$，$\cos12^\circ30'=0.976$)

18. 已知一标准斜齿圆柱齿轮，其 $m_n=9$，$\beta=12^\circ30'$，$Z=67$，试求这个齿轮的端面模数与分度圆直径。(已知 $\sin12^\circ30'=0.216$，$\cos12^\circ30'=0.976$)

19. 已知一标准斜齿圆柱齿轮，其 $m_n=7$，$\beta=12^\circ24'12''$，$Z=45$，试求这个齿轮的齿顶圆直径、齿顶高和分度圆直径。(已知 $\sin12^\circ24'12''=0.215$，$\cos12^\circ24'12''=0.977$)

20. 已知一标准斜齿圆柱齿轮，其 $m_n=10$，$\beta=10^\circ24'12''$，$Z=88$，试求这个齿轮的齿顶圆直径、齿顶高。(已知 $\sin10^\circ24'12''=0.181$，$\cos10^\circ24'12''=0.984$)

21. 已知一标准斜齿圆柱齿轮，其 $m_n=3$，$\beta=10^\circ24'12''$，$Z=15$，试求这个齿轮的齿顶圆直径和齿根圆直径。(已知 $\sin10^\circ24'12''=0.181$，$\cos10^\circ24'12''=0.984$)

22. 已知一标准斜齿圆柱齿轮的 $m_n=3$，$\beta=7^\circ$，$\alpha_n=20^\circ$，试求其法面齿距与法面基圆齿距。(已知 $\sin7^\circ=0.122$，$\cos7^\circ=0.993$；$\sin20^\circ=0.342$，$\cos20^\circ=0.94$)

23. 已知一标准斜齿圆柱齿轮的 $m_n=3$，$\beta=5^\circ10'30''$，试求其法面齿厚与端面齿厚。(已知 $\sin5^\circ10'30''=0.09$，$\cos5^\circ10'30''=0.996$)

24. 已知一标准斜齿圆柱齿轮的 $m_n=3$，$\beta=6^\circ32'15''$，试求其法面齿距、端面齿距、法面齿厚与端面齿厚。(已知 $\sin6^\circ32'15''=0.114$，$\cos6^\circ32'15''=0.993$)

25. 说明下列标准斜齿圆柱齿轮参数符号的含义：

m_n、m_t、α_n、P_{bn}、S_n、h_a、d_a、β

26. 现有一对标准直齿锥齿轮，$Z_1=Z_2=40$，$m=3$，$\alpha=20°$，$\Sigma=90°$，求该对齿轮的齿顶高、齿根高、齿全高。

27. 有一直齿锥齿轮，其 $m=3$，$Z=21$，求该直齿锥齿轮的分度圆直径 d。

28. 已知一直齿锥齿轮，其分度圆直径 $d=80$ mm，齿顶高 $h_a=4$，$\cos\delta=0.707$，求该直齿锥齿轮的齿顶圆直径 d_a。

29. 已知一直齿锥齿轮，$Z=21$，在 Y236 刨齿机上调整分齿挂轮时，采用双分齿法加工时，分齿挂轮定数为 60，求 $i_{分}$。

30. 已知一直齿锥齿轮，冠顶距 $A_k=55$，齿顶圆到直齿锥齿轮定位面的轴向距离 $H=25$，求该直齿锥齿轮的安装距 A。

31. 已知一标准内齿轮的 $Z=40$，$\alpha=20°$，$m=3$，$h_a^*=1$，求齿顶高 h_a，齿根高 h_f，齿全高 h。

32. 已知一直齿内齿轮的 $Z=30$，$m=4$，求该内齿轮的分度圆直径 d。

33. 已知一内齿轮的 $Z=35$，$m=2.5$，$\alpha=20°$，$\beta=0°$，$h_a^*=1$，求该内齿轮的齿顶圆直径 d_a。

34. 已知一圆柱内齿轮的 $Z=50$，$Z_{刀}=20$，$m=5$，$\alpha=20°$，分齿挂轮定数为 2.4，试计算 Y54 插齿机的分齿挂轮 $i_{分}$。

35. 测量一齿轮，其顶圆直径 $D_a=552$，$Z=136$，齿顶高系数 $h_a^*=1$，试求其模数。

制齿工(初级工)答案

一、填 空 题

1. 毫米　2. 75　3. 螺纹部分的深度　4. 水平或垂直
5. 上偏差　6. 粗糙度样板　7. 去除材料　8. 低碳钢
9. 工艺　10. 机械性能　11. 低　12. 齿宽
13. 啮合线　14. 齿形公差　15. 分度圆　16. 齿距累计误差
17. 极限位置的停留　18. 展成法　19. 互为基准　20. 直齿锥齿轮刨床
21. 插齿机　22. 成形法　23. 滚齿机　24. 摇台摆动
25. 切削深度　26. 垂直　27. 积屑瘤　28. 齿形加工
29. 精加工　30. 切削油　31. 静压能　32. 流量
33. 曲面刮刀　34. 油槽錾　35. 肘挥　36. 内外直径
37. 塞规　38. 划线　39. 台阶的高低　40. $0°\sim180°$
41. $I=\dfrac{U}{R}$　42. 接零　43. 检查　44. 特种劳动防护
45. 预防为主,防消结合　46. 成分相同　47. 预防为主,防治结合
48. 无固定期限　49. 让刀运动　50. 刀架　51. 半剖视图
52. 断裂处的分界线　53. 方向相同　54. 表示方法　55. 断开
56. 粗实线　57. 细实线　58. 粗实线　59. 固定式
60. 位置　61. 包容原则　62. 可见轮廓线　63. 找正装夹
64. 应力集中　65. 4　66. 内圆定心端面定位
67. 垂直　68. 啮合间隙　69. 0.01　70. 被加工齿轮的精度
71. 6　72. 磨前滚刀　73. 切向滚刀　74. 容屑槽
75. A　76. 轴心线　77. 分齿　78. 进给机构
79. 工作台回转中心　80. 差动运动　81. 配合　82. 压力阀
83. 差动运动　84. 逆　85. 分齿运动　86. $\lambda-\beta$
87. 附加运动　88. 顺滚　89. 模数　90. 分度圆
91. 基圆　92. 相切　93. 0.25　94. $m_n=m_t\cos\beta$
95. 直齿锥齿轮　96. 分度圆　97. 大端模数　98. 齿顶高
99. 弦齿厚　100. 安装距　101. 分度圆　102. 分度圆直径
103. 一定相同　104. 小　105. 盘形　106. 通用插齿刀
107. 变位齿轮　108. 35　109. 相反　110. 工件宽度
111. 行程长度　112. 径向切入　113. 展成法　114. 行程极端位置
115. 齿宽　116. 毛坯材料　117. 四　118. 直线性

119. 摇台的回转轴心线　120. 冲程位置　121. 重合　122. 平顶齿轮
123. 中心线　124. 直齿锥齿轮　125. 蜗杆形珩轮珩齿机
126. 主轴垫圈　127. 内孔半径　128. 两端面之间的距离
129. 尺寸大小　130. 小　131. 基圆　132. 量钳
133. 温度　134. 弦齿高　135. 弧齿厚　136. 集中润滑
137. 周末维护　138. 保养　139. 磨损　140. 无油污、无锈蚀
141. 润滑系统　142. 释放　143. 毛细管　144. 低
145. 滤清　146. 机床使用说明书　147. 检查、调整　148. 使用寿命
149. 非计划性　150. 运动速度　151. 原出厂的标准　152. 一级保养
153. 项修　154. 飞溅润滑　155. 超负荷

二、单项选择题

1. A　2. B　3. B　4. A　5. C　6. A　7. B　8. B　9. B
10. D　11. B　12. A　13. A　14. A　15. B　16. A　17. B　18. B
19. B　20. B　21. C　22. A　23. C　24. A　25. A　26. C　27. B
28. A　29. A　30. A　31. A　32. B　33. C　34. B　35. D　36. C
37. C　38. A　39. D　40. C　41. A　42. C　43. A　44. C　45. A
46. A　47. A　48. B　49. B　50. A　51. B　52. C　53. A　54. A
55. B　56. B　57. C　58. A　59. B　60. C　61. B　62. A　63. B
64. A　65. A　66. C　67. D　68. A　69. A　70. A　71. A　72. B
73. B　74. A　75. C　76. A　77. B　78. A　79. B　80. A　81. A
82. A　83. A　84. B　85. A　86. D　87. B　88. B　89. A　90. B
91. B　92. A　93. B　94. A　95. A　96. A　97. B　98. C　99. C
100. C　101. A　102. C　103. D　104. B　105. C　106. B　107. A　108. B
109. D　110. B　111. A　112. B　113. B　114. B　115. B　116. A　117. B
118. B　119. A　120. B　121. C　122. B　123. B　124. D　125. B　126. A
127. B　128. A　129. C　130. A　131. A　132. A　133. C　134. C　135. A
136. D　137. A　138. D　139. B　140. C　141. B　142. A　143. A　144. B
145. B　146. A　147. A　148. A　149. D　150. A　151. C　152. B　153. D
154. A　155. A

三、多项选择题

1. ABD　2. ABC　3. AD　4. ACD　5. CD　6. AD　7. ABD
8. AD　9. BC　10. AB　11. CD　12. BC　13. ABC　14. CD
15. ACD　16. ABC　17. ABCD　18. CD　19. BCD　20. BCD　21. ACD
22. ABD　23. AD　24. ABC　25. BD　26. BD　27. BC　28. ABD
29. AD　30. BCD　31. AD　32. AC　33. AC　34. ABC　35. ACD
36. BC　37. AB　38. AD　39. ABCD　40. ACD　41. BC　42. ABC
43. ABD　44. AD　45. ABCD　46. ABD　47. BCD　48. AB　49. AD

50. ABCD　51. AD　52. ACD　53. BCD　54. AD　55. AB　56. AC
57. AB　58. ABC　59. ACD　60. ABC　61. AC　62. ABD　63. BCD
64. ABD　65. ABD　66. ACD　67. ABC　68. AB　69. BCD　70. AC
71. ABD　72. AD　73. ABC　74. ACD　75. BC　76. AC　77. AD
78. BD　79. ABCD　80. ACD　81. AC　82. BCD　83. ABC　84. ACD
85. AC　86. AC　87. ABC　88. ACD　89. ABD　90. BD　91. ABC
92. ABCD　93. CD　94. AB　95. AB

四、判 断 题

1. √　2. √　3. √　4. √　5. ×　6. √　7. ×　8. √　9. √
10. √　11. ×　12. √　13. ×　14. ×　15. √　16. ×　17. √　18. ×
19. √　20. √　21. √　22. √　23. ×　24. √　25. √　26. √　27. √
28. √　29. √　30. √　31. ×　32. √　33. √　34. √　35. √　36. √
37. √　38. ×　39. √　40. ×　41. √　42. √　43. √　44. √　45. √
46. √　47. √　48. √　49. √　50. √　51. √　52. ×　53. √　54. √
55. √　56. √　57. ×　58. ×　59. ×　60. √　61. √　62. ×　63. √
64. ×　65. √　66. √　67. √　68. ×　69. √　70. √　71. ×　72. √
73. √　74. √　75. √　76. √　77. ×　78. ×　79. ×　80. √　81. √
82. √　83. √　84. √　85. √　86. √　87. √　88. √　89. √　90. ×
91. ×　92. ×　93. ×　94. ×　95. √　96. √　97. √　98. √　99. √
100. √　101. √　102. √　103. ×　104. √　105. √　106. √　107. √　108. √
109. √　110. √　111. √　112. √　113. √　114. √　115. √　116. √　117. √
118. √　119. √　120. √　121. √　122. ×　123. ×　124. √　125. ×　126. √
127. √　128. ×　129. ×　130. ×　131. √　132. ×　133. ×　134. ×　135. ×
136. √　137. √　138. √　139. √　140. √　141. ×　142. √　143. √　144. ×
145. ×　146. ×　147. ×　148. √　149. √　150. √　151. ×　152. ×　153. √
154. ×　155. √

五、简 答 题

1. 答:双点划线可用于表示相临辅助零件的轮廓线(1 分)、极限位置的轮廓线(1 分)、坯料的轮廓线或毛坯图中制成品的轮廓线(1 分)、假想投影轮廓线(1 分)、试验或工艺用结构(成品上不存在的轮廓线、中断线)(1 分)。

2. 答:该齿轮的第Ⅰ公差组精度为 7 级(1 分),第Ⅱ公差组精度为 6 级(1 分),第Ⅲ公差组精度为 6 级(1 分),齿厚上偏差为 G,齿厚下偏差为 M(1 分),各公差符合 GB 10095—88 的规定(1 分)。

3. 答:G 表示齿厚的上偏差(1 分),M 表示齿厚的下偏差(1 分),它们的值与齿距极限偏差有关(3 分)。

4. 答:在一台机床上或一个工作位置上(1 分)加工一个或一批零件(1 分),由加工开始到加工完毕(1 分)连续完成工艺过程中(1 分)的某一部分称为工序(1 分)。

5. 答:在不变动被加工表面(2 分)、切削刀具(1 分)和切削用量(不包括切削深度)的条件下(1 分),所完成的工序中的一部分工作叫工步(1 分)。

6. 答:它是要求轴的两端的中心孔为 B 型中心孔(2 分),$d=3D_{max}=7.5$(1 分),在完工的零件上要求保留轴两端的中心孔(2 分)。

7. 答:形位公差代号包括:形位公差有关项目的符号(1 分);形位公差框格(1 分)和指引线(1 分);形位公差数值和其他有关符号(1 分);基准符号(1 分)。

8. 答:零件同一表面存在着:形状误差(宏观几何形状误差)(0.5 分)、表面波度误差(0.5 分)和表面粗糙度误差三种误差的叠加(1 分)。

波距在 10 mm 以上属形状误差范围(1 分),波距在 1～10 mm 之间属于表面波度范围(1 分),波距在 1 mm 以下属表面粗糙度范围(1 分)。

9. 答:表面粗糙度就是指零件表面经加工后遗留的痕迹(2 分),在微小的区间内形成得高低不平的程度(1 分),用数值表现出来(1 分),作为评价表面状况的一个依据(1 分)。

10. 答:将工件在机床上或夹具中(1 分):定位(2 分)、夹紧的过程称为装夹(2 分)。

11. 答:为了在加工中使零件在切削力、重力、离心力和惯性力等力的作用下(2 分),能保持定位时已获得的正确位置不变(2 分),必须把零件压紧、夹牢,这个过程称为夹紧(1 分)。

12. 答:在机械加工中,要完全确定工件的正确位置(1 分),必须有六个(1 分)相应的支承(1 分)来限制工件的六个自由度,称为工件的“六点定位”原理(2 分)。

13. 答:工件在机床或夹具中定位时(1 分),若定位支承点数少于(1 分)工序加工要求应预以限制的自由度数(2 分),则工件定位不足,称为欠定位(1 分)。

14. 答:工件的某一个自由度(1 分)同时被一个以上的定位支承点重复限制(2 分),则对这个自由度的限制会产生矛盾,这种情况被称为过定位或者重复定位(2 分)。

15. 答:零件在工艺过程中采用的基准叫作工艺基准(5 分)。

16. 答:零件设计图样上所采用的基准叫作设计基准(5 分)。

17. 答:在机器装配时(1 分),用来确定零件或部件(1 分)在产品中的相对位置时所采用的基准叫作装配基准(3 分)。

18. 答:一般滚切直齿圆柱齿轮时采用顺滚的方法(1.5 分),滚切斜齿圆柱齿轮时,工件和滚刀螺旋方向相反(2 分),易采用逆滚的方法(1.5 分)。

19. 答:齿轮滚刀按照齿后刀面形状的不同,可以分为铲齿式滚刀(1.5 分)、尖齿式滚刀(1.5 分)和圆磨法滚刀三种类型(2 分)。

20. 答:首先选取尽可能大的切削深度(1 分),其次要在机床动力和刚度允许的范围内,同时又满足已加工表面的粗糙度的要求的情况下(2 分),选取尽可能大的进给量(1 分),最后查相关手册选取或计算确定最佳切削速度(1 分)。

21. 答:滚齿机的主要运动有滚切运动(分齿运动)(1 分)、切削运动(主运动)(1 分)、轴向进给运动(垂直进给运动)(1 分)、差动运动(1 分)和径向进给运动等(1 分)。

22. 答:滚齿机床由床身(1 分)、立柱(1 分)、刀架(1 分)、后立柱(1 分)、工作台及齿轮箱组成(1 分)。

23. 答:滚齿机床的刀架可以沿立柱上的导轨上下做直线运动(1 分),还可以绕自己的水平轴线移动(1 分),以调整滚刀和工作台之间的相对位置(2 分),滚刀装在刀架主轴上并做旋转运动(1 分)。

24. 答：滚齿机床的后立柱可以连同工作台做水平方向移动（2分），以适应不同直径的工件（1分）及用径向法切削蜗轮时做进给运动（2分）。

25. 答：滚齿机床的齿轮箱是用来改变差动运动（2分）、分齿运动（2分）、主运动的变换齿轮传动比（1分）。

26. 答：其原因有工件材料硬度过高（1分）、滚刀磨钝（1分）及冷却润滑不良（1分）。解决办法有刃磨滚刀（1分）；调整供油量，保证冷却润滑良好（1分）。

27. 答：由于分齿挂轮计算错误，挂轮齿数不对（1分）；滚刀的模数和头数不对（1分）；差动螺杆没有脱开（1分）；滚斜齿时附加运动方向不对（1分）；齿坯未固紧等原因都会造成齿数不对或乱齿现象（1分）。

28. 答：标准齿轮必须采用标准模数（1分），标准压力角（1分）、标准齿顶高系数（1分）和径向间隙系数（1分），在分度圆上的齿厚等于齿间宽（1分）。

29. 答：模数是齿距除以圆周率 π 后所得的商（1分），以毫米计算出用 m 表示（1分），一个齿轮若模数越大，则其轮齿越粗壮，承受载荷的能力也越大（1分），如一个齿轮的齿数不变，模数越大，则齿轮的分度圆和齿顶圆也越大（2分）。

30. 答：在直齿锥齿轮上，一个齿距（1分）的两侧齿面（1分）之间的分度圆弧长叫直齿锥齿轮的齿厚（3分）。

31. 答：切削速度的选择取决于插齿机床的性能状态（1分）、齿轮材料（1分）、插齿刀材料（1分）、精度要求（1分）以及切齿所用的润滑冷却油的性能等（1分）。

32. 答：插齿夹具的结构应根据所使用的插齿机性能确定其高度（2分），使齿坯安装在便于切削的行程位置上（1分），并使插齿刀在切削行程终点位置上不与夹具相碰（2分）。

33. 答：我国标准插齿刀压力角为 20°（1分），齿顶前角为 5°（1分），齿顶后角为 6°（1分）；一般插齿刀的精度等级有三级（1分），A级、B级和C级，现在还制造AA级插齿刀（1分）。

34. 答：插齿机床由床身（1分）、立柱（1分）、刀架（1分）、工作台（1分）和变速箱等几部分组成（1分）。

35. 答：直齿锥齿轮的加工方法有单分齿法（2分）、双分齿法（1分）、刨切与刨刀压力角不同的锥齿轮法（1分）、鼓形齿的加工方法（1分）。

36. 答：分三个步骤（1分）；第一步读出副尺上零线在主尺多少毫米的后面（1分），第二步读出副尺上哪一条刻线与主尺上的刻线对齐（1分），第三步把主尺上和副尺上读出的尺寸数值加起来（2分）。

37. 答：指示表量仪有百分表（1分）、千分表（1分）、杠杆百分表（1分）、内径百分表（1分）和内径千分表（1分）。

38. 答：游标卡尺可以直接测量出工件的内（1分）、外直径（1分）、宽度（1分）、长度（1分）、孔距等（1分）。

39. 答：百分表用于测量工件的各种几何形状误差（1分）和位置误差（1分），检验几何精度（1分），用比较法测量工件的长度等（2分）。

40. 答：使用公法线千分尺测量齿轮的公法线长度（2分），是齿轮测量的主要手段之一，同时，也能用来测量齿轮的公法线长度变动（2分），并以此评定齿轮的精度等级（1分）。

41. 答：当斜齿轮的齿宽 $b<W_{kn}\times\sin\beta$ 的情况下（2分），由于卡尺的一个量爪跨到齿宽以

外(2分),斜齿轮的公法线长度无法测量,此时,应改为测量斜齿轮法面的固定弦齿厚(1分)。

42. 答:量块的主要用途是作为长度的标准(1分),并通过它把长度基准尺寸传递到量具、量仪上,以保证长度量值的统一(1分)。标准量具量块可以用来检验、检定和调整量仪及工作量具(1分),或直接用来进行精密测量等工作(1分)。在制造精密零件时,也可以用来校正和调整机床及工件夹具等(1分)。

43. 答:水溶液:冷却性能好(1分),润滑性能差(0.5分);乳化液:具有良好的冷却和清洗性能(1分),并具有一定的润滑性能(1分);切削油:润滑性能好(0.5分),但切削性能差(1分)。

44. 答:齿轮游标卡尺由两根互相垂直的主尺组成(1分),因此它有两个游标(副尺)(1分);齿轮游标卡尺用来测量齿轮或蜗杆(1分)的弦齿厚(1分)和弦齿顶(1分)。

45. 答:(1)要有与工件相适应的精度(1分)。(2)要有足够的刚度(1分),不允许受力后发生变形(1分)。(3)要有耐磨性(1分),以便在使用中保持精度(1分)。

46. 答:所谓的加工精度指的是零件在加工后的几何参数(尺寸、形状和位置)(2分)与图样规定的理想零件的几何参数符合程度(3分)。

47. 答:在机械加工时,机床(1分)、夹具(1分)、刀具(1分)和工件(1分)就构成了一个完整的系统,称之为机械加工工艺系统(1分)。

48. 答:基本齿条是指在法平面内(1分)具有基本齿廓(1分)的假想齿条(1分),基本齿条相当于齿数$z=\infty$(1分),直径$d=\infty$的外齿轮(1分)。

49. 答:基本齿廓是确定某种齿制的轮齿尺寸比例的依据的齿廓(5分)。

50. 答:齿顶圆就是过齿轮各轮齿顶端所作的圆称为齿顶圆(5分)。

51. 答:在任意圆周上,相邻两齿同一侧齿廓间的弧线长度称为齿距(5分)。

52. 答:齿顶圆与齿根圆之间的径向距离称为齿全高(5分)。

53. 答:在任意圆周上,一个轮齿的两侧齿廓间的弧线长度称为该圆上的齿厚(5分)。

54. 答:机件具有对称平面时(1分),可以以对称中心线为边界(2分),一半画成剖视(1分),另一半画成普通视图(1分)。

55. 答:基本视图是指机件向基本投影面投影所得的视图(5分)。

56. 答:插齿机由床身(0.5分)、立柱(0.5分)、刀架(0.5分)、工作台(0.5分)和变速箱等几部分组成(0.5分)。刀架的刀具主轴里可安装插齿刀(0.5分),并作上下往复运动及旋转运动(0.5分)。工件装在工作台上作旋转运动(0.5分),并随工作台作直线移动,实现径向切入运动(1分)。

57. 答:测量的实质是被测量的参数同标准量进行比较的过程(5分)。

58. 答:一条直线在一个定圆上作无滑动的滚切时,直线上的点的轨迹称为渐开线(5分)。

59. 答:滚齿机(1分)、插齿机(1分)、刨齿机(1分)、珩齿机(1分)、磨齿机(1分)。

60. 答:计量器具是能用以测量出被测对象量值的量具和计量仪器的统称(5分)。

61. 答:在齿轮一周范围内(1分),实际公法线长度最大值与最小值之差称为公法线长度变动(4分)。

62. 答:顶隙c系指一个齿轮的齿顶圆到其相配齿轮的齿根圆之间的距离(3分)。等于顶隙系数c^*(一般为0.25)乘以法向模数m_n,即$c=c^* m_n$(2分)。

63. 答:形状公差是单一实际要素的形状所允许的变动全量(5分)。

64. 答:绝对测量就是能直接从量具或量仪上(2 分)读出的被测量工件的实际值的测量方法(3 分)。

65. 答:工艺过程是指改变生产对象的形状(1 分)、尺寸(1 分)、相对位置(1 分)和性质等(1 分),使其成为成品或半成品的过程(1 分)。

66. 答:主要原因是磨损(2 分)、腐蚀(1 分)、变形(1 分)、事故(1 分)。

67. 答:滚齿机床两班制连续使用三个月(2 分),进行一次保养,保养时间为 4~8 小时(2 分),由操作者进行,维修人员协助,这种保养方法叫滚齿机床的一级保养(1 分)。

68. 答:项修是根据机床的实际技术状态(1 分),对状态劣化已达不到生产工艺要求的项目(2 分),按实际情况进行针对性的修理(2 分)。

69. 答:滚齿机床的中修是对机床个别部件的拆修(工作台轴承、滚刀刀杆安装用的前轴承等)(2 分);中修的特点是不仅在于修理或更换磨损的零件(2 分),修复后还须检验机床的精度(1 分)。

70. 答:机床的定期维护是机床使用一段时间后(1 分),两个相互接触的零件间产生磨损(1 分),其工作性能逐渐受到影响(1 分),这时就应该对机床的一些部件进行适当的调整、维护,即定期维护(1 分),使机床恢复到正常的技术状态(1 分)。

六、综 合 题

1. 答:(1)液压夹紧符号(2.5 分);(2)气动夹紧符号(2.5 分);(3)电磁夹紧符号(2.5 分);(4)机械夹紧符号(2.5 分)。

2. 答:有(1 分)。正确画法如图 1 所示。该图表示轴的两端中心孔为 B 型(1 分);d=2 mm×D_{max}=5 mm(1 分);加工该轴时,以中心孔为基准(2 分);完工后中心孔,可保留也可不保留(2 分)。

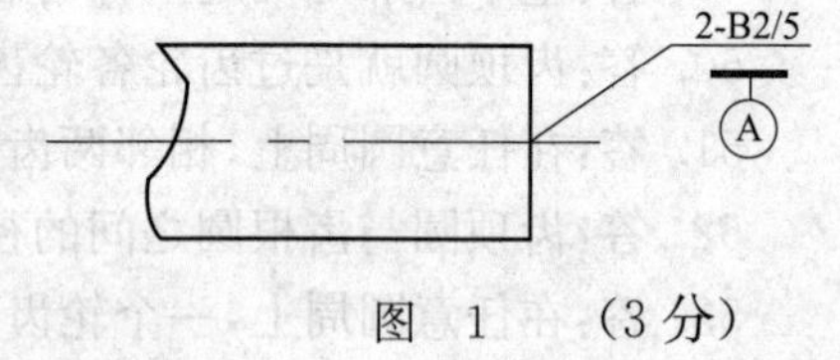

图 1　　(3 分)

3. 解:$\phi 20^{+0.045}_{+0.025}$

1)最大极限尺寸:20+(+0.045)=20.045 (1.5 分)

2)最小极限尺寸:20+(+0.025)=20.025 (1.5 分)

3)公差:20.045−20.025=0.02 (2 分)

$\phi 20^{-0.03}_{-0.06}$

1)最大极限尺寸:20+(−0.03)=19.97 (1.5 分)

2)最小极限尺寸:20+(−0.06)=19.94 (1.5 分)

3)公差:19.97−19.94=0.03 (2 分)

4. 解:$a_p=1.46(W_1-W)$(8 分)

$=1.46\times(71.36-69.24)=3.095$ (1 分)

答:第二次的切削深度是 3.095 mm。(1 分)

5. 解:$h_a=h_a^*\times m=1\times 3=3$(mm) (3 分)

$h'=2m=2\times 3=6$(mm) (3 分)

$C=C^*\times m=0.25\times 3=0.75$(mm) (3 分)

答:其齿顶高 h_a=3 mm、工作齿高 h'=6 mm、径向间隙 C=0.75 mm。(1 分)

6. 解:$d_a=2.5\times(19+2\times 1)=52.5$(mm) (3 分)

$d=2.5\times19=47.5$(mm) (3 分)

$d_f=2.5\times[19-2\times(1+0.25)]=41.25$(mm) (3 分)

答:齿轮的齿顶圆直径 $d_a=52.5$ mm,分度圆直径 $d=47.5$ mm,齿根圆直径 $d_f=41.25$ mm。(1 分)

7. 解:$d_a=3\times(24+2\times1)=78$(mm) (3 分)

$d=3\times24=72$(mm) (3 分)

$d_f=3\times[24-2\times(1+0.25)]=64.5$(mm) (3 分)

答:齿轮的齿顶圆直径 $d_a=78$ mm,分度圆直径 $d=72$ mm,齿根圆直径 $d_f=64.5$mm。(1 分)

8. 解:$h=h_a+h_f=(2h_a^*+C^*)m$ (8 分)

$=(2\times1+0.25)\times2.5=5.625$(mm) (1 分)

答:这个齿轮的齿全高 h 为 5.625 mm。(1 分)

9. 解: $d=m\times Z=7\times62=434$(mm) (4.5 分)

$d_a=m\times(Z+2\times h_a^*)=7\times(62+2\times1)=448$(mm) (4.5 分)

答:分度圆直径 $d=434$ mm,齿顶圆直径 $d_a=448$mm。(1 分)

10. 解:$d_a=2.5\times(67+2\times1)=172.5$(mm) (3 分)

$d=2.5\times67=167.5$(mm) (3 分)

$h_a=h_a^*\times m=1\times2.5=2.5$(mm) (3 分)

答:齿轮的齿顶圆直径 $d_a=172.5$ mm,分度圆直径 $d=167.5$ mm,齿顶高 $h_a=2.5$ mm。(1 分)

11. 解:$d=m\times Z=3\times40=120$(mm) (4.5 分)

$h_a=h_a^*\times m=1\times3=3$(mm) (4.5 分)

答:分度圆直径 $d=120$ mm,齿顶高 $h_a=3$ mm。(1 分)

12. 解:$d_a=7\times(82+2\times1)=588$(mm) (4.5 分)

$h_a=h_a^*\times m=1\times7=7$(mm) (4.5 分)

答:齿轮的齿顶圆直径 $d_a=588$ mm,齿顶高 $h_a=7$mm。(1 分)

13. 解:分度圆齿厚 $S=\frac{\pi m}{2}=\frac{3.14\times3}{2}=4.71$(mm) (3 分)

分度圆齿间宽 $e=\frac{\pi m}{2}=\frac{3.14\times3}{2}=4.71$(mm) (3 分)

固定弦齿厚$\overline{S_c}=\frac{\pi m}{2}\cos^2\alpha=4.71\times\cos220°=4.16$(mm) (3 分)

答:分度圆齿厚 $S=4.71$ mm,分度圆齿间宽 $e=4.71$ mm,固定弦齿厚$\overline{S_c}=4.16$ mm。(1 分)

14. 答:d:分度圆直径(2 分);h_a:齿顶高(1 分);h:齿全高(1 分);d_a:齿顶圆直径(2 分);P:齿距(1 分);S:分度圆齿厚(1 分);e:分度圆齿间宽(1 分);$\overline{S_c}$:固定弦齿厚(1 分)。

15. 解:$m_t=\frac{m_n}{\cos\beta}=\frac{3}{0.98}=3.061$(mm) (5 分)

$d=Zm_t=15\times3.061=45.915$(mm) (4 分)

答:端面模数 $m_t=3.061$ mm,分度圆直径 $d=45.915$ mm。(1 分)

16. 解：$d=\frac{Zm_n}{\cos\beta}$ (8 分)

$=\frac{23\times1.5}{0.99}=34.85(\text{mm})$ (1 分)

答：该齿轮的分度圆直径 $d=34.85$ mm。(1 分)

17. 解：$m_t=\frac{m_n}{\cos\beta}$ (4 分)

$=\frac{3}{0.976}=3.074(\text{mm})$ (1 分)

$d=m_t\times Z=25\times3.074=76.85(\text{mm})$ (4 分)

答：该齿轮的端面模数 $m_t=3.074$ mm，分度圆直径 $d=76.85$ mm。(1 分)

18. 解：$m_t=\frac{m_n}{\cos\beta}$ (4 分)

$=\frac{9}{0.976}=9.221(\text{mm})$ (1 分)

$d=m_t\times Z=67\times9.221=617.807(\text{mm})$ (4 分)

答：该齿轮的端面模数 $m_t=9.221$ mm，分度圆直径 $d=623.569$ mm。(1 分)

19. 解：$d=\frac{Zm_n}{\cos\beta}=\frac{Zm_n}{0.977}=322.42(\text{mm})$ (3 分)

$h_a=h_{an}^*\times m_n=1\times7=7(\text{mm})$ (3 分)

$d_a=d+2h_a=334.42(\text{mm})$ (3 分)

答：该齿轮的齿顶圆直径 $d_a=334.42$ mm，齿顶高 $h_a=7$ mm，分度圆直径 $d=322.42$ mm。(1 分)

20. 解：$d=\frac{Zm_n}{\cos\beta}=\frac{88\times10}{0.984}=900.716(\text{mm})$ (3 分)

$h_a=h_{an}^*\times m_n=1\times10=10(\text{mm})$ (3 分)

$d_a=d+2h_a=920.716(\text{mm})$ (3 分)

答：该齿轮的齿顶圆直径 $d_a=914.31$ mm，齿顶高 $h_a=10$ mm。(1 分)

21. 解：$d=\frac{Zm_n}{\cos\beta}=\frac{15\times3}{0.984}=46.059(\text{mm})$ (2 分)

$h_a=h_{an}^*\times m_n=1\times3=3(\text{mm})$ (1 分)

$d_a=d+2h_a=52.059(\text{mm})$ (3 分)

$d_f=d-2h_f=d-2(h_{an}^*+c_n^*)m_n=38.559(\text{mm})$ (3 分)

答：该齿轮的齿顶圆直径 $d_a=552.059$ mm，齿根圆直径 $d_f=38.559$ mm。(1 分)

22. 解：$P_n=\pi m_n$ (3 分)

$=3.14\times3=9.42(\text{mm})$ (1 分)

$p_{bn}=P_n\times\cos\alpha_n$ (4 分)

$=9.42\times\cos20^\circ=8.852(\text{mm})$ (1 分)

答：其法面齿距 $P_n=9.42$ mm，法面基圆齿距 $P_{bn}=8.852$mm。(1 分)

23. 解：$P_n=\pi m_n=3.14\times3=9.42(\text{mm})$ (3 分)

$S_n=\frac{P_n}{2}=4.71(\text{mm})$ (3 分)

$S_t=\frac{P_n}{2\cos\beta}=4.73(\text{mm})$ (3 分)

答:其法面齿厚 $S_n=4.71$ mm,端面齿厚 $S_t=4.73$ mm。(1 分)

24. 解:$P_n=\pi m_n=3.14\times3=9.42(\text{mm})$ (3 分)

$S_n=\frac{P_n}{2}=4.71(\text{mm})$ (2 分)

$S_t=\frac{P_n}{2\cos\beta}=4.743(\text{mm})$ (2 分)

$P_t=\frac{P_n}{\cos\beta}=9.486(\text{mm})$ (2 分)

答:其法面齿距 $P_n=9.42$ mm,端面齿距 $P_t=9.486$ mm,法面齿厚 $S_n=4.71$ mm,端面齿厚 $S_t=4.743$ mm。(1 分)

25. 答:m_n:法面模数(2 分);m_t:端面模数(2 分);α_n:法面压力角(1 分);P_{bn}:基圆法面齿距(1 分);S_n:法面齿厚 h(1 分);a:齿顶高(1 分);d_a:齿顶圆直径(1 分);β:分度圆螺旋角(1 分)。

26. 解:$h_1=h_2=2.2m=2.2\times3=6.6(\text{mm})$ (3 分)

$h_{a1}=h_{a2}=h_a^*\times m=1\times3=3(\text{mm})$ (3 分)

$h_{f1}=h_{f2}=h-h_a=6.6-3=3.6(\text{mm})$ (3 分)

答:该对齿轮的齿顶高 $h_{a1}=h_{a2}=3$ mm、齿根高 $h_{f1}=h_{f2}=3.6$ mm、齿全高 $h_1=h_2=6.6$ mm。(1 分)

27. 解:$d=m_n\times Z$ (8 分)

$=3\times21=63(\text{mm})$ (1 分)

答:分度圆直径为 63 mm。(1 分)

28. 解:$d_a=d+2h_a\times\cos\delta$ (8 分)

$=80+2\times4\times0.707=85.656(\text{mm})$ (1 分)

答:其齿顶圆直径为 85.656 mm。(1 分)

29. 解:$i_{分}=\frac{a\times c}{b\times d}=\frac{60}{Z}$ (8 分)

$=\frac{60}{21}$ (1 分)

答:$i_{分}=\frac{60}{21}$。(1 分)

30. 解:$A=A_k+H$ (8 分)

$=55+25=80$ (1 分)

答:该直齿锥齿轮的安装距 A 是 80。(1 分)

31. 解:$h_a=h_a^*\times m=1\times3=3(\text{mm})$ (3 分)

$h_f=1.25m=1.25\times3=3.75(\text{mm})$ (3 分)

$h=h_a+h_f=3+3.75=6.75(\text{mm})$ (3 分)

答:齿顶高 $h_a=3$ mm,齿根高 $h_f=3.75$ mm,齿全高 $h=6.75$ mm(1 分)

32. 解：$d = Z \times m$ (8 分)

$= 30 \times 4 = 120$ mm (1 分)

答：该内齿轮的分度圆直径 $d = 120$ mm。(1 分)

33. 解：$d_a = d - 2h_a = m \times Z - 2 \times h_a^* \times m$ (8 分)

$= 2.5 \times 35 - 2 \times 1 \times 2.5 = 87.5 - 2 \times 2.5 = 82.5$(mm) (1 分)

答：该内齿轮的齿顶圆直径 $d_a = 82.5$ mm。(1 分)

34. 解：$i_{分} = \dfrac{a \times c}{b \times d} = \dfrac{2.4 \times Z_{刀}}{Z}$ (8 分)

$= \dfrac{2.4 \times 20}{50}$ (1 分)

答：$i_{分} = \dfrac{2.4 \times 20}{50}$。(1 分)

35. 解：对公制齿轮，$d_a = m(Z + 2h_a^*)$ (1 分)

得：$m = d_a / (Z + 2h_a^*)$ (7 分)

$= 552/(136 + 2 \times 1) = 4$(mm) (1 分)

答：模数为 4 mm。(1 分)

制齿工(中级工)习题

一、填 空 题

1. ϕ35(H7/m6)中,分子是(　　)的公差带代号。

2. 石墨的塑性和(　　)几乎为零。

3. (　　)反映了材料抵抗局部塑性变形的能力。

4. (　　)是决定渐开线形状的唯一参数。

5. 形成渐开线齿形的(或形成曲线的)圆的直径称为(　　)。

6. 齿轮按其齿廓曲线分为(　　)、渐开线齿形齿轮和圆弧齿形齿轮。

7. 旧国标将粗糙度分为 14 级,而新国标采用(　　)的方法。

8. 圆柱度公差属于(　　)公差。

9. 平行度的符号是(　　)。

10. 高度变位齿轮传动时,大轮和小轮中,(　　)轮较易磨损。

11. 影响齿轮传动平稳性的最主要因素有齿形误差和(　　)。

12. 滚齿机的主要运动有(　　)、切削运动、差动运动、分齿运动、轴向进给运动、切向进给运动等。

13. 滚齿机对工件产生齿形误差的因素有刀杆的圆跳动和(　　)、工作台的圆跳动、分度蜗杆的全跳动等。

14. 对夹紧机构的要求是夹得正、夹得牢、夹得快和(　　)。

15. 常用的机械加工方法分为(　　)和热加工。

16. 铣刀按其材料分为(　　)和高速钢铣刀。

17. 铣刀按其形状分为(　　)和尖齿刀具。

18. 切削液的主要作用有(　　)、减少摩擦、清洗和降温。

19. 常用的切削液有水溶液、乳化液和(　　)。

20. 常用的液压泵有(　　)、齿轮泵和柱塞泵三种。

21. 螺旋测量仪利用螺旋的(　　)原理进行测量和读数。

22. 钳工常用的錾子主要有阔錾、狭錾、油槽錾和(　　)四种。

23. 划线常用的工具有基准工具、划线工具、(　　)和辅助工具。

24. 平面划线常见基准有三种类型:(1)以两个相互垂直的平面或线为基准;(2)以(　　)为基准;(3)以一个平面和一条中心线为基准。

25. 刮削时,刮研显示剂的作用是(　　)。

26. 电流频率的单位是(　　)。

27. 线性电阻 R 两端的电压 U 与通过它的电流 I 的关系是(　　)。

28. 正弦电量的三要素是指有效值、频率和(　　)。

29. 电路中,电子的运动方向与电流方向(　　)。

30. 电气传动就是以(　　)为动力来驱动生产机械和其他用电设备。

31. 在单电源回路中,电源内部电流的流向是(　　)。

32. 万用表可用于测量电流、电压和(　　)。

33. 三极管具有的三个极是(　　)、发射极和集电极。

34 插齿机床的操作者应熟悉插齿机床的使用说明书,掌握插齿机床的试车、调整、操纵、维护及(　　)的常识。

35. 齿轮的轮齿与基本齿廓对称相切,两切点间的距离叫(　　)。

36. 齿轮分度圆弧齿厚所对应的弦长叫(　　)。

37. 我国标准齿轮采用的是模数制 m,单位为 mm,英美采用的径节制 p,两者之间的关系为(　　)。

38. 在加工中,当机械或电气有异响、高温(温度达到 50～60 ℃)、冷却或润滑突然中断时,必须停车并(　　)。

39. 操作者应熟悉岗位的质量责任制、作业技术、工艺要求、(　　)、检测方法,执行生产现场管理的规定。

40. 齿轮加工机床一级保养时,对交换齿轮的保养要求是(　　)。

41. 操作工人应学习了解(　　)的基本知识,掌握本岗位常用的统计方法和图表,自觉地贯彻、执行质量责任制和质量管理点的管理制度。

42. 在加工过程中,设置建立质量管理点,加强(　　)管理,是企业建立生产现场质量保证体系的基础环节。

43. 锥齿轮轴线与分锥母线之间的夹角叫(　　)。

44. 剃齿刀和被剃齿轮啮合时为(　　)接触。

45. 安装插齿刀时,需保证插齿刀的轴线与机床主轴的轴线(　　)。

46. 数控滚齿机中程序停止的代码是(　　)。

47. 机件的图形一般用正投影法绘制,并采用(　　)投影法。

48. 局部视图是指将机件的(　　)向基本投影面投影所得的视图。

49. 线性尺寸的数字一般应标在尺寸线的(　　)。

50. 用以确定公差带上偏差或下偏差位置的数字称为(　　)。

51. 配合可分为间隙配合、(　　)和过盈配合。

52. (　　)公差是限制一条线或一个面上发生的误差。

53. 变位齿轮分度圆上齿厚和齿槽宽度(　　)。

54. 变位齿轮分为正变位齿轮、负变位齿轮和(　　)。

55. 平面度的符号为(　　)。

56. 圆度的符号为(　　)。

57. 测量误差是指测得值与(　　)之间的差值。

58. 尺寸公差与形状公差的关系有独立原则和(　　)两种。

59. 齿根高的符号为(　　)。

60. 齿距累积误差的代号为(　　)。

61. 直锥齿轮传动中,轴交角的符号为(　　)。

62. 在蜗杆中,γ 是指(　　)。

63. 零锥度锥齿轮是指其(　　)为零度。

64. 正变位齿轮可以(　　)轮齿强度。

65. 工艺规程的拟订必须根据(　　)与经济条件,用逐次修定的方法进行。

66. 将原材料转变为成品的(　　)称为生产过程。

67. 指导工人操作和用于生产、(　　)等的各种技术文件称为工艺文件。

68. 切齿时,工件上作为支承用的端面对基准孔应保持垂直,否则会引起(　　)误差和齿向误差。

69. 切削热是切削过程中(　　)和变形所消耗的功转化而来的。

70. 在加工表面(或装配时的连接表面)和(　　)不变的情况下,所连续完成的那一部分工序称为工步。

71. 在切削加工工序中,应遵循的原则是:先粗后精、先主后次和(　　)。

72. 对盘类齿轮来说,其(　　)和端面是齿形加工的基准。

73. 半精加工和精加工时,确定切削用量主要考虑(　　)的要求。

74. 金属的切除率是衡量切削效率的一种指标,它与(　　)、进给量和切削速度有关。

75. 精加工齿轮时,一般采用(　　)的切削速度和小的走刀量。

76. 粗加工应采用(　　)的切削速度。

77. 同种类型的机床,由于型号不一样,机床的刚性和(　　)不一样,因此加工同种齿轮的切削用量不同。

78. 滚齿机常用夹具分为通用夹具、可调夹具和(　　)。

79. 以内孔定心、端面定位的齿轮,加工时大都采用底座与(　　)组合而成。

80. 滚齿时,齿轮的加工精度与夹具的制造和(　　)精度有关。

81. 滚齿夹具按齿坯形状来分,加工轴类齿轮时,一般采用(　　)定位。

82. 滚齿夹具一般采用组合结构,由(　　)组成。

83. 在工序图上,用来确定本工序所加工表面加工后的尺寸、形状、位置的基准称(　　)。

84. 工艺中"□↓"是(　　)的符号。

85. 车削中常用的刀具材料有工具钢、硬质合金钢、陶瓷和(　　)。

86. 滚齿机床的磁性过滤器是齿轮机床切削液的(　　)装置。

87. 制齿刀具按其(　　)不同可分为滚齿刀、插齿刀、刨齿刀和剃齿刀等。

88. 齿轮滚刀由两个主要部分组成,即夹持部分和(　　)。

89. 齿轮滚刀按用途不同,分为粗加工滚刀、精加工滚刀和(　　)等。

90. 齿轮滚刀是按(　　)原理加工齿轮的。

91. 滚齿时,为切出对称的渐开线齿形,必须使滚刀的一个齿或(　　)正确对准齿坯的中心,称为对中。

92. 插齿刀按加工对象的不同,可分为加工直齿用的直齿插齿刀和(　　)。

93. 插齿刀的形状象一个齿轮,具有切削刃和切削时必需的(　　)。

94. 安装插齿刀要保证插齿刀中心线与机床(　　)重合。

95. 游标量具按其用途分为(　　)、深度卡尺和高度卡尺。

96. 常用卡钳可分为普通内卡钳、普通外卡钳和(　　)、两用卡钳。

97. 量块的作用主要是用作长度标准,并通过它把长度基准尺寸传递到(　　)上去,以保证长度量值的统一。

98. 制齿中,常用的量具有(　　)和齿厚卡尺等。

99. 常用的公法线千分尺能精确到(　　)mm。

100. 常用制齿机床有(　　)等(请至少答出三种)。

101. 滚齿机的分齿运动是由滚刀的旋转差动机构和(　　)传递到工件。

102. 磨齿机按加工对象可分为渐开线圆柱外齿轮磨齿机、渐开线圆柱内齿轮磨齿机、摆线外齿轮磨齿机和(　　)。

103. 在机床上安装刨齿刀时,主要调整刨齿刀的(　　)。

104. 机床操作者应做到"三好"、"四会",其中"三好"是指管好、用好和(　　)。

105. 机床操作者应做到的"四会"是指会使用、会保养、会检查、(　　)。

106. 对机床进行二级保养的主要内容是清洗、检验修复和(　　)。

107. 油芯润滑是利用(　　)原理,将油从油杯中吸起,借助其自重滴下,流到摩擦表面。

108. 生产中常用的切削液分三类,即水溶液、乳化液和(　　)。

109. 影响机床使用性能及寿命的主要因素是磨损、腐蚀、(　　)和事故。

110. 机床变形主要由地基不好、安装不正确以及(　　)等因素引起。

111. 滚齿机立柱齿轮咬死的可能原因是螺旋锥齿轮旋向装错或(　　)。

112. 啮合中心距等于标准中心距的变位齿轮传动,称为(　　)变位齿轮传动。

113. 齿轮的失效形式分轮齿折断和(　　)两类。

114. 在滚齿机上加工齿轮,为了确保工件的精度可以对滚刀架结构采取调整(　　)、调整主轴轴承间隙和主轴轴向间隙。

115. 若滚刀安装不正确,将影响被切齿轮的齿厚和(　　)。

116. 用滚齿机加工齿轮时,一般在机床刚度、(　　)和滚刀允许的情况下,尽量采用大走刀量。

117. 滚切大质数齿轮时,分齿、进给、差动三者(　　)断开。

118. 采用指形铣刀加工齿轮时,应选用(　　)的切削用量。

119. 斜齿轮各圆柱面的螺旋角是不等的,平时所说的螺旋角是指(　　)的螺旋角。

120. 滚切斜齿圆柱齿轮时,滚齿机必须具备的运动有滚切运动、切削运动、轴向进给运动和(　　)。

121. 斜齿圆柱齿轮传动时的缺点是传动中有(　　)和轴向推力随螺旋角的增大而增大。

122. 表面粗糙度受设备和刀具影响较大,其好坏对噪声大小和(　　)有很大的影响。

123. 滚切斜齿圆柱齿轮时,差动挂轮比的误差影响齿轮的(　　)。

124. 滚刀安装误差是由刀杆与(　　)两部分的安装误差组成的。

125. 插齿过程中,插齿刀的运动形式既有范成运动、旋转运动,又有作主运动的(　　)运动,因此刀具主轴必须具备这两个运动。

126. 齿轮加工误差主要来源于(　　)、机床、夹具、刀具等整个工艺系统以及加工中的调整所存在或产生的误差。

127. 加工斜齿圆柱齿轮时,滚齿机的工作台的运动由工件的分齿运动和(　　)合成。

128. 斜齿圆柱齿轮设计时常用(　　)向模数。

129. 直锥齿轮实际接触区的大小与齿向误差、齿形误差和(　　)有关。

130. 刨齿加工原理中的假想齿轮刀具有两种,即假想平面刀具和(　　)刀具。

131. 在刨齿机上安装工件时,必须使工件节锥顶点与(　　)重合。

132. Y236 型刨齿机刨齿刀刀架安装在摇台前端面,利用丝杆能使上下刀架以(　　)为轴线,调整成不同的角度,并可在摇台的刻度上,以游标读取角度值。

133. Y236 型刨齿机在加工齿轮时,主要是调整工件在机床上的安装位置和刨齿刀的(　　)。

134. 刨齿机上,粗切时可以沿齿高方向上切深 0.05 mm 的增量,其目的是为了提高(　　)及精切刀寿命。

135. 直锥齿轮齿面接触正确与否是通过齿向(　　)的形状、大小及位置来衡量的。

136. 万能型剃齿机的重要机构是工作台下面的转盘机构,转盘可作(　　)回转。

137. 按剃齿机的布局形式可分为立式和(　　)两大类。

138. 根据切齿方法的不同,锥齿轮刀具可以分为(　　)刀具和滚切法刀具。

139. 常用的抛光剂为氧化铬抛光膏,抛光余量一般在(　　)mm。

140. 剃齿过程是极薄切削、(　　)和金属的滑移的综合过程。

141. 剃齿刀切削工件时,它的齿侧面(侧后刀面)和工件的加工表面相切,所以剃齿时的后角为(　　)。

142. 插齿机的分度交换齿轮主要保证插齿刀主轴与工件主轴间的速比,该速比与插齿刀齿数和工件齿数间的比值成(　　)。

143. 切削用量的三要素是(　　)、进给量、切削速度。

144. 常用量具分为(　　)量具和角度量具。

145. 游标卡尺就是利用游标一个(　　)与尺身一个或几个刻度间距相差一个微量,从而进行细分的一种机械式读数装置。

146. 百分表是借助于(　　)或杠杆齿轮传动机构将测杆的线位移变为指针回转运动的指示量仪。

147. 内外径千分尺的测量精度(　　)。

148. 当测量 ϕ60 mm 的轴时,应选用的千分尺规格为(　　)。

149. 万能角度尺是由基尺、主尺、游标、直角尺和(　　)等组成。

150. 水平仪的主要作用是检验零件表面的(　　)和导轨直线度误差。

151. 正弦规是测量(　　)和角度常用的量具。

152. 滚齿加工时,其刀齿在旋转中依次对被切齿轮切出无数刀刃包络线,当滚刀的刀齿数越多,工件的误差(　　)。

153. 在插齿机上插削直齿圆柱齿轮时,进给凸轮的形状误差将会造成工件的(　　)误差、基节偏差和齿形误差。

154. 刨齿时,若精加工留的余量太小,则可能出现(　　)。

155. 与直齿锥齿轮相比,曲线锥齿轮的重迭系数(　　)。

156. (　　)是加工时用以正确的确定工件位置,并将它牢固加紧的工艺装备。

157. (　　)卡盘夹紧时能自动定心。

158. 插齿机按其刀具形状分为齿条刀插齿机和(　　)插齿机。

159. 渐开线齿形的加工方法主要有(　　)和成形法。

160. 在装配图中标注线性尺寸的配合代号时,必须在基本尺寸的右边用分数的形式注出,分子位置注孔的公差带,分母位置注(　　)的公差带。

161. 铣齿机在工作时为实现连续分度,刀盘转过一组齿,轮坯转过一个齿;为完成切齿啮合的展成运动,轮坯转过一个齿,(　　)也转过一个齿。

162. 在铣床上用齿轮铣刀铣削齿轮或齿条的齿槽是(　　)加工。

163. 任何物体在空间,对于互相垂直的 3 个坐标平面,共有 6 个自由度,如果工件按 6 点定位,即能限制 6 个自由度的定位称为(　　)。

164. 加工右旋斜齿圆柱齿轮螺旋角 β,左旋滚刀螺旋角 λ,安装角 $\beta_{安}$ 应该调整为(　　)。

165. 斜齿圆柱齿轮的附加运动,一般是通过滚齿机的(　　)来实现的。

166. 滚齿机在加工斜齿圆柱齿轮时,当滚刀(头数 Z_0)转动一圈,被加工齿轮(齿数 Z)转(　　)圈。

167. 插齿机工作台具有分齿运动和(　　)。

168. 齿轮精度等级按标准设计了(　　)个精度等级。

169. 齿距 p 分为(　　)和齿槽宽 e 两部分。

170. 砂轮是由(　　)和黏结剂组成的多孔体。

二、单项选择题

1. 国标中常用的视图有三个,即(　　)和左视图。

(A)主视图,俯视图　　(B)主视图,右视图
(C)俯视图,剖视图　　(D)主视图,剖视图

2. 内部比较复杂的零件一般使用(　　)视图。

(A)左　　(B)主　　(C)俯　　(D)剖

3. 一般来说,优先选择的配合基准制是(　　)。

(A)基轴制　　(B)基孔制　　(C)基准线　　(D)中心线

4. 齿轮常用的非金属材料为(　　)。

(A)石墨　　(B)松木　　(C)尼龙　　(D)塑料

5. 金属在冲击载荷作用下抵抗变形的能力叫(　　)。

(A)硬度　　(B)塑性　　(C)韧性　　(D)强度

6. 若齿条中线与相啮合的齿轮分度圆相割,这个齿轮是(　　)。

(A)标准齿轮　　(B)正变位齿轮　　(C)负变位齿轮　　(D)高度变位齿轮

7. 圆弧齿轮滚刀的(　　)为圆弧。

(A)法面　　(B)切面　　(C)法面和切面　　(D)其他

8. (　　)可分为定向公差、定位公差和跳动公差三大类。

(A)形状公差　　(B)平行度公差　　(C)位置公差　　(D)同轴度公差

9. 高度变位齿轮的变位系数之和(　　)。

(A)大于 0　　(B)等于 0　　(C)小于 0　　(D)任意

10. 平行轴齿轮传动中,两齿轮的转动方向是(　　)。

(A)相同的　(B)相反的　(C)顺时针　(D)逆时针

11. 齿轮磨床按磨齿原理可分为(　　)。

(A)锥面砂轮磨和蜗杆砂轮磨　(B)立式和卧式

(C)展成磨和成形磨　(D)数控和非数控

12. Y3150E 型滚齿机的运动合成机构采用(　　)。

(A)三角带传动机构　(B)锥齿轮传动机构

(C)离合器机构　(D)斜齿轮传动机构

13. 滚齿机加工齿轮的方法属于(　　)。

(A)冷加工　(B)热加工

(C)既是冷加工也是热加工　(D)既不是冷加工也不是热加工

14. 液压系统的压力大小取决于(　　)。

(A)泵　(B)油管　(C)负载　(D)进口压力

15. 常用游标卡尺是一种利用机械式游标读数装置制成的测量长度的(　　)测量量具。

(A)绝对式　(B)相对式

(C)既可以是绝对式,也可以是相对式　(D)既不是绝对式,也不是相对式

16. 锯条的粗细是按每(　　)内所含的齿数来算的。

(A)15 mm　(B)20 mm　(C)25 mm　(D)30 mm

17. 钳工常用的工具中,划线平台属于(　　)。

(A)基准工具　(B)测量工具　(C)划线工具　(D)辅助工具

18. 电动机的符号为(　　)。

(A)Ⓖ　(B)(TG)　(C)Ⓜ　(D)Ⓚ

19. 安全电压是指低于(　　)的电压。

(A)24 V　(B)36 V　(C)48 V　(D)220 V

20. 电动机是把(　　)能转化为(　　)能的装置。

(A)机械,电　(B)电,机械　(C)动,势　(D)压力,机械

21. 环流表利用(　　)定律进行电流测量。

(A)欧姆　(B)安培　(C)克希霍夫　(D)载维宁

22. 放大电路必须保证晶体管的发射极处于(　　)。

(A)正向偏置　(B)反向偏置

(C)正向偏置或反向偏置均可　(D)先正向偏置后反向偏置

23. 数字电路的时序电路中,常用触发器具有(　　)功能。

(A)计算　(B)记忆　(C)计算和记忆　(D)代数运算

24. 氮化处理前应进行(　　)处理。

(A)调质　(B)正火　(C)退火　(D)回火

25. 凡是从事多种作业或在多种劳动环境中作业的人员,应按其(　　)的工种和劳动环境配备劳动防护用品。

(A)某种作业　(B)所有作业　(C)主要作业　(D)相关作业

26. 对发现的不良品项目和质量问题应(　　)。

(A)及时处理　(B)想办法解决

(C)及时反馈报告　　　　　　　　　　(D)等待负责人员解决

27. 对产品的性能、精度、寿命、可靠性和安全性有严重影响的关键部位或重要的影响因素所在的工序叫(　　)。

(A)关键工序　　(B)特殊工序　　(C)重要工序　　(D)控制工序

28. 渐开线齿轮传动时,具有保持(　　)的瞬时传动比,因此传动比较平稳。

(A)恒定　　(B)稳定　　(C)不变　　(D)变化

29. 标准齿轮的传动中心距是两个齿轮的(　　)之和的一半。

(A)分度圆　　(B)齿顶圆　　(C)齿根圆　　(D)任意最大圆

30. 视图中,中心线用(　　)线型。

(A)实线　　(B)虚线　　(C)点划线　　(D)双点划线

31. 图样中,当尺寸的单位为毫米时,(　　)计量单位。

(A)标注　　(B)不必标注　　(C)不可标注　　(D)以上答案都不对

32. 在采用基孔制的孔轴配合中,下偏差的符号是(　　)。

(A)ES　　(B)EI　　(C)Th　　(D)Ti

33. 孔的最大极限尺寸减轴的最小极限尺寸的代数差为负时称为(　　)。

(A)最大过盈　　(B)最小过盈　　(C)最大间隙　　(D)最小间隙

34. 高度变位齿轮的中心距(　　)标准齿轮中心距。

(A)大于　　(B)等于　　(C)小于　　(D)不确定

35. 垂直度的符号是(　　)。

(A)//　　(B)—　　(C)◎　　(D)⊥

36. 跳动的符号为(　　)。

(A)◎　　(B)↙　　(C)↗　　(D)//

37. 用包容原则时,尺寸公差后要加注的符号为(　　)。

(A)Ⓜ　　(B)Ⓔ　　(C)Ⓐ　　(D)Ⓒ

38. 端面重合度的符号为(　　)。

(A)ε_B　　(B)ε_α　　(C)ε_γ　　(D)ε_ω

39. 跨 k 齿测量的公法线长度代号为(　　)。

(A)P_k　　(B)W_k　　(C)f_k　　(D)F_k

40. 背锥顶点沿背锥母线至分锥的距离称直锥齿轮的(　　)。

(A)背锥距　　(B)锥顶距　　(C)内锥距　　(D)中点锥距

41. 数控滚齿机的控制面板具有返回到上一级菜单,返回关闭一个窗口的快捷键是(　　)。

(A)返回键　　(B)扩展键　　(C)空格键　　(D)区域转换键

42. 剃齿刀螺旋角 β_0 在安装应注意剃齿刀架调整轴间角 $\lambda_{安}$,当被加工齿轮螺旋角 β 与剃齿刀螺旋角方向相同时 $\lambda_{安}$(　　)。

(A)$\beta+\beta_0$　　(B)$\beta-\beta_0$　　(C)$\beta_0-\beta$　　(D) β

43. 正变位齿轮的齿顶圆直径和根圆直径与标准齿轮相比(　　)。

(A)增大　　(B)相同　　(C)减小　　(D)相同或减小

44. 当齿轮模数为 2～3 时,剃齿余量合理的是(　　)。

(A) 0.06 mm (B) 0.08 mm (C)0.1 mm (D)0.11 mm

45. 齿轮的轮齿与基本齿廓对称相切时,两切点件的距离为(　　)。

(A) 固定弦齿高 (B) 固定弦齿厚 (C)齿距 (D)周节

46. 零件的加工工艺流程就是一系列不同(　　)的组合。

(A)工步 (B)工位 (C)工序 (D)工艺

47. 齿轮经渗碳淬火后,表现为公法线长度(　　)。

(A)增大 (B)减小 (C)不变 (D)不变或减小

48. 齿轮加工中,若以内圆作为加工、测量和装配基准,则内圆精度要求较高,一般 6~7 级的精度齿轮,内圆精度要求(　　)级。

(A)IT4 (B)IT5 (C)IT6 (D)IT7

49. 淬火的主要目的是提高钢的(　　)和耐磨性。

(A)强度 (B)韧性 (C)硬度 (D)塑性

50. 一个或一组工人在一个工作地点,连续完成一个或几个零件的工艺过程中的某一部分称为(　　)。

(A)工序 (B)工步 (C)工艺 (D)工时

51. 一般较重要的齿轮毛坯都要进行(　　)。

(A)铸造 (B)锻造 (C)模铸 (D)渗碳

52. 其他条件相同时,模数小、精度高、工件材料硬的齿轮在加工时应采用(　　)的切削速度。

(A)小 (B)较高 (C)高 (D)越高越好

53. 其他条件相同时,齿轮的精加工应采用(　　)的走刀量。

(A)较大 (B)小 (C)大 (D)越大越好

54. 一般来说,渗碳浓度越高,齿轮的变形(　　)。

(A)越大 (B)越小 (C)相同 (D)与浓度无关

55. 对(　　)级以下的齿轮,淬火后一般不进行磨削加工。

(A)8 (B)7 (C)6 (D)5

56. 齿轮各项极限偏差等级间公比(　　)。

(A) 3 (B) $\sqrt{3}$ (C) $\sqrt{2}$ (D)2

57. 夹具与定位分开的胎具可减小被加工齿轮的(　　)误差。

(A)齿圈径向跳动 (B)齿向 (C)齿形 (D)基节

58. 盘类齿轮定位基准与(　　)和与轴连接的装配基准相一致。

(A)工艺基准 (B)安装基准 (C)设计基准 (D)制造基准

59. 工艺中工序图中的定位符号是(　　)。

(A)◇ (B)▽ (C) [定位符号图形] (D) [定位符号图形]

60. 设计时确定的基准称为(　　)。

(A)设计基准 (B)工艺基准 (C)装配基准 (D)制造基准

61. 一般刀具的常温硬度应在(　　)以上。

(A)HRC50~55 (B)HRC52~58 (C)HRC55~60 (D)HRC62~65

62. 用来进行切削工作的前刀面的边缘叫(　　)。

(A)前刀面　(B)刃尖　(C)主切削刃　(D)副切削刃

63. 一般来说,齿轮滚刀的标准压力角为20°和(　　)。

(A)15°　(B)14.5°　(C)14°　(D)13.5°

64. 齿轮滚刀可分为公制滚刀和(　　)制滚刀。

(A)DK　(B)DI　(C)DP　(D)DF

65. 一般在使用正确和滚齿机合乎精度要求时,A级滚刀可加工(　　)级精度的齿轮。

(A)7　(B)8　(C)9　(D)10

66. 用于精加工的滚刀,从加工精度及齿面粗糙度考虑,一般宜采用(　　)和零度前角的单头滚刀。

(A)小直径　(B)小压力角　(C)大直径　(D)大压力角

67. 采用多头滚刀滚齿时,应使滚刀的头数与被加工齿轮的齿数(　　)公约数。

(A)有　(B)无　(C)可有可无　(D)不确定

68. 加工直齿轮用的插齿刀(　　)加工斜齿。

(A)能　(B)不能　(C)视不同情况定　(D)不确定

69. 插齿刀是在机床上利用(　　)加工齿轮的刀具,它不可以加工人字齿。

(A)展成法　(B)成形法　(C)仿形法　(D)均可

70. 插齿刀和变位系数的选择要使工件在加工过程中不发生(　　)现象。

(A)根切　(B)顶切　(C)根切和顶切　(D)其他

71 用插齿刀加工齿轮的缺点是它的(　　)误差会到被加工齿轮上。

(A)齿向　(B)齿形　(C)齿距累积　(D)跳动

72. 下列表示砂轮磨料的粗细程度的为(　　)。

(A) 磨料　(B)粒度　(C)结合剂　(D)硬度

73. 剃齿机中可以实现鼓形齿加工的系统是(　　)。

(A)工作台　(B)圆盘　(C)摇摆机构　(D)剃齿刀具

74. 内径百分表是利用(　　)法测量孔径的常用量仪。

(A)绝对测量　(B)相对测量　(C)两者都是　(D)两者都不是

75. 常用千分尺和百分表的精度等级(　　)。

(A)相同　(B)不同　(C)视具体情况　(D)以上答案都不对

76. 滚齿机滚切斜齿圆柱齿轮时,导线的形状是(　　)。

(A)直线　(B)斜线　(C)螺旋线　(D)任意曲线

77. 若要使一对斜齿圆柱齿轮啮合,且两轴线平行,则除了它们的模数和压力角相等外,两齿轮分度圆上的螺旋角必须(　　)。

(A)大小相等,方向相同　(B)大小相等,方向相反

(C)大小不等,方向相同　(D)大小不等,方向相反

78. 斜齿圆柱齿轮啮合时的接触线是倾斜的,因此若发生轮齿折断时常常是(　　)。

(A)全齿折断　(B)轮齿局部折断　(C)齿面胶合　(D)点蚀

79. 滚切斜齿圆柱齿轮时,分度挂轮选择错误将影响齿轮的(　　)。

(A)齿向　(B)齿形　(C)齿数　(D)齿面

80. 插斜齿圆柱齿轮时,插齿刀架部件内部的导轨应为(　　)。

(A)直导轨　(B)斜导轨　(C)螺旋斜导轨　(D)静压导轨

81. 齿坯的加工精度是影响被加工齿轮的齿圈径向跳动和(　　)误差的重要因素。

(A)齿形　(B)齿向　(C)齿数　(D)压力角

82. 常用公法线千分尺能精确到(　　)。

(A)0.001 mm　(B)0.01 mm　(C)0.1 mm　(D)0.2 mm

83. 常用齿厚卡尺的精确度为(　　)。

(A)0.1 mm　(B)0.01 mm　(C)0.001 mm　(D)0.002 mm

84. 插齿机和滚齿机的加工原理(　　)。

(A)相同　(B)不相同

(C)有的相同,有的不相同　(D)全部不同

85. 滚齿机是用(　　)加工直齿轮和斜齿轮的。

(A)成形法　(B)展成法　(C)成形法或展成法　(D)成形法和展成法

86. 同一滚齿机上加工不同类型的斜齿轮时,滚刀的旋向与被加工齿轮的旋向(　　)。

(A)依调整而定　(B)全部相反　(C)全部相同　(D)均为顺时针

87. Y3150E 型滚齿机差动交换挂轮计算公式 $i_3=\pm(9\sin\beta)/(Z_0 m_n)$ 中,"—"的意思是(　　)。

(A)不加惰轮　(B)加一个惰轮　(C)减一个惰轮　(D)减两个惰轮

88. 插齿刀的模数和(　　)必须与被加工齿轮相等。

(A)齿厚　(B)分度圆　(C)基节　(D)压力角

89. 插齿刀的轴向下运动时为(　　)行程。

(A)空　(B)工作　(C)依调整而定　(D)快速进给

90. Y236 型刨齿机是按平顶齿轮原理设计的,因此加工锥齿轮时应使工件分齿箱的安装角等于工件的(　　)。

(A)顶锥角　(B)齿顶角　(C)齿根角　(D)根锥角

91. 数控车床在车削未加工过的工件时,必须进行对刀,所谓对刀是指让工件的回转中心线与程序零平面的交点各系统的(　　)坐标零点重合。

(A)机械　(B)绝对　(C)相对　(D)机械与绝对

92. 两班制造连续使用三个月,进行一次保养,保养时间为 4~8 小时,由操作者进行,维修人员负责协助,这种方法是对机床进行的(　　)。

(A)一级保养　(B)二级保养　(C)小修　(D)定保

93. 机床的润滑方法分为(　　)两大类。

(A)分散润滑和集中润滑　(B)分散润滑和飞溅润滑

(C)集中润滑和飞溅润滑　(D)其他

94. 精加工齿轮时,齿面粗糙度要求较高,一般应选用(　　)作用好的切削液。

(A)润滑和冷却　(B)冷却和防锈　(C)润滑和防锈　(D)冷却

95. 齿轮机床的几何精度,(　　)反映了机床的制造和装配精度。

(A)对新机床来说　(B)对旧机床来说　(C)不是　(D)对所有机床而言

96. 在一般情况下,滚齿机的安装水平度应调整在(　　)范围内。

(A)0.01/1 000　(B)0.02/1 000　(C)0.03/1 000　(D)0.04/1 000

97. 检验滚齿机工作台的端面圆跳动时，应将千分表固定在机床上，使测头触及工作台面的(　　)。

(A)1/4 半径处　(B) 1/2 半径处　(C)2/3 半径处　(D)最大半径处

98. 对于插齿机分度运动链传动精度的检验，这一项目精度能够综合反映机床分度运动的(　　)。

(A)工作精度　(B)传递效率　(C)传动精度　(D)其他

99. 检验齿轮机床工作精度的试件，其模数应该是机床最大模数的(　　)左右。

(A)1/2　(B)2/3　(C)3/4　(D)4/5

100. 负变位齿轮传动的啮合角(　　)分度圆上压力角。

(A) 不小于　(B)等于　(C)大于　(D)小于

101. 在加工齿轮时，若刀具位置移远被切齿轮的中心所加工出的齿轮叫(　　)变位齿轮。

(A)正　(B)负　(C)零　(D)高度

102. 一般来说，(　　)传动的齿轮，主要失效形式是接触磨损、疲劳折断和胶合。

(A)开式　(B)闭式　(C)开式或闭式　(D)开式和闭式

103. 在滚齿时，加工单面啮合齿轮的滚刀在安装时(　　)对中。

(A)必须　(B)不用　(C)不能　(D)不准

104. 在滚切少齿数、易根切的齿轮时，若滚刀径向跳动大，则滚刀(　　)对中。

(A)不需　(B)必须　(C)不准　(D)不必

105. 在插齿刀的往复行程数增加时，应选用(　　)的进给量。

(A)较大　(B)较小　(C)特别大　(D)特别小

106. 重要的低碳钢齿轮，在受冲击载荷较大时，宜采用(　　)热处理工艺。

(A)渗氮　(B)整体淬火　(C)渗碳淬火　(D)调质

107. 单件生产、批量小或对传动尺寸没有严格限制的中碳钢齿轮常采用(　　)热处理工艺。

(A)正火或调质　(B)正火或淬火　(C)调质或淬火　(D)回火

108. Y3150E 型滚齿机的滚刀主轴为(　　)锥度。

(A)公制 7 号　(B)公制 8 号　(C)莫氏 4 号　(D)莫氏 5 号

109. 采用指形铣刀加工齿形时，应选用(　　)的切削用量。

(A)较小　(B)较大　(C)特别大　(D)特别小

110. 采用成形法加工齿轮，(　　)决定了工件的精度。

(A)机床传动精度　(B)夹具的安装精度　(C)齿坯的精度　(D)刀具的精度

111. 刨齿刀切削刃的工作高度应(　　)工件大端的全齿高。

(A)小于　(B)大于　(C)等于　(D)不大于

112. 斜齿轮的计算是以其(　　)的参数为标准。

(A)法面　(B)端面　(C)切面　(D)法面或切面

113. 加工斜齿圆柱齿轮时，垂直进给运动与差动运动的关系(　　)。

(A)可以脱开　(B)必须脱开　(C)不许脱开　(D)不必脱开

114. 滚切齿轮时,若其他条件相同时,根据模数决定走刀次数,模数越小,走刀次数(　　)。

(A)越少　(B)越大　(C)不变　(D)与模数无关

115. 在同样的切削用量下,工件材料的硬度高,应选择(　　)的砂轮。

(A)较硬　(B)特别硬　(C)较软　(D)特别软

116. 斜齿圆柱齿轮端面模数 m_t 与法向模数 m_n 的关系为(　　)。

(A)$m_t=m_n\sin\beta$　(B)$m_n=m_t\sin\beta$　(C)$m_t=m_n\cos\beta$　(D)$m_n=m_t\cos\beta$

117. 直锥齿轮的几何尺寸的计算是以(　　)为基准的。

(A)大端　(B)小端　(C)齿宽中点　(D)大端或小端

118. Y236 刨齿机是按(　　)原理加工的,因此,加工直锥齿轮时,应使工件分齿箱安装角等于工件根锥角。

(A)平面齿轮　(B)斜齿轮　(C)平顶齿轮　(D)圆柱齿轮

119. 锥齿轮的顶锥角是齿顶圆锥母线与轴心线的夹角。为防止小齿轮的齿顶与大齿轮齿根相碰,常做成(　　)锥齿轮。

(A)不等径向间隙　(B)等径向间隙

(C)无径向间隙　(D)间隙由大端向小端逐渐减小

120. 直锥齿轮一般用来传递(　　)之间的旋转运动。

(A)平行轴　(B)垂直轴　(C)相交轴　(D)阶梯轴

121. Y236 型刨齿机床鞍行程采用(　　)调整。

(A)单轮网格　(B)丝杆螺距　(C)刻度　(D)自动检测

122. 调质的目的是使钢件获得很高的(　　)和足够的强度。

(A)硬度　(B)塑性　(C)韧性　(D)强度

123. 中温回火是指回火温度在(　　)。

(A)300 ℃～450 ℃　(B)400 ℃～500 ℃　(C)500 ℃～600 ℃　(D)550 ℃～700 ℃

124. 刨齿时的进给量是指加工(　　)。

(A)一圈齿的时间　(B)一个齿的时间　(C)一半齿的时间　(D)2/3 齿的时间

125. 刨齿机上加工直锥齿轮时,其切削用量与机床的(　　)有关。

(A)功率　(B)刚性　(C)功率和刚性　(D)功率或刚性

126. 直锥齿轮沿齿长方向的接触可能出现只有大端接触或只有小端接触,其原因可能是(　　)。

(A)刨齿刀选择不正确　(B)刨齿刀安装位置不正确

(C)毛坯形状不正确　(D)刨齿机功率不够

127. 当(　　)为无穷大时,渐开线变为直线。

(A)齿顶圆　(B)分度圆　(C)基圆　(D)节圆

128. 数控滚齿机程序中表示快速位移的是(　　)。

(A) G03　(B)G02　(C)G01　(D)G00

129. 小模数齿轮是指法向模数 m_n (　　)。

(A)<1　(B)>1　(C)$=1$　(D) $\neq 1$

130. AA 级滚刀在安装后需要检查两端台肩跳动,当工件的法向模数在 4～10 时,其跳动量应为(　　)。

(A)0.02　　(B)0.03　　(C)0.04　　(D)0.05

131. 在加工精度为 9 级齿轮时，滚刀精度等级应该选择(　　)。

(A)AA　　(B)A　　(C)B　　(D)C

132. 整体滚刀磨耗达到新刀齿厚的(　　)时应予报损。

(A)40%　　(B)50%　　(C)60%　　(D)70%

133. 镶片滚刀磨耗达到新刀片厚度(　　)时应予报损。

(A)1/3　　(B)2/3　　(C)1/4　　(D)3/4

134. 模数大于 16 mm 的盘形齿轮铣刀通常做成(　　)。

(A)镶齿铣刀　　(B)整体铣刀　　(C)可转位铣刀　　(D)铲齿铣刀

135. (　　)是留在剃齿加工时消除前道工序产生的误差用的。

(A)磨削留量　　(B)车削留量　　(C)留剃量　　(D)滚削留量

136. 采用盘形剃齿刀加工齿轮时，可以根据轴交角 Σ 和齿轮螺旋角 β_1 旋确定剃齿刀螺旋角 β_0 (　　)。

(A)$\beta_0=\beta_1-\Sigma$　　(B)$\beta_0=\beta_1+\Sigma$　　(C)$\beta_1=\beta_0-\Sigma$　　(D) $\beta_1=\beta_0$

137. 锥齿轮刀具可分为曲线齿锥齿轮和(　　)。

(A)弧齿锥齿轮刀具　　(B)直齿锥齿轮刀具

(C)准渐开线齿锥齿轮刀具　　(D)长幅外摆线齿锥齿轮刀具

138. 滚齿是一个(　　)切削过程。

(A)连续　　(B)断续　　(C)连续和断续　　(D)连续或断续

139. 插齿机工作中的让刀运动的目的(　　)。

(A)提高齿轮精度　　(B)提高加工效率

(C)避免刀具返程时擦伤齿轮表面　　(D)降低劳动强度

140. 用游标卡尺测量圆柱形工件的外径，若卡尺的尺身与工件的轴线不垂直，则测量值比实际值(　　)。

(A)大　　(B)小　　(C)相等　　(D)不确定

141. 常用游标卡尺最小能精确到(　　)。

(A)0.1 mm　　(B)0.01 mm　　(C)0.001 mm　　(D)0.000 1 mm

142. (　　)不可能引起游标卡尺的测量误差。

(A) 工件的尺寸误差　　(B)尺身平行度误差

(C)尺身直线度误差　　(D)游标框架与尺身之间的间隙

143. 常用百分表的分度值为(　　)。

(A)0.1 mm　　(B)0.01 mm　　(C)0.001 mm　　(D)0.000 1 mm

144. 常用外径千分尺可估读到(　　)。

(A)0.1 mm　　(B)0.01 mm　　(C)0.001 mm　　(D)0.000 1 mm

145. 外径千分尺的读数为螺纹轴套上的毫米整数与(　　)的读数加上微分筒的小数部分。

(A)0.1 mm　　(B)0.2 mm　　(C)0.5 mm　　(D)0.05 mm

146. 常用万能角度尺的测量范围为(　　)。

(A)0～90°　　(B)0～180°　　(C)0～270°　　(D)0～360°

147. 用底面长度为 200 mm、刻度值 0.02 mm/1 000 mm 的水平仪测量工作台水平面，如果气泡偏移 2 格，说明工作台台面与理想水平位置在 1 000 mm 长度上的高度差 h=(　　)mm。

(A)0.02　　(B)0.04　　(C)0.08　　(D)0.1

148. 正弦规测量角度的范围为(　　)。

(A)0～70°　　(B)0～80°　　(C)0～90°　　(D)0～180°

149. 滚齿机上滚切齿轮时，产生齿厚偏差的原因主要是(　　)的误差。

(A)滚刀　　(B)工件　　(C)机床　　(D)操作

150. 插齿刀的齿距误差可转化成被加工齿轮的(　　)误差。

(A)公法线长度变动　　(B)齿距　　(C)齿形　　(D)齿向

151. 当刨齿出现齿形不对称时，应检查的刨齿机的部位是(　　)。

(A)刀架楔铁　　(B)心轴刚性　　(C)机床传动间隙　　(D)齿角

152. 齿圈径向跳动将影响齿轮啮合时的(　　)。

(A)齿轮副传动困难　　(B)噪声　　(C)瞬时传动比变化　　(D)其他

153. 齿向误差使齿轮传动时沿(　　)方向的接触精度下降。

(A)齿宽　　(B)齿厚　　(C)齿厚和齿宽　　(D)其他

154. (　　)的选择对加工后零件的位置度和尺寸精度、安装角度的可靠性极为重要。

(A)设计基准　　(B)制造基准　　(C)定位基准　　(D)工艺基准

155. 圆柱齿轮的制造误差包括各个方面的误差，其中影响传动精度最大的是(　　)。

(A)齿形误差　　(B)齿距误差　　(C)齿距积累误差　　(D)基节误差

156. 展成法加工齿轮时，如果刀具的齿顶线超过了啮合线与轮坯基圆的切点，则必将发生(　　)。

(A)修缘　　(B)折齿　　(C)乱齿　　(D)根切

157. 齿面材料在变化的接触应力条件下，由于疲劳产生的点状剥蚀破坏现象叫(　　)。

(A)磨损　　(B)点蚀　　(C)胶合　　(D)塑性变形

158. 齿轮在啮合过程中存在(　　)。

(A)滚动　　(B)滑动　　(C)滚动和滑动　　(D)滚动或滑动

159. 机械制图中的汉字应写成长(　　)，并应采用国家正式公布推行的简化字。

(A)仿宋字　　(B)楷体　　(C)黑体　　(D)宋体

160. 装配图中零部件的指引线相互不能相交，当通过有剖面线的区域时，指引线不应与剖面线(　　)。

(A)平行　　(B)垂直　　(C)重合　　(D)相交

161. 机械图样的标注中有 $\phi 60\frac{H7}{g6}$ 表示(　　)。

(A)基孔制的间隙配合　　(B)基轴制的过盈配合

(C)基孔制的过渡配合　　(D)基孔制的过盈配合

162. 随着材料含碳量的提高，材料的抗拉强度和屈服极限随之增大，材料的硬度随之提高，材料的塑性随之(　　)。

(A)提高　　(B)降低

(C)不变　　(D)不确定提高还是降低

三、多项选择题

1. 下列属于渐开线传动特性的是( )。
(A)渐开线上任意一点的法线切于基圆
(B)渐开线从基圆开始向外展开,故基圆内无渐开线
(C)发生线在基圆上滚过的线段长度等于基圆上被滚过的圆弧长度
(D)渐开线的形状取决于基圆的大小
2. 当齿数一定的情况下,模数 m 的增大会引起的变化有( )。
(A)齿轮尺寸成比例放大 (B)轮齿变高变厚
(C)基圆直径增大 (D)渐开线齿廓曲率半径不变
3. 当模数 m 一定的情况下,齿数会对下列造成影响的有( )。
(A)齿高不变 (B)齿轮直径会随着齿数的变化而变化
(C)齿轮厚度不变 (D)中心距不变
4. 夹具可根据使用场合的不同,可分为( )。
(A)机床夹具 (B)装配夹具 (C)焊接夹具 (D)热处理夹具
5. 机床夹具的主要作用有( )。
(A)保证发挥机床的基本工艺性能 (B)扩大机床的使用工作范围
(C)保证加工精度 (D)提高劳动效率
6. 磨齿余量不均匀,沿周围方向,各齿面余量不均匀时原因有( )。
(A)与加工时的运动误差
(B)热处理后,工件基准孔精度所造成的齿圈偏心
(C)热处理造成的齿圈不圆
(D)预切合热处理变形所造成的齿形误差和基节偏差
7. 数控滚齿的机构设计出发点有( )。
(A)实现高生产率 (B)方便操作
(C)保证稳定的加工精度 (D)提高耐用度和可维修性
8. 下列属于数控滚齿机机械结构特点的有( )。
(A)立柱或床身都采用双重壁结构,提高刚度和进给稳定性
(B)驱动电机尽量靠近滚刀主轴和工作台轴
(C)油箱和主机分离,并设有油温控制装置
(D)采用交流伺服电动机驱动,模块化机构控制系统。
9. 数控滚齿机 X 轴功能( )。
(A)设置径向位置 (B)提高径向位置精度
(C)实现机动径向切入 (D)实现变速径向进给
10. 公称尺寸相同的并且相互结合的孔和轴公差带之间的关系叫配合,其分为( )。
(A)间隙配合 (B)过盈配合 (C)过渡配合 (D)基孔制配合
11. 直齿圆柱齿轮在铣削过程中出现齿高、齿厚不正确原因是( )。
(A)铣削层深度调整不对
(B)铣刀选择错误,模数不正确

(C)工件未校正好,致使工件径向圆跳动过大

(D)铣刀磨损

12. 下列属于常用插齿刀类型的有(　　)。

(A)锥柄形插齿刀　(B)碗形插齿刀　(C)盘形插齿刀　(D)筒形插齿刀

13. 插齿机在工作时刀具有三种运动(　　)。

(A)切削主运动　(B)圆周进给运动　(C)径向进给运动　(D)分齿运动

14. 插齿加工出现齿数不对或乱齿原因(　　)。

(A)分齿挂论计算不正确　(B)齿坯未固紧

(C)插齿刀齿数不正确　(D)让刀机构工作不正常

15. 剃齿加工中出现齿形剃不完全原因(　　)。

(A)留剃余量太小　(B)夹具偏心

(C)剃前齿轮精度太低　(D)轴间角不正确

16. 磨齿时造成周节累积误差超差原因(　　)。

(A)工作台顶尖径向跳动过大

(B)工件芯轴径向跳动过大,安装工件不在中心线上

(C)砂轮太软而加工齿数太多,先磨的齿与后磨的齿之间因砂轮磨损而引起误差

(D)工作台面跳动过大

17. 常用的测量齿厚的方法有(　　)。

(A)分度圆弧齿厚　(B)固定弦齿厚　(C)公法线长度　(D)量柱测量跨距

18. $j_{bn\min}$是当一个齿轮的齿以最大允许实效齿厚与一个也具有最大允许实效齿厚的相配的齿在最小的允许中心距啮合时,在静态条件下存在的最小允许侧隙,影响其因素有(　　)。

(A)箱体、轴和轴承的偏斜

(B)温度影响

(C)轴承的径向圆跳动

(D)因箱体的误差和轴承的间隙导致齿轮轴线的不对准和外斜

19. 各误差项目按其特性及对齿轮传动性能的影响可分为三个公差组(　　)。

(A)运动精度　(B)工作平稳性　(C)接触质量　(D)齿轮副

20. 齿轮侧隙有不同的结合方式,表达标注方法为(　　)。

(A)D零侧隙　(B)Db较小侧隙　(C)Dc标准侧隙　(D)Dd较大侧隙

21. 齿轮制造精度的标注方法:7-6-5 G M GB 10095-88,其中7-6-5分别表示(　　)。

(A)运动精度　(B)工作平稳性精度　(C)接触精度　(D)齿轮副

22. 常用的滚齿夹具是以内孔定心端面定位,这类夹具大部分由两部分组成(　　)。

(A)底座　(B)心轴　(C)工作台　(D)压盖

23. 滚齿刀具按螺纹头数分可以划分单头滚刀和多头滚刀,而多头滚刀在加工时下列叙述正确的是(　　)。

(A)加工多齿数齿轮可以提高滚齿生产率

(B)滚切的齿轮齿数与滚刀头数有公因数时,滚刀周围的容屑槽数与头数也应除尽或有公因数

(C)不能加工齿数少的齿轮
(D)只能加工直齿轮
24. 滚刀在刃磨机上进行刃磨,需要注意事项(　　)。
(A)安装砂轮时,须认真做好静平衡
(B)刃磨机上的分度板须事先清洗,以保证分度板安装后分度的准确性及灵活性
(C)开始磨削时,机床调整以火花作为鉴别依据,待试磨火花均匀后才能进行正常磨削
(D)磨削结束前,需空行几圈,以降低刃磨表面的粗糙度值,并可消除磨削过程中的让刀所引起的误差
25. 下列将滚刀装入滚刀心轴的操作规范正确的是(　　)。
(A)滚刀与滚刀刀杆的配合间隙要尽可能小
(B)保证滚刀杆、刀垫、螺母的制造精度及安装精度要求
(C)安装紧固,刀杆尽可能短粗,量支撑点的距离应短些
(D)滚刀的键槽与刀杆的键配合要紧密,必要时将刀沿回转方向反响旋转,以消除回转方向的间隙
26. 为保证人字齿焦点的中心位移最小,斜齿装配和组合式人字齿轮的人字齿交点对中一般采用方法(　　)。
(A)做假轴试装划键法　(B)配划切齿法
(C)压装后切齿法　(D)同插键槽法
27. 齿廓在修形时一般指齿顶或齿根有意识的修缘,指出下列属于齿顶修缘的加工方法(　　)。
(A)磨齿改变节圆展成法　(B)磨齿利用模板修整砂轮法
(C)利用修形滚刀法　(D)利用修形指形铣刀法
28. 齿向修形是指对齿轮一端或两端在一小段齿宽范围内,朝齿端方向齿厚进行逐渐减薄的修整,下列可以实现齿向鼓形修形的加工方法(　　)。
(A)利用修形切齿刀具法　(B)电跟踪仿形法
(C)利用机床液压仿形法　(D)利用修形滚刀法
29. 在滚齿加工中,经常会出现工件精度指标超差或工件齿面存在某些缺陷,造成齿距误差的生产误差主要原因有(　　)。
(A)机床分度蜗轮精度不准确　(B)工作台圆形轨道磨损
(C)在加工过程中工件安装偏心　(D)滚刀安装角误差大
30. 滚齿加工中齿形角不对的主要原因有(　　)。
(A)滚刀的齿形角误差大　(B)滚刀刃磨出现刀齿前面的径向性误差大
(C)滚刀安装角误差大　(D)切削量过大
31. 插齿过程中容易造成齿向误差的原因(　　)。
(A)插齿刀主轴中心线与工作台轴线间的位置不正确
(B)插齿刀安装扣有径向与端面跳动
(C)工件安装不合要求
(D)让刀机构工作不正常
32. 磨齿过程中粗粒度砂轮适用于(　　)。

(A)材质较软,延伸率大及类似软铁和有色金属等韧性材料
(B)进刀量大的场合
(C)表面粗糙度要求不高的场合
(D)磨削接触面积大的场合

33. 磨齿过程中细粒度砂轮适用于(　　)。
(A)材质较硬,脆性较大的材料　　(B)表面粗糙度要求高的场合
(C)磨削接触面小的场合　　(D)产品批量大的情况

34. 大平面砂轮磨齿机磨齿齿面出现波浪形原因(　　)。
(A)砂轮没有平衡好　　(B)砂轮主轴轴向、径向跳动超差
(C)金刚笔磨钝　　(D)砂轮硬度、粒度不合适

35. 常用的剃齿方法(　　)。
(A)轴向剃齿法　　(B)对角剃齿法　　(C)切向剃齿法　　(D)径向剃齿法

36. 在剃齿加工中轴向剃齿的优点(　　)。
(A)利用机床摇摆机构可剃削鼓形齿　　(B)可剃削宽齿轮
(C)可加工带凸缘的齿轮和阶梯齿轮　　(D)可加工双联齿轮和多联齿轮

37. 齿轮的齿端加工方式(　　)。
(A)倒圆　　(B)倒角　　(C)倒棱　　(D)去毛刺

38. 滚齿机的X,Y,Z,A,B,C六轴可以受控制,应用中可按功能要求形成各种组合,下列属于5轴数控的是(　　)。
(A)X—Y—Z　　(B)X—Y—Z—B—C
(C)X—Z—A—B—C　　(D)X—Y—Z—A—B—C

39. 下列属于数控滚齿机应用效果的有(　　)。
(A)提高加工精度　　(B)机床调整省力,操作方便
(C)缩短了机动时间和辅助时间　　(D)实现了特形齿轮的加工

40. 数控滚齿机中C轴的功能有(　　)。
(A)实现分度,齿数无限制　　(B)设置螺旋角,加工斜齿轮
(C)补偿误差,提高分度精度　　(D)与Y轴组合实现刀具同步切向进给

41. 下列描述数控机床在运行前操作规程正确的是(　　)。
(A)检查程序与工件或毛坯是否一致
(B)检查工件坐标系与程序坐标系是否相符
(C)检查设备状态及刀具完整性
(D)检查程序正确性

42. 当数控滚齿机在运行过程中出现异常情况时处理方式正确的是(　　)。
(A)当机床因报警而停机时,应先清除报警信息,将主轴安全移出加工位置,确定排除警报故障后在恢复加工
(B)当发生紧急情况时,应立即迅速停止程序,必要时可使用紧急停止按钮
(C)当发生警报时,立即断开电源
(D)强行打开防护罩进行检查

43. 滚齿机工作时噪音严重,震动过大的原因(　　)。

(A)油管阻塞,油质过脏,油压不稳 (B)机床安装稳固性差

(C)切削量选择不当 (D)主传动部分的齿轮、轴承精度过低

44. 在滚齿加工中对刀很重要,若滚刀不对中,将导致被加工齿轮左右齿廓偏差不对称,滚刀的对中通常有几种方法(　　)。

(A)对刀规法 (B)刀印法 (C)观察法 (D)试切法

45. 铣齿的工艺特点(　　)。

(A)生产成本低 (B)加工精度低 (C)生产效率低 (D)适合批量生产

46. 渐开线齿轮传动特点(　　)。

(A)传动的速度和功率范围大

(B)传动效率高,一对齿轮可以达到98%~99.5%

(C)对中心距的敏感性低

(D)互换性好,装配和维修方便

47. 影响齿向载荷分布的主要因素有(　　)。

(A)齿轮的接触精度

(B)轮齿啮合刚度、轮齿的尺寸结构及支撑型式、轮缘、轴、箱体及机座的刚度

(C)切向、轴向载荷及轴上的附加载荷

(D)轮齿、轴、轴承的变形,热膨胀及变形

48. 下列不属于锥齿轮标准压力角为(　　)。

(A)12.5° (B)20° (C)16° (D)30°

49. 根据GB 12368—90属于标准锥齿轮模数的有(　　)。

(A)1 (B)1.125 (C)1.25 (D)1.375

50. 下列描述直齿锥齿轮特点正确的是(　　)。

(A)齿线为直线 (B)齿线相交于节锥顶

(C)收缩齿 (D)等高齿

51. 直齿锥齿轮切向变位系数x_{t1},x_{t2}表达正确的是(　　)。

(A)改变两刀刃之间的距离,使小齿轮分度圆齿厚加大,即小齿轮作切向正变位

(B)改变两刀刃之间的距离,使大齿轮分度圆齿厚减小,即大齿轮作切向负变位

(C)$x_{t1}=-x_{t2}$

(D)$x_{t1}\neq-x_{t2}$

52. 采用刨刀加工直齿锥齿轮,当模数取1.5~1.75 mm时,刀尖圆角半径不正确的是(　　)。

(A)0.2 (B)0.3 (C)0.5 (D)0.7

53. 现代精密机械仪器设计制造中,广泛采用变位小模数齿轮,其特点有(　　)。

(A)采用变位能够切制出小于最少齿数又无根切现象的齿轮

(B)能够配凑中心距

(C)可以改善齿轮的啮合性能

(D)适合批量生产

54. 一对传动啮合齿轮,根据变位形式可以分为(　　)。

(A)标准齿轮传动 $x_1+x_2=0$,$x_1=x_2=0$

(B)高度变位齿轮传动 $x_1+x_2=0, x_1=-x_2$

(C)角度变位齿轮传动 $x_1+x_2\neq 0$

(D)角度变位齿轮传动中心距不变

55. 下列属于齿轮第一公差组的是(　　)。

(A)齿距累计公差 F_p　　(B)切向综合公差 F_i'

(C)齿圈径向跳动公差　　(D)齿向公差 F_β

56. 在小模数齿轮传动中,圆周侧隙种类共分为5种,其中 h 值为零,选出下列其他从大到小的顺序(　　)。

(A)g　　(B)f　　(C)e　　(D)d

57. 下列属于齿轮与轴的常用连接方式为(　　)。

(A)销钉连接　　(B)螺钉连接　　(C)摩擦连接　　(D)键连接

58. 齿轮与轴连接,在最简单的结构条件下要保证(　　)。

(A)联接牢固可靠　　(B)保证轴和齿轮的同轴度和垂直度

(C)对某些结构便于装配和调整　　(D)蛮力装配

59. 我国齿轮压力角有多种,下列属于常用有(　　)。

(A)14.5°　　(B)20°　　(C)17.5°　　(D)22°

60. 高度变位传动啮合齿轮的特点(　　)。

(A) $x_1+x_2=0$　　(B) $a'=a$　　(C) $x_1+x_2\neq 0$　　(D) $a'\neq a$

61. 在齿轮加工中,为了达到特殊需求通常采用渗碳淬火处理,下列材质可以用来渗碳淬火的是(　　)。

(A)20CrMnTi　　(B)45　　(C)42CrMo　　(D)20CrMo

62. 国标中常用的视图有三个,即(　　)。

(A)主视图　　(B)右视图　　(C)俯视图　　(D)左视图

63. 齿轮磨床按磨齿原理可分为(　　)。

(A) 蜗杆砂轮磨　　(B) 锥面砂轮磨　　(C) 展成磨　　(D) 成形磨

64. 根据齿坯成形的工艺不同,可以分为(　　)。

(A)铸造齿坯　　(B)锻造齿坯　　(C)焊接齿坯　　(D)粗车齿坯

65. 齿轮批量加工的工艺过程,一般概括可以分为四个阶段,请按正常顺序排列(　　)。

(A)齿坯加工　　(B)齿形加工　　(C)热处理　　(D)热后精加工

66. 下列对于滚刀芯轴和滚刀安装说明正确的是(　　)。

(A)滚刀安装前要检查刀杆和滚刀的配合,以用手能把滚刀推入刀杆为准

(B)滚刀刀杆与滚刀间隙不能太大,否则会引起滚刀的径向跳动

(C)安装时不准锤击滚刀,以免刀杆弯曲

(D)安装后要在滚刀的两端凸台处检查滚刀的径向和轴向跳动量

67. 标准滚刀滚切短齿加工方法(　　)。

(A)滚刀轴向移位法　　(B)转动滚刀法

(C)改变滚刀安装角　　(D)短齿滚刀滚切

68. 在滚切加工中,为了充分利用滚刀上的所有刀齿,一般在滚刀每切完一定数量的工件后采取滚刀切向位移,与这个移位量有关的因素有(　　)。

(A)滚刀材质　　(B)切削条件　　(C)工件模数　　(D)螺旋角

69. 一般的滚切方法有顺滚、逆滚、对角滚,其中对角滚的特点有(　　)。

(A)滚切过程中,滚刀上的全部刀刃都依次通过啮合区域

(B)刀具磨损均匀

(C)工作平稳性精度高

(D)对角滚齿加工的齿轮齿向精度高

70. 干滚技术现在已经越来越受到齿轮制造业的重视,其优点有(　　)。

(A)提高生产率　　(B)避免了因切屑液造成的切屑流动困难

(C)有利于环保　　(D)取消了冷却系统,简化了机床机构

71. 下列属于在滚齿加工时出现齿面啃齿现象原因的是(　　)。

(A)垂直丝杠上端的液压缸的油压调得太低,引起刀架垂直进给不稳定有爬行

(B)液压油不清洁或有污物,将调压阀瞬时卡住引起油压不稳

(C)滚刀磨钝

(D)分度蜗轮副啮合间隙未调整好

72. 成形法插齿特点(　　)。

(A)适合于小批量生产　　(B)成形法插齿实质上是多刃高效率切齿

(C)插齿刀具比较复杂　　(D)插齿效率高,切齿时间非常短

73. 插斜齿圆柱齿轮时,由于刀齿的前刀面垂直于齿轮齿向,所以插齿超越量应增加 Δ_0,与其值有关联的是(　　)。

(A)齿轮模数　　(B)齿轮齿数　　(C)齿轮压力角　　(D)齿轮螺旋角

74. 根据齿轮加工机床一级保养内容,进行齿轮加工机床一级保养时,下列各部分需要进行保养维护的是(　　)。

(A)各滑动面　　(B)切削液系统

(C)机床各表面及死角　　(D)交换齿轮凸爪离合器轴套

75. 插齿刀旋转方向正确的是(　　)。

(A)插外齿时,插齿刀的旋转方向与工件的旋转方向相反

(B)插外齿时,插齿刀的旋转方向与工件的旋转方向相同

(C)插内齿时,插齿刀的旋转方向与工件的旋转方向相反

(D)插内齿时,插齿刀的旋转方向与工件的旋转方向相同

76. 轮齿倒角的种类基本上有(　　)。

(A)倒圆角　　(B)倒尖角　　(C)无倒角　　(D)倒棱

77. 剃齿刀和工件的轴线交叉角 Σ 是影响剃削性能的一项重要因素,受它直接影响的有(　　)。

(A)刀刃的切削性能　(B)齿面质量　　(C)刀具耐用度　　(D)齿形精度

78. 增加剃齿刀与工件轴交角 Σ 能够导致(　　)。

(A)加大切削能力　　(B)降低了工件的精度

(C)增强接触区域与剃齿刀的导向作用　　(D)降低切削能力

79. 当剃齿刀重磨后,其变位系数已经发生变化,需要通过轴交角的精调来消除这一差值,下列方法正确的是(　　)。

(A)无需调节　　(B)试剃法　　(C)测定齿向法　　(D)观察法

80. 剃齿加工中轴向剃齿行程长度调整正确的是(　　)。

(A)工作台行程长度 L 应略大于工件宽度 b

(B)工作台行程长度 L 应略小于工件宽度 b

(C)行程长度 $L=b+2m$(m 为工件模数)

(D)行程长度 $L=b-2m$(m 为工件模数)

81. 剃齿加工鼓形齿时要注意工作台的检验(　　)。

(A)摆动工作台对剃齿刀心轴的平行度

(B)螺旋副的导程长度

(C)摇摆工作台轴心对正剃齿刀和工件轴线交叉点的位置

(D)剃齿刀具磨损程度

82. 径向剃齿法的特点(　　)。

(A)径向剃齿法没有径向进给运动　　(B)剃齿刀齿长方向修正成反鼓形

(C)齿面容屑槽成螺旋线排列　　(D)与对角剃齿法相比,效率比较低

83. 正确排列剃齿刀修形步骤(　　)。

(A)磨制剃齿刀齿形,试剃工件

(B)测量工件齿形曲线

(C)建立剃齿刀和工件两者齿形接触点对应关系,绘制出剃齿刀齿形修正曲线图

(D)按齿形修正曲线重新修磨剃齿刀

84. 碟形双砂轮磨齿机 0°磨削法时造成齿形压力角大的原因(　　)。

(A)滚圆盘直径过小　　(B)在用 X 机构时,杠杆比调节不当

(C)滚圆盘直径过大　　(D)砂轮外圆高于基圆

85. Y7132A 锥面砂轮磨在加工齿轮出现相邻齿距偏差过大原因(　　)。

(A)交换齿轮侧隙过大　　(B)定位爪与定位盘的槽接触不良

(C)蜗轮副精度有问题　　(D)砂轮磨削角过大或过小

86. 齿轮在进行热处理时的变形大小是确定余量的关键因素,热处理变形主要决定的因素有(　　)。

(A)齿轮的材料　　(B)热处理工艺　　(C)齿轮结构　　(D)齿形压力角

87. 硬质合金滚刀采用径向大负前角形成斜角切削的特点(　　)。

(A)降低了切削振动　　(B)提高了切削刃的抗冲击能力

(C)减小了崩刃的可能性　　(D)排屑顺利

88. 由于硬质合金滚刀的韧度低,承受冲击负荷能力弱,一般对滚齿机的要求有(　　)。

(A)滚刀轴向和工作台分度蜗轮副切向系统刚度要高

(B)机床传动链的扭振要小

(C)刀杆的刚度要强

(D)滚刀主轴推力轴承和工作台分度蜗轮的推力轴承的轴向间隙要小

89. 指出下列加工方法中可以实现齿向修形的是(　　)。

(A)磨齿利用靠模板法

(B)电跟踪仿形法

(C)利用切齿刀具改切齿径向进刀深度法
(D)改变螺旋角利用切齿刀具进行二次切削法
90. 下列对于插齿刀精度及选择描述正确的是(　　)。
(A)AA 级插齿刀可以加工 6 级精度齿轮
(B)A 级插齿刀可以加工 7 级精度齿轮
(C)B 级插齿刀可以加工 8 级精度齿轮
(D)C 级插齿刀可以加工 6 级精度齿轮
91. 在磨齿夹具中常用到锥度芯轴夹具,下列对于其工作性质描述正确的是(　　)。
(A)定位精度高　(B)定位精度低　(C)适合批量生产　(D)适合单件生产
92. 齿轮磨削的切削用量包括的参数有(　　)。
(A)磨削留量　(B)磨削深度　(C)进给量　(D)磨削速度
93. 磨齿时磨削深度过大会造成(　　)。
(A)齿面精度高　(B)齿面精度低　(C)齿面烧伤　(D)降低生产率
94. 磨齿齿轮的齿根缺陷有(　　)。
(A)渐开线长度不足　(B)齿根产生台阶　(C)根切　(D)齿面烧伤
95. 磨齿时产生磨削台阶的原因(　　)。
(A)齿轮模数过大　(B)实际磨削留量过大
(C)热处理变形　(D)磨前滚刀设计不合理
96. 齿轮加工工艺中有些需要喷丸强化处理,其作用有(　　)。
(A)改善齿根圆角的疲劳强度　(B)提高齿面疲劳寿命
(C)消除机加工刀痕生产的内应力　(D)提高齿形精度
97. 下列可以导致滚刀的产形面误差的有(　　)。
(A)滚齿加工的固有误差　(B)滚刀的制造误差
(C)滚刀刃磨误差　(D)滚刀的安装误差
98. 渐开线齿轮啮合传动时,具有(　　)等特点。
(A)传动比恒定不变　(B)中心距变动不影响传动比
(C)啮合线是过节点的直线　(D)能与直线齿廓的齿条啮合
99. 切削液的主要作用有(　　)。
(A) 防锈　(B) 减少摩擦　(C) 清洗和降温　(D) 使刀具更锋利
100. 常用的切削液有(　　)。
(A)甘油　(B)水溶液　(C)乳化液　(D)切削油
101. 常用的液压泵有(　　)。
(A)柱塞泵　(B)齿轮泵　(C)定量泵　(D)叶片泵
102. 三极管具有的三个极是(　　)。
(A)基极　(B)发射极　(C)集电极　(D)硅管
103. 切齿时,工件上作为支承用的端面对基准孔应保持垂直,否则会引起(　　)。
(A)齿距误差　(B)齿圈径向跳动误差
(C)齿向误差　(D)齿形误差
104. 金属的切除率是衡量切削效率的一种指标,它与(　　)有关。

(A)吃刀量　(B)进给量　(C)切削速度　(D)切削留量

105. 插齿机床由(　　)和变速箱等几部分组成。

(A)床身　(B)立柱　(C)刀架　(D)工作台

106. 加工直齿圆柱齿轮时,滚齿机的运动有(　　)。

(A)滚刀旋转运动　(B)分齿运动　(C)垂直进给运动　(D)径向进给运动

107. 正弦电量的三要素是指(　　)。

(A)有效值　(B)频率　(C)相位(或初相位)　(D)伏特

108. 万用表可用于测量电流以及(　　)。

(A)电容　(B)电压　(C)电阻　(D)电瓶

109. 滚齿机常用夹具大体分为(　　)。

(A)通用夹具　(B)可调夹具　(C)专用夹具　(D)工装夹具

110. 车削中常用的刀具材料有(　　)。

(A)超硬刀具材料　(B)工具钢　(C)硬质合金钢　(D)陶瓷

111. 齿轮滚刀按用途不同可分为(　　)。

(A)双刃滚刀　(B)粗加工滚刀　(C)精加工滚刀　(D)剃前滚刀

112. 下列可造成机床变形的原因有(　　)。

(A)地基不好　(B)保养不善　(C)安装不正确　(D)超负荷使用

113. 常用量具分为(　　)。

(A)温度量具　(B)湿度量具　(C)长度量具　(D)角度量具

114. 万能角度尺是由(　　)和直尺组成。

(A)基尺　(B)主尺　(C)游标　(D)直角尺

115. 测量的要素是(　　)。

(A)测量对象　(B)标准器具　(C)测量方法　(D)测量结果

116. 电动机的主要组成部分可分为(　　)。

(A)电阻　(B)定子　(C)电容　(D)转子

117. 对于标准直齿圆柱齿轮,下列关于齿轮各部分说法正确的是(　　)。

(A)分度圆是齿轮上一个约定的假想圆

(B)齿根高是齿根圆与基圆之间的径向距离

(C)齿高是齿顶圆与齿根圆之间的径向距离

(D)分度圆与节圆是重合

118. 制齿工在机床日常维护保养中,下列做法正确的是(　　)。

(A)班前对机床进行检查并润滑

(B)严格按操作规程操作,发现问题及时处理

(C)经常对机床进行拆解,防止机床发生故障

(D)机床状况交班记录本仅记录机床出现的故障

119. 一对曲线齿锥齿轮中的小齿轮根据各种机床上所具有的机构不同,可以分为三种加工方法(　　)。

(A)展成法　(B)刀倾法　(C)变性法　(D)双重螺旋运动法

120. 插齿刀的(　　)必须与被加工齿轮相等。

(A)齿厚　(B)分度圆　(C)模数　(D)压力角

121. 抛光余量一般在 0.002～0.003 mm，常用的抛光剂为氧化铬抛光膏，其主要组成成分有氧化铬，工业用脂肪及(　　)。

(A)硬脂酸　(B)油酸　(C)石蜡　(D)石墨

122. 抛光中常见的缺陷有(　　)。

(A)齿面烧伤，表面粗糙度高　(B)两侧粗糙度不一致

(C)齿轮齿顶瘦　(D)齿面点蚀

123. 过盈配合装配一般属于不可拆卸的固定联接，过盈配合件的装配方法有(　　)。

(A)人工锤击法　(B)压力机压入法　(C)冷装法　(D)热装法

124. 盘形齿轮铣刀有粗切铣刀和精切铣刀之分，根据结构形式的不同可分为(　　)。

(A)高速钢铣刀　(B)镶齿铣刀　(C)可转位铣刀　(D)整体铣刀

125. 指形齿轮铣刀根据容屑槽形状的不同可以分为(　　)。

(A)直槽指形铣刀　(B)等导程指形铣刀

(C)铲齿式指形铣刀　(D)等螺旋角指形铣刀

126. 镶片齿轮滚刀机构构成主要有(　　)。

(A)刀体　(B)刀片　(C)楔块　(D)固定圈

127. 碗形插齿刀主要用于加工(　　)。

(A)斜齿圆柱齿轮　(B)人字齿轮　(C)台肩齿轮　(D)双联齿轮

128. 按结构形式的不同，剃齿刀可以分为(　　)。

(A)齿条形　(B)蜗轮形　(C)蜗杆形　(D)盘形

129. 剃齿刀中盘形剃齿刀应用比较广泛，其特点(　　)。

(A)结构比较简单　(B)使用方便　(C)剃齿效率低　(D)剃齿效率高

130. 滚齿机中刀架的类型比较多，传动方式各异，基本刀架可分为三种(　　)。

(A)普通刀架　(B)切向刀架　(C)组合刀架　(D)径向刀架

131. 滚齿机的滚刀主轴系统应具有(　　)。

(A)精度高　(B)刚性好　(C)抗振性好　(D)耐磨性好及温升低

132. 渐开线齿形的磨削方法主要有(　　)。

(A)展成法　(B)顺铣　(C)逆铣　(D)成形法

133. 设计夹紧机构，必须首先合理确定夹紧力的力学要素：(　　)。

(A)大小　(B)方向　(C)向量　(D)作用点

134. 磨齿砂轮的粗粒度砂轮适用于(　　)。

(A)进刀量大的场合　(B)材质较硬

(C)表面粗糙度要求高的场合　(D)磨削接触面大的场合

135. 齿轮夹具主要由(　　)、辅助装置组成。

(A)定位装置　(B)通用装置　(C)夹紧装置　(D)夹具体

136. 正确的设计和选择夹紧机构，对保证工件的加工质量、(　　)等方面都起着重要的作用。

(A)减少刀具磨损　(B)安全生产

(C)减轻操作者劳动强度　(D)提高生产率体

137. 齿轮的加工精度与夹具的(　　)有关。

(A)安置精度　(B)安装精度　(C)制造精度　(D)安排精度

138. 下列可以提高轮齿的抗折断能力的有(　　)。

(A)增大齿根过渡处的圆角曲率半径,消除该处的加工刀痕

(B)使轮齿芯部具有足够的韧性

(C)增大齿轮的模数

(D)提高齿轮的精度

139. 根据 GB/T 3481—1997,齿轮的磨损和损伤分为裂纹,轮齿折断,齿面疲劳现象,胶合等类别,下列选项中,属于齿面疲劳的有(　　)。

(A)点蚀　(B)塑性变形　(C)折断　(D)剥落

140. 传动齿轮面间的润滑状态通常分为三种:(　　)。

(A)摩擦润滑状态　(B)弹性流体动力润滑状态

(C)边界润滑状态　(D)混合润滑状态

141. 齿轮润滑状态的好坏与下列哪些因素有关系(　　)。

(A)齿轮转速　(B)载荷　(C)齿面粗糙度　(D)润滑剂

142. 齿轮润滑油的作用有(　　)。

(A)抗磨,防止黏结或擦伤　(B)减摩,减少摩擦阻力

(C)冷却,带走齿面间的摩擦热　(D)防锈蚀,防止齿轮锈蚀

143. 我国工业齿轮油根据其用途可以分为(　　)。

(A)工业闭式齿轮油　(B)蜗轮蜗杆油

(C)开式工业齿轮油　(D)车辆齿轮油

144. 根据齿轮的传动、载荷及磨损特点,大多数齿轮(　　)。

(A)齿面要硬　(B)齿面要韧　(C)齿芯要硬　(D)齿芯要韧

145. 圆柱直齿轮的重合度与下列因素有关的是(　　)。

(A)模数　(B)齿数　(C)压力角　(D)精度

146. 影响齿轮刀具耐用的因素有(　　)。

(A)切削用量　(B)刀具几何参数　(C)刀具材料　(D)工件材料

147. 下列属于齿轮传动的缺点有(　　)。

(A)传动效率低

(B)传动比变化范围小

(C)无过载保护作用

(D)运转时,有振动和噪声,会产生一定的动载荷

148. 铸铁分类按化学成分分为(　　)。

(A)麻口铸铁　(B)普通铸铁　(C)合金铸铁　(D)灰铸铁

149. 齿形误差的测量方法有展成法、坐标法、影像法、近似法、单啮法。以展成法作为工作原理的渐开线检查仪有(　　)。

(A)单盘式渐开线检查仪　(B)万能渐开线检查仪

(C)极坐标式齿形仪　(D)基圆补偿式渐开线检查仪

150. 西门子系统的数控齿轮加工机床,关于进入对话程序进行输入齿轮参数,下列说法

正确的是(　　)。

(A)模数:可以不输入

(B)齿数:输入需要加工齿轮的齿数

(C)螺旋方向:左旋、右旋或者直齿(缺省)三选一

(D)齿宽:齿轮宽度+切入距离+切出距离

151. 西门子系统的数控齿轮加工机床,下列关于操作面板上常用的键的作用说法正确的是(　　)。

(A)Machining 键:显示机床操作的初始屏幕

(B)Shift 键:确认输入内容

(C)Backspace 键:屏幕上输入区域之间的跳换

(D)Del 键:删除光标右侧的字符

152. 修养是指人们为了在(　　)等方面达到一定的水平,所进行自我教育、自我改善、自我锻炼和自我提高的活动过程。

(A)理论　　(B)知识　　(C)艺术　　(D)思想道德

153. 齿轮的定位基准一般有(　　)、内孔、外圆等。

(A)分度圆　　(B)中心孔　　(C)端面　　(D)减重孔

154. 根据滚刀磨钝标准,在滚齿时如发现齿面有(　　)等现象时,必须检查滚刀磨损量。

(A)光斑　　(B)拉毛　　(C)粗糙度变坏　　(D)崩裂

155. 数控齿轮加工机床配置的液压储能器,下列关于液压储能器说法正确的是(　　)。

(A)液压储能器只能充满氮气

(B)液压储能器可以使用氧气

(C)液压储能器出现故障应立即更换

(D)液压储能器气体渗出或失效对机床安全没有影响,仅仅工件卡紧装置失效

156. 对新机床的防锈漆等进行清理,关于清洗下列说法正确的是(　　)。

(A)用带有脂溶剂软布擦除　　(B)使用刮板

(C)使用比较锋利的工具　　(D)清理导轨上的防锈介质及杂质时更应小心

157. 数控齿轮加工机床程序生成后,给出了警告信息后,为了确保安全,应对相应的(　　)进行验证,以免损坏工件和机床。

(A)齿轮的参数　　(B)滚刀的参数

(C)机床的机械系统　　(D)工件的直径

158. 数控滚齿机床在(　　)情况下,需要按下紧急制动按钮。

(A)发生人身事故危险　　(B)有造成工件或者机床损坏危险

(C)工件加工完成　　(D)所有运动突然停止,工件程序中断

159. 下列属于机床的合理使用所包含的内容的是(　　)。

(A)做好日常的维护保养工作

(B)严格按照机床说明书进行正确和安全操作

(C)根据经验自行对机床进行改装

(D)机床使用最大发挥机床切削效率为准则

160. 对于经常需要正反转的传动齿轮,如果齿轮副侧隙过大将产生(　　)现象。

(A)反向空行程　　(B)换向冲击　　(C)传动卡死　　(D)机械滞后

四、判 断 题

1. 在螺纹代号标注中,右旋螺纹的方向可省略加注。(　　)
2. 在图样上,框图不应倾斜放置。(　　)
3. 视图是指机件向投影面投影时所得的图形。(　　)
4. 制造不需要热处理的普通结构零件可选用乙类钢。(　　)
5. 非金属材料制造的齿轮可减小因制造和安装不精确引起的不利影响,且传动时的噪声小。(　　)
6. 公差也有正负之分。(　　)
7. 发蓝处理的目的是提高零件的硬度。(　　)
8. 常用形状公差有直线度、平面度、圆柱度和平行度等。(　　)
9. 同轴度属于形状公差。(　　)
10. 高度变位齿轮可用于凑中心距。(　　)
11. 测量的要素是指测量对象、标准器具、测量方法和测量结果。(　　)
12. 机械是以机械运动为主要特征的一种技术系统,其总功能是通过有约束的机械运动实现能量、物料、信息的预期交换。(　　)
13. 采用高度变位齿轮的中心距与原标准齿轮传动的中心距不相等。(　　)
14. 机床的夹具按机床种类分为铣床夹具、镗床夹具、车床夹具、钻床夹具等。(　　)
15. 滚齿机的加工方法属于热加工。(　　)
16. 一般滚刀的容屑槽有垂直于螺纹方向的螺旋槽和直槽两种。(　　)
17. 溢流阀的进口接油泵,出口接油箱。(　　)
18. 常用的水平仪有条式和框式两种。(　　)
19. 划线工具中,三角头和螺旋千斤顶均属于辅助工具。(　　)
20. 立体划线的方法主要有直接翻转零件划线法和用三角铁划线法两种。(　　)
21. 平面刮削一般分为粗刮、细刮和精刮三个步骤。(　　)
22. 永磁材料是指磁滞回线较宽,矫顽力较大,但剩磁小的材料。(　　)
23. 电阻主要用于分流和限压。(　　)
24. 当人体内通过 0.01 A 以上的直流电时会有生命危险。(　　)
25. 定子和转子是鼠笼式异步电动机的主要组成部分。(　　)
26. 电路是由若干个电气设备或器件按照一定方式组合起来构成的电流通路。(　　)
27. 示波器可测量出电流的波形。(　　)
28. 半导体二极管具有单向导通性。(　　)
29. 布尔代数中,1 和 0 相或得 0。(　　)
30. 齿轮传动装置总装前应将机体或箱体调装于装配平台上,找正机体结合面水平,其水平度误差小于 0.01/1 000。(　　)
31. 机床电气接地必须良好,各种安全防护装置不许随意拆除,必须拆除、移位、改造时,应经有关部门鉴定审批。(　　)
32. 凡是从事多种作业或在多种劳动环境中作业的人员,应按其主要作业的工种和劳动

环境配备劳动防护用品。(　　)

33. 劳动防护用品分为一般劳保用品和特种劳动防护用品。(　　)

34. 对发现的不良品项目和质量问题应及时反馈报告。(　　)

35. 对产品的性能、精度、寿命、可靠性和安全性有严重影响的关键部位或重要的影响因素所在的工序叫关键工序。(　　)

36. 质量特性一般分为关键特性、重要特性和一般特性。(　　)

37. 在因果分析法中选择不同的原因和结果进行分析工业企业生产过程中的质量问题时,普遍选用人、机、料、法、环五大原因。(　　)

38. 由于齿轮是一个断续切削过程,为了保证加工精度,现代数控滚齿机都采用工作台追随主轴的随动控制方式。(　　)

39. 新建、改建、扩建工程的劳动安全卫生设施不必与主体工程同时设计、同时施工、同时投入生产和使用。(　　)

40. 剃齿机是一种齿轮粗加工机床。(　　)

41. 当发生自然灾害、事故或者因其他原因威胁劳动者生命健康和财产安全需要紧急处理时,劳动者每日延长工作时间不能超过三个小时。(　　)

42. 旋转剖和阶梯剖又称复合剖。(　　)

43. 机件的每一尺寸一般只标注一次。(　　)

44. 圆柱度公差的符号是○。(　　)

45. 定位公差是被测量要素对基准在位置上允许的变动量。(　　)

46. 高度变位齿轮的变位系数之和为0。(　　)

47. 高度变位齿轮的模数、压力角、齿数与标准齿轮相同。(　　)

48. 直线度的符号为—。(　　)

49. 圆度的符号为○。(　　)

50. 测量方法分为直接测量、间接测量和组合测量。(　　)

51. 采用相关原则时,零件的检验要分开进行。(　　)

52. 齿圈径向跳动的符号为 ΔF_r。(　　)

53. 在齿轮的三个公差组中,同一公差组内的各个公差与极限偏差应采用相同的精度等级。(　　)

54. 直锥齿轮分度圆锥顶点至背锥面的垂直距离称锥顶距。(　　)

55. 由于插齿刀切除共建断面只需要很小的空间,所以它是加工台阶齿轮——双联或多联齿轮的主要方法。(　　)

56. 直齿锥齿轮常用收缩齿,但也有用等高齿,其中后者简化为对刀具的要求,因此计算较易,便于制造,但需要专用的机床。(　　)

57. 角度变位齿轮传动的啮合角是指分度圆上的压力角。(　　)

58. 选择定位基准时应尽量采用基准重合和基准统一的原则。(　　)

59. 零件的材料是决定热处理工序和选用设备及切削用量的依据之一。(　　)

60. 工艺过程是指改变生产对象的形状、尺寸的相对位置等,使之成为成品或半成品的过程。(　　)

61. 插齿切削行程多,所以加工后的齿面表面粗糙度比滚齿粗。(　　)

62. 内燃机车的齿轮大部分是中模数齿轮，且这些齿轮淬火后需要精加工内圆，故一般都采用分度圆找正。（　　）

63. 金属的硬度越低，切削加工性能越好。（　　）

64. 工件在回火时，回火温度越高，回火后的硬度越低。（　　）

65. 工步中包括一个或几个工序。（　　）

66. 一般来说，低碳钢齿轮加工时都需要进行渗碳淬火。（　　）

67. 毛坯锻造后应进行预先热处理，以改善材料的切削性能、消除内应力。（　　）

68. 一般来说，车削耐热钢及其合金时，不采用大于 1 mm/r 的进给速度。（　　）

69. 一般来说，车削时，切削深度不超过车刀刀片的 1/2 长度。（　　）

70. 其他条件相同时，粗加工时应采用较大的切削速度。（　　）

71. 齿轮的材料热处理不一样，在同样的切削条件下，切削用量是同样的。（　　）

72. 滚齿时，42CrMo 材料经调质后，齿轮硬度高，因而加工时走刀量较小。（　　）

73. 选择工作台进给量的原则是在加工质量和合理提高刀具寿命的前提下，尽可能取较大的进给量，以提高生产效率。（　　）

74. 刚性好、功率大的机床加工同种齿轮的切削用量大。（　　）

75. 对于大型盘类齿轮和齿圈，为防止轮齿淬火变形，可采用夹具强制淬火。（　　）

76. 机床上使用夹具可以使装夹更方便，同时还可保证必要的加工精度和粗糙度。（　　）

77. 制齿夹具一般采用组合结构，由底座和心轴组成。（　　）

78. 工艺中，内胀心轴的定位符号是。（　　）

79. 位于主切削刃与副切削刃的交接处的相当小的一部分叫刀尖。（　　）

80. 齿轮滚刀的轴应是用作检验滚刀安装是否正确的基准。（　　）

81. 齿轮滚刀的长度是指滚刀切削部分的长度。（　　）

82. 滚刀在机床刀架心轴上安装是否正确，可用滚刀的两端台的圆跳动来检验，所以两轴台的中心与基本蜗杆中心线不必同轴。（　　）

83. 为使切削方便和减小振动，滚刀的螺旋方向和工件的旋转方向最好相反。（　　）

84. 插齿刀按外形可分为盘形、碗形和筒形三种。（　　）

85. 插齿刀制造时的分度圆压力角等于标准压力角。（　　）

86. 碗形插齿刀主要用于加工多联齿轮。（　　）

87. 插齿的行程长度应根据工件的模数来决定。（　　）

88. 插齿加工滚切法原理是展成法。（　　）

89. 百分表是利用绝对测量法测量的。（　　）

90. 齿厚卡尺与普通游标卡尺具有相同的原理。（　　）

91. 常用齿厚卡尺可精确到 0.01 mm。（　　）

92. 滚齿机是利用展成法或成形法加工原理加工齿轮的。（　　）

93. 利用滚齿机加工斜齿轮时，机床必须具有差动运动。（　　）

94. 滚切斜齿轮时，分度挂轮比的误差影响齿轮齿数，而差动挂轮比影响齿轮的齿向。（　　）

95. 成形磨齿机的机床也有展成运动。(　)

96. 插齿机的主运动是指工件接近刀具作的径向移动。(　　)

97. Y236 型刨齿机工件安装用的心轴内部为莫氏六号锥度。(　　)

98. 刨齿机床鞍行程量应小于全齿高加上所必需的间隙。(　　)

99. 对操作者而言,使用设备时只需要用好即可,其余的事与他们无关。(　　)

100. 机床一级保养的主要内容是清洗、清理、检查和调整。(　　)

101. 飞溅润滑主要用于高速、重载和对温升有一定要求的场合。(　　)

102. 切削液的流动性越好,比热越低,则其冷却作用越好。(　　)

103. 为提高机床寿命,最有效的办法是经常性和定期对机床进行维护。(　　)

104. 实际工作中,有大部分的机床故障都是润滑不良引起的。(　　)

105. 正变位齿轮的齿顶圆直径和齿根圆直径增大,分度圆齿厚也增大,轮齿的强度增高。(　　)

106. 变位齿轮是一种非标准齿轮,是在用展成法加工齿轮时,改变刀具对齿坯的相对位置而切出的齿轮。(　　)

107. 高度变位齿轮的齿顶高和齿根高与标准齿轮比较有变化,但全齿高没有变化。(　　)

108. 加工正变位齿轮时,切削深度比标准齿轮全齿深大。(　　)

109. 齿面较软的齿轮,重载时,可能在摩擦力作用下发生齿面塑性流动。(　　)

110. 滚齿加工中,刀杆托架锥轴承径向间隙的大小对齿轮的加工精度影响不大。(　　)

111. 用成形滚刀加工齿轮时,刀具不需对中。(　　)

112. 在插削精度和粗糙度要求很高的齿轮时,应选用较小的圆周进给量。(　　)

113. 用插齿机加工齿轮时,一般在切第一个齿轮时,暂不切至全齿深,留有一定余量 Δh,以便检查。(　　)

114. 当齿轮材料为中碳合金钢时,常采用表面淬火工艺。(　　)

115. 多头滚刀能显著提高生产效率,但其加工齿形误差较大,粗糙度低。(　　)

116. 一般逆铣比顺铣的切削速度可提高 50%,滚齿生产率可提高 25%~30%。(　　)

117. 采用滚齿机运动合成机构分齿时,垂直进给量与差动挂轮的转速比有关。(　　)

118. 用指形铣刀加工齿轮时应选用较大的切削用量。(　　)

119. 一般来说,用于闭式传动的齿轮精度应高于开式传动的齿轮精度。(　　)

120. 斜齿轮的螺旋角是指展开螺旋线与垂直于齿轮轴线的平面间的夹角。(　　)

121. 在滚齿机上加工斜齿圆柱齿轮与加工直齿轮的方法基本相同,不同之处有刀架转动方向和角度,是否需要差动运动。(　　)

122. 采用斜齿圆柱齿轮传动有利于减小噪声。(　　)

123. 加工大质数直齿轮和大质数斜齿圆柱齿轮时,其差动挂轮比的计算方式完全一样。(　　)

124. 滚刀杆的端面跳动和径向跳动大小应根据加工齿轮精度来确定。(　　)

125. 滚刀安装后,应检查径向跳动,一般来说,加工 φ200 mm 以下 8 级精度齿轮时,径向跳动不应大于 0.03 mm。(　　)

126. 齿面粗糙度与其他误差,特别是齿形误差有密切联系。(　　)

127. 加工斜齿圆柱齿轮时，垂直进给运动与差动运动不许脱开。（　　）

128. 切削用量是编制工艺时预先定的，与各工序的切削用量无关。（　　）

129. 斜齿圆柱齿轮配中心距时，可以通过改变螺旋角来解决。（　　）

130. 直锥齿轮的刨齿加工属于仿形法加工。（　　）

131. 直锥齿轮母线长度 L，又称锥顶距，是锥齿轮上大端节圆锥直径的长度。（　　）

132. 直锥齿轮的缺点是工作时的振动和噪声较大。（　　）

133. 在刨齿机上加工齿轮，粗切时，为延长刀具寿命和获得较理想的加工精度，其切削精度要比精切时的切削深度浅 Δt。（　　）

134. Y236 型刨齿机床鞍行程量应小于被加工齿轮的全齿高加上所必须的间隙。（　　）

135. 为提高精切刀的寿命，在刨齿机上粗切时可以沿齿宽方向上切深 0.05 mm 的增量。（　　）

136. 普通剃齿机只有轴向剃齿法一种功能，其工作台走刀方向和被加工齿轮的轴线一致。（　　）

137. 剃齿机可以实现硬齿面 HRC58-62 的剃削。（　　）

138. 剃齿机在加工过程中，剃齿刀与工件时一对做无侧隙啮合传动的空间交错轴斜齿轮。（　　）

139. 磨齿机是用于淬硬齿轮、精密齿轮和齿轮刀具齿形精加工的设备。（　　）

140. 磨齿余量应该尽可能小，这样不仅有利于提高磨齿生产率，而且可以减少从齿面上磨去的淬硬层厚度，提高齿轮承载能力。（　　）

141. 数控滚齿机一般都有全密封护罩和油雾分离装置，防止污染。（　　）

142. 在装配图中标注相配零件的极限偏差时，孔的基本尺寸和极限偏差注写在尺寸线上方，轴的基本尺寸和极限偏差注写在尺寸线的下方。（　　）

143. 滚齿机在采用轴向滚切法时，主要是顺滚和逆滚两种方式。（　　）

144. 为提高生产效率应尽量在同等条件下选择大的吃刀量。（　　）

145. 铣齿机中冠轮与摇台虽然同轴线，但不是一体，冠轮是假象齿轮在铣齿机上看不见，当摇台转动时，刀盘除自转外海绕冠轮轴线公转。（　　）

146. 游标卡尺的最小读数为 0.01 mm。（　　）

147. 内径百分表的测量范围是由更换或调整可换的固定测量头的长度而达到的。（　　）

148. 内径千分尺在使用时，大小不同的尺寸可能要用不同的测头。（　　）

149. 公法线千分尺是利用精密螺旋副运动原理进行测量的。（　　）

150. 万能角度尺的读数原理与普通游标尺的原理基本相同。（　　）

151. 使用水平仪读数时，直接读数法的精度高于平均值读数法。（　　）

152. 正弦规的测量精度可达 0.01″。（　　）

153. 滚切斜齿圆柱齿轮时，分度挂轮比的误差影响齿轮齿形。（　　）

154. 插齿刀存在几何偏心，加工时会使齿轮产生径向误差，而对公法线没有影响。（　　）

155. 刨刀前角大小不合理时将影响齿面粗糙度。（　　）

156. 直齿圆柱齿轮铣削对刀是指齿轮铣刀的中分面通过工件的中心。（　　）

157. 工艺规程是指导生产的重要文件，实际生产是要按照工艺规程所规定的加工程序和

加工方法进行的。( )

158. 铣齿机在加工直齿锥齿轮时根据当量齿数选择刀具,当量齿数即为锥齿轮的实际齿数。( )

159. 夹具上用来决定工件对刀具的正确位置,并保证其位置先后一致的零件或部件,都叫定位元件。( )

160. 留磨滚刀的齿厚比标准滚刀的厚。( )

161. 插齿刀实质上是一个变位齿轮。( )

162. 插齿机在加工斜齿圆柱齿轮时,附加运动由螺旋形导轨实现,螺旋线导程等于插齿刀的螺旋导程。( )

163. 剃齿使用的夹具基本上是芯轴,剃齿芯轴直接影响了剃齿后齿轮的精度。( )

164. 剃齿是利用两个圆柱螺旋齿轮在啮合点的速度方向相反,而在齿面上产生相对滑动的原理。( )

165. 磨齿时齿轮工艺基准的选择很重要,应尽可能与设计和装配基准重合。( )

166. 磨齿机是用于淬硬齿轮、精度齿轮和齿轮刀具齿形精加工的设备。( )

167. 滚刀的精度等级分为AAA,AA,A,B,C五个等级。( )

168. 指状铣刀适用于模数大于20 mm,齿数少于32的齿轮或轴齿轮,可在铣齿机上粗切。( )

169. 滚齿加工中如果滚刀安装不对中会对齿形造成不对称的结果。( )

170. 磨齿机上的砂轮必须经过仔细的平衡,否则磨削会有震动,影响磨削质量。( )

171. 齿端加工必须在淬火之前加工,通常都在滚齿之后。( )

172. 一对互相啮合的锥齿轮两轴线的交角叫轴交角,用Σ表示,$\Sigma=90°$。( )

173. 对于奇数齿的斜齿轮,当螺旋角在45°附近时,若采用跨棒测量应采用三量柱(球)测量。( )

174. 齿轮共有13个精度等级,用数字0～12排列而成,0级精度最低,12级精度最高。( )

175. 对于一套螺旋导轨副的导程P_z是不变的,所以其只能用于固定螺旋角的斜齿轮加工。( )

176. 剃齿是精加工齿轮的一种方法,通常剃齿可提高齿轮精度1～2级。( )

五、简 答 题

1. 简要说明配合符号在图样中应写成何种形式。
2. 简述什么是孔和轴配合时的间隙。
3. 说明HT200中,200的意义。
4. 解释什么叫尺寸偏差。
5. 什么叫配合?
6. 试解释固定弦齿厚。
7. 渐开线齿轮正确啮合的条件是什么?
8. 什么是渐开线齿廓根切现象?
9. 什么叫渐开线?

10. 齿轮传动的类型有哪几种?
11. 按变位系数不同,可以将齿轮分为哪几种类型?
12. 试写出标准渐开线圆柱直齿轮的基本参数。
13. 表面粗糙度的大小对齿轮的主要影响有哪些?
14. 在滚齿机上加工齿轮时,引起齿面粗糙度不好的原因有哪些?
15. 什么叫形状公差?
16. 简述直齿锥齿轮的加工方法。
17. 分别简述水溶液、乳化液、切削油三类切削液的各自特点。
18. 机床的传动误差主要有哪些?
19. 什么叫运动副?
20. 试写出常用机床的种类(不少于5种)。
21. 试写出5种常用的齿轮加工机床。
22. 什么叫专用夹具。
23. 在外圆磨床磨削时应采用何种切削液? 为什么?
24. 普通锉刀按其断面形状不同可以分为几种?
25. 进行平面划线和立体划线时,分别确定几个基准? 为什么?
26. 如何确定刮削余量?
27. 试述有源滤波器的分类。
28. 什么叫加工精度?
29. 什么叫齿距?
30. 什么叫工艺过程?
31. 什么叫滚齿机床的一级保养?
32. 什么叫六点定位原则?
33. 何为半剖视图?
34. 什么叫基本视图?
35. 在滚齿机上,为减小齿距积累误差可采用哪些方法?
36. 试解释变位齿轮。
37. 解释何为计量器具。
38. 试解释公法线长度变动。
39. 解释基节偏差。
40. 解释角度修正。
41. 简述编制工艺规程的基本要求。
42. 写出一般中碳钢齿轮的加工工艺过程。
43. 试问公差带的大小和位置是由什么决定的。
44. 切削加工工序中,应遵循的原则是什么?
45. 试述切削用量的选择一般原则。
46. 定位基准的原则是什么?
47. 解释什么叫基准。
48. 简要说明刀具切削部分材料所应具备的性能。

49. 试解释什么是滚刀对中。

50. 什么是力的三要素?

51. 简述蜗杆砂轮磨齿机的工作原理。

52. 简述刨齿加工原理。

53. 斜齿圆柱齿轮传动与直齿圆柱齿轮传动相比有哪些优点?

54. 为什么插齿机要进行让刀运动?

55. 测量的实质是什么?

56. 什么叫齿向误差?

57. 什么叫顶隙?

58. 试解释滚齿机工作台的径向、端面跳动超差并出现爬行现象的原因。

59. 简述插齿机的主要组成部分及其作用。

60. 变位齿轮在传动中有哪些特点?

61. 解释什么叫起筋。

62. 试解释什么叫直锥齿轮的中锥。

63. 什么叫直锥齿轮的前锥?

64. 刨齿机的刀架安装角对工件加工质量有什么影响?正确的刀架安装角是根据什么计算出来的?

65. 什么叫直锥齿轮的齿高,齿顶高,齿根高?

66. 什么叫金属的变形?

67. 防止电气设备漏电和意外触电危险的常用措施是什么?

68. 齿坯粗加工后正火或调质处理的目的是什么?

69. 一对斜齿圆柱齿轮正确啮合的条件是什么?

70. 齿轮齿圈径向跳动对啮合精度的影响有哪些?

六、综 合 题

1. 一标准齿条,测得其模数 $m=2$ mm,压力角 $\alpha=20°$,试确定其齿距和齿厚。

2. 一个齿数为 $Z=20$ 的标准直齿轮,测得其外径为 87.9 mm,根径为 69.9 mm,试确定其模数。

3. 已知测量一齿轮,其顶圆直径 $D_e=552$,$Z=136$,齿顶高系数 $h_a^*=1$,试求其模数。

4. Y38 滚齿机的两交换挂轮,$m=2$ mm,$\alpha=20°$,$Z_1=25$,$Z_2=50$,试计算两齿轮的分度圆直径 d。

5. Y38 滚齿机的两交换挂轮,$m=2$ mm,$\alpha=20°$,$Z_1=25$,$Z_2=50$,试计算两齿轮的齿顶圆直径 d_a。

6. Y38 滚齿机的两交换挂轮,$m=2$ mm,$\alpha=20°$,$Z_1=25$,$Z_2=50$,试计算两齿轮的齿根圆直径 d_f。

7. 已知一标准蜗杆蜗轮传动,$Z_1=4$,$Z_2=53$,$m=3.15$ mm,$d_1=35.5$ mm,试计算其中心距。

8. 插齿机上加工一齿轮,$\alpha=20°$,第一次切削后测得的固定弦齿厚 $\bar{S}_{c1}=4.89$ mm,图样上要求的固定弦齿厚 $\bar{S}_c=4.16$ mm,求第二次的切齿深度。

9. 插齿机上加工一齿轮,第一次切削后测得的固定弦齿厚 $\bar{s}_{c1}=4.56$ mm,图样上要求的固定弦齿厚 $\bar{s}_c=3.98$ mm,求第二次的切齿深度。

10. 插齿机上加工一齿轮,第一次切削后测得的固定弦齿厚 $\bar{s}_{c1}=6.66$ mm,图样上要求的固定弦齿厚 $\bar{s}_c=6.12$ mm,求第二次的切齿深度。

11. 一标准直齿轮,$m=3$,$\alpha=20°$,$Z=24$,求其顶径 d_a,根径 d_f,分度圆直径 d。

12. 一对直齿圆柱齿轮传动,$Z_1=11$,$Z_2=45$,$m=4$ mm,压力角 $\alpha=20°$,齿顶高系数 $h_a^*=1$,径向间隙系数 $C^*=0.25$,小轮变位系数 $x_1=+0.36$,试以高度变位传动计算这对齿轮的中心距 a,齿顶高 h_a,齿根高 h_f 和分度圆直径 d。

13. 一直齿圆柱齿轮,$h_a=3$ mm,$m=3$ mm,$Z=20$,$\alpha=20°$,求其固定弦齿厚 $\bar{s}_c$ 和固定弦齿高 $\bar{h}_c$。

14. 已知一直齿圆柱齿轮,其 $m=3$,$\alpha=20°$,$Z=40$,求公法线长度 W。($\text{inv}20°=0.014$,$\cos20°=0.94$)

15. 已知直齿轮圆柱齿轮 $m=3.25$ mm,$\alpha=20°$,$Z=59$,求其求公法线长度 W。($\text{inv}20°=0.014$,$\cos20°=0.94$)

16. 一高度变位直齿圆柱齿轮,变位系数 $x=0.22$,$m=2$,$Z=14$,$\alpha=20°$,已知其跨齿数 $k=2$,求其公法线长度 W。($\text{inv}20°=0.014$,$\cos20°=0.94$,$\sin20°=0.342$)

17. 一标准斜齿圆柱齿轮,已知其 $m_n=3$ mm,齿数 $Z=20$,螺旋角 $\beta=11°28'$,试求其端面模数 m_t,分度圆直径 d。($\sin11°28'=0.199$,$\cos11°28'=0.98$)

18. 一标准斜齿圆柱齿轮,已知其 $m_n=3$ mm,齿数 $Z=20$,螺旋角 $\beta=11°28'$,试求其齿顶圆直径和齿全高。($\sin11°28'=0.199$,$\cos11°28'=0.98$)

19. 一高度变位斜齿圆柱齿轮,$m_n=3$ mm,$Z=12$,$\alpha_n=20°$,$\beta=10°30'$,变位系数 $x_n=0.571$,已知其当量齿数 $Z_v=13$,跨齿数 $k=2$,试求其端面模数 m_t,公法线长度 W。($\cos20°=0.94$,$\sin20°=0.342$,$\text{inv}20°=0.014$)

20. 一高度变位斜齿圆柱齿轮,$m_n=2$ mm,$Z=12$,$\alpha_n=20°$,变位系数 $x_n=0.22$,已知其当量齿数 $Z_v=13$,跨齿数 $k=2$,试求其公法线长度 W。($\cos20°=0.94$,$\sin20°=0.342$,$\text{inv}20°=0.014$)

21. 一标准斜齿轮,$Z=20$,$m_n=3$ mm,$\alpha_n=20°$,$\beta=11°18'$,试求其公法线长度。($\tan20°=0.364$,$\cos311°18'=0.941$,$\sin20°=0.342$,$\cos20°=0.94$,$\text{inv}20°=0.014$)

22. 一标准斜齿圆柱齿轮,$Z=91$,$m_n=12$ mm,$\alpha_n=20°$,已知其当量齿数为 $Z_v=97$,跨齿数 $k=11$,试求其公法线长度。($\sin20°=0.342$,$\cos20°=0.94$,$\text{inv}20°=0.014$)

23. 一对直锥齿轮,大端模数 $m=4$ mm,$Z_1=20$,$Z_2=60$,轴交角为 90°,试求其分度圆锥角 δ_1、δ_2。($\tan71°34'=3$)

24. 一对直锥齿轮,大端模数 $m=3$ mm,$Z_1=20$,$Z_2=40$,轴交角为 90°,试求其分度圆锥角 s_1,s_2,齿顶高 h_a 和齿顶圆直径 d_a。($\tan63°26'=2$)

25. 已知某直锥齿轮,$Z=20$,$m=5$ mm,分锥角 $\delta=61°11'$,齿顶高系数 $h_a^*=0.8$,齿根高系数 $h_f^*=1.1$,$\cos61°11'=0.482\,1$,求其齿全高 h,节圆直径 d',齿顶圆直径 d_a,齿根圆直径 d_f。

26. 在 Y236 刨齿机上加工时直锥齿轮,已知分锥角 $\delta=37°51'$,$Z=38$,齿根角 $\gamma=2°16'$,试计算滚切挂轮比。($\cos2°16'=0.999$,$\sin37°51'=0.613$)

27. 已知一标准直锥齿轮传动，$m=4$ mm，$Z=60$，压力角 $\alpha=20°$，试求其大端分度圆齿厚。

28. 一对直锥齿轮传动，$m=4$ mm，$Z_1=20$，$Z_2=60$，轴交角为 90°，压力角 $\alpha=20°$，试求其大端分度圆齿厚。

29. 一对直锥齿轮传动，$m=8$ mm，$Z_1=20$，$Z_2=100$，轴交角为 90°，试求其分锥角。($\tan 11°18'=0.2$)

30. 计算 $\phi 20^{+0.045}_{+0.025}$ 及 $\phi 20^{-0.03}_{-0.06}$ 的公差、最大极限尺寸和最小极限尺寸。

31. 加工一齿轮，$\alpha=20°$第一次切削后测得其公法线长度 $W_1=69.24$，而图纸要求的公法线长度是 $W=71.36$，求第二次的切削深度 a_p。

32. 已知一标准内齿轮的模数为 $m=3$，压力角 $\alpha=20°$，试计算其齿顶高 h_a、工作齿高 h'、径向间隙 C。

33. 已知一标准直齿圆柱齿轮，其模数为 $m=3$，齿数 $Z=24$，试求这个齿轮的齿顶圆直径 d_a，分度圆直径 d，齿根圆直径 d_f。

34. 已知一标准直齿圆柱齿轮，其模数为 $m=2.5$，齿数 $Z=67$，试求这个齿轮的齿全高 h。

35. 已知一标准斜齿圆柱齿轮，其 $m_n=7$，$\beta=12°24'12''$，$Z=45$，试求这个齿轮的齿顶圆直径、齿顶高和分度圆直径。(已知 $\sin 12°24'12''=0.215$，$\cos 12°24'12''=0.977$)

制齿工(中级工)答案

一、填 空 题

1. 孔　2. 韧性　3. 硬度　4. 基圆
5. 基圆　6. 摆线齿形齿轮　7. 直接标注参数值　8. 形状
9. //　10. 小　11. 基节偏差　12. 径向进给运动
13. 刀杆的全跳动　14. 能调整　15. 冷加工　16. 硬质合金钢铣刀
17. 铲齿刀具　18. 防锈　19. 切削油　20. 叶片泵
21. 直线位移　22. 扁冲錾　23. 测量工具　24. 两条中心线
25. 显示工件误差的位置和大小　26. 赫兹
27. $U=RI$　28. 相位(或初相位)　29. 相反　30. 电动机
31. 从电源的负极流向正极　32. 电阻　33. 基极
34. 保养　35. 固定弦齿厚　36. 分度圆弦齿厚　37. $p=25.4\ m$
38. 关闭电源　39. 质量标准　40. 无油污、无锈蚀　41. 质量管理
42. 工序　43. 分锥角　44. 点　45. 重合
46. M00　47. 第一角　48. 某部分　49. 上方
50. 基本偏差　51. 过渡配合　52. 形状　53. 不相等
54. 切向变位齿轮　55. ▱　56. ○　57. 被测量的真值
58. 相关原则　59. h_f　60. F_P　61. Σ
62. 蜗杆分度圆导程角　63. 中点螺旋角　64. 提高　65. 工艺条件
66. 全过程　67. 工艺管理　68. 齿圈径向跳动　69. 摩擦
70. 加工(或装配)工具　71. 先基准后其他　72. 孔　73. 表面粗糙度
74. 吃刀量　75. 大　76. 较小　77. 刚性和功率
78. 专用夹具　79. 心轴　80. 安装　81. 双顶尖孔
82. 底座和心轴　83. 工序基准　84. 四爪卡盘　85. 超硬刀具材料
86. 滤清　87. 加工方法　88. 切削部分　89. 剃前滚刀
90. 螺旋齿轮啮合　91. 刀槽中心线　92. 加工斜齿用的斜齿插齿刀
93. 前角和后角　94. 主轴中心线　95. 游标卡尺　96. 可调节卡钳
97. 量具和量仪　98. 公法线千分尺　99. 0.01
100. 滚齿机、磨齿机、插齿机(铣齿机、刨齿机、插齿机)　101. 分齿交换挂轮
102. 摆线内齿轮磨齿机　103. 安装角　104. 修好
105. 会排除故障　106. 调整　107. 毛细管　108. 切削油
109. 变形　110. 超负荷使用　111. 装配间隙过小　112. 高度
113. 齿面损伤　114. 滚刀安装角　115. 齿形　116. 加工表面粗糙度

117. 不能　118. 较大　119. 分度圆　120. 差动运动
121. 轴向推力　122. 齿轮寿命　123. 齿向　124. 刀具
125. 上下往复　126. 齿坯　127. 附加运动　128. 法
129. 齿圈径向跳动误差　130. 假想平顶　131. 机床几何中心
132. 摇台中心线　133. 安装角　134. 精切齿的精度　135. 接触斑点
136. ±90°　137. 卧式　138. 成形法　139. 0.002～0.003
140. 挤压　141. 0°　142. 反比　143. 背吃刀量
144. 长度　145. 刻度间距　146. 齿轮传动　147. 相同
148. 50～75 mm　149. 直尺　150. 平面度误差　151. 锥度
152. 越小　153. 齿距累积　154. 齿面有斑痕　155. 大
156. 机床夹具　157. 三爪　158. 圆盘刀　159. 展成法
160. 轴　161. 冠轮　162. 成形法　163. 完全定位
164. $\beta+\lambda$　165. 差动机构　166. Z_0/Z　167. 让刀运动
168. 12　169. 齿厚　170. 磨料

二、单项选择题

1. A　2. D　3. B　4. C　5. C　6. C　7. A　8. A　9. B
10. B　11. C　12. B　13. A　14. C　15. B　16. C　17. A　18. C
19. B　20. B　21. B　22. A　23. B　24. A　25. C　26. C　27. A
28. B　29. A　30. C　31. B　32. B　33. B　34. B　35. D　36. C
37. A　38. B　39. B　40. A　41. A　42. A　43. A　44. B　45. B
46. C　47. A　48. C　49. C　50. A　51. B　52. B　53. B　54. A
55. A　56. C　57. A　58. C　59. D　60. A　61. D　62. C　63. B
64. C　65. B　66. C　67. B　68. B　69. A　70. C　71. C　72. B
73. C　74. B　75. A　76. C　77. B　78. B　79. C　80. C　81. B
82. B　83. A　84. A　85. B　86. A　87. B　88. D　89. B　90. D
91. B　92. A　93. A　94. C　95. A　96. D　97. C　98. C　99. B
100. D　101. A　102. B　103. B　104. B　105. B　106. C　107. A　108. C
109. B　110. D　111. B　112. A　113. C　114. A　115. C　116. C　117. A
118. C　119. B　120. C　121. C　122. C　123. A　124. B　125. C　126. B
127. C　128. D　129. A　130. B　131. C　132. C　133. B　134. A　135. C
136. A　137. B　138. B　139. C　140. A　141. A　142. A　143. B　144. C
145. C　146. D　147. B　148. B　149. C　150. B　151. D　152. C　153. A
154. C　155. A　156. D　157. B　158. C　159. A　160. A　161. A　162. B

三、多项选择题

1. ABCD　2. ABC　3. AB　4. ABCD　5. ABCD　6. ABCD　7. ABCD
8. ABCD　9. ABCD　10. ABC　11. ABC　12. ABCD　13. ABC　14. ABC
15. ABC　16. ABC　17. BCD　18. ABCD　19. ABC　20. ABCD　21. ABC

22. AB　23. AB　24. ABCD　25. ABCD　26. ABCD　27. ABCD　28. ABC
29. ABC　30. ABC　31. ABC　32. ABCD　33. ABC　34. AB　35. ABCD
36. AB　37. ABCD　38. BC　39. ABCD　40. ABCD　41. ABCD　42. AB
43. BCD　44. ABD　45. ABC　46. ABCD　47. ABCD　48. ACD　49. ABCD
50. ABC　51. ABC　52. ACD　53. ABC　54. ABC　55. ABC　56. ABCD
57. ABCD　58. ABC　59. ABC　60. AB　61. AD　62. ACD　63. CD
64. ABC　65. ABCD　66. ABCD　67. ABC　68. ABCD　69. ABC　70. ABCD
71. ABD　72. BCD　73. AD　74. ABCD　75. AD　76. ABD　77. ABCD
78. AB　79. BC　80. AC　81. AC　82. BC　83. ABCD　84. ABD
85. ABC　86. ABC　87. ABCD　88. ABCD　89. ABCD　90. ABC　91. AD
92. BCD　93. BC　94. ABC　95. BCD　96. ABC　97. ABCD　98. ABCD
99. ABC　100. BCD　101. ABD　102. ABC　103. BC　104. ABC　105. ABCD
106. ABC　107. ABC　108. BC　109. ABC　110. ABCD　111. BCD　112. ACD
113. CD　114. ABCD　115. ABCD　116. BD　117. ACD　118. AB　119. BCD
120. CD　121. ABCD　122. ABC　123. ABCD　124. BCD　125. ABD　126. ABCD
127. CD　128. ACD　129. ABD　130. ABC　131. ABCD　132. AD　133. ABD
134. AD　135. ACD　136. BCD　137. BC　138. AB　139. AD　140. BCD
141. ABCD　142. ABCD　143. ABCD　144. AD　145. BC　146. ABCD　147. CD
148. BC　149. ABD　150. BC　151. AD　152. ABCD　153. BC　154. ABC
155. AC　156. AD　157. AB　158. ABD　159. AB　160. ABD

四、判 断 题

1. √　2. √　3. √　4. ×　5. √　6. ×　7. ×　8. ×　9. ×
10. ×　11. √　12. √　13. ×　14. √　15. ×　16. √　17. √　18. √
19. ×　20. √　21. √　22. ×　23. √　24. ×　25. √　26. √　27. √
28. √　29. ×　30. √　31. √　32. √　33. √　34. √　35. √　36. √
37. √　38. √　39. ×　40. ×　41. ×　42. ×　43. √　44. ×　45. ×
46. √　47. ×　48. ×　49. √　50. √　51. ×　52. √　53. √　54. √
55. √　56. √　57. ×　58. √　59. √　60. √　61. ×　62. √　63. ×
64. √　65. ×　66. √　67. √　68. √　69. ×　70. ×　71. ×　72. √
73. √　74. √　75. √　76. √　77. √　78. ×　79. ×　80. √　81. ×
82. ×　83. ×　84. √　85. √　86. √　87. √　88. √　89. √　90. √
91. ×　92. ×　93. √　94. ×　95. √　96. ×　97. √　98. √　99. ×
100. √　101. ×　102. ×　103. √　104. √　105. √　106. √　107. √　108. ×
109. √　110. ×　111. ×　112. √　113. √　114. √　115. √　116. ×　117. √
118. √　119. √　120. √　121. √　122. √　123. √　124. √　125. √　126. √
127. √　128. ×　129. √　130. √　131. ×　132. √　133. √　134. √　135. √
136. √　137. √　138. √　139. √　140. √　141. √　142. √　143. √　144. √
145. √　146. ×　147. √　148. √　149. √　150. √　151. ×　152. ×　153. ×

154. × 155. √ 156. √ 157. √ 158. × 159. √ 160. × 161. √ 162. √
163. √ 164. √ 165. √ 166. √ 167. √ 168. √ 169. √ 170. √ 171. √
172. × 173. √ 174. × 175. × 176. √

五、简 答 题

1. 答:配合符号在图样中应写成分数形式(5 分)。

2. 答:孔的尺寸减去(2 分)与它相配合的轴的尺寸所得的代数差为正时(3 分)称为间隙。

3. 答:HT200 中,200 表示其屈服强度(3 分)不低于(2 分)200 N/mm^2。

4. 答:尺寸偏差是某一尺寸减去其基本尺寸(2 分)所得的代数差(3 分)。

5. 答:配合是基本尺寸相同(2 分)的相结合的孔和轴公差带(3 分)之间的关系。

6. 答:固定弦齿厚是指齿轮的轮齿(1 分)与基本齿廓(1 分)对称相切(1 分)时,两切点间的距离(2 分)。

7. 答:两齿轮的模数(1 分)和压力角(1 分)必须分别相等(3 分)。

8. 答:用展成法加工齿轮时,有时会发现刀具的顶部(1 分)切入了齿轮的根部(1 分),而把齿根切去了一部分,破坏了渐开线齿廓(3 分),这种现象称为轮齿的根切。

9. 答:一条直线在一个定圆(3 分)上作无滑动的滚切(1 分)时,直线上的点的轨迹(1 分)称为渐开线。

10. 答:齿轮的传动类型分为单对齿轮传动(2.5 分)和多对齿轮传动(2.5 分)。

11. 答:按照一对齿轮变位系数的不同,可以将齿轮传动分为标准齿轮传动(1 分)、高度变位齿轮传动(2 分)和角度变位齿轮传动(2 分)。

12. 答:模数(2 分)、压力角(2 分)、齿数(1 分)。

13. 答:表面粗糙度的大小对齿轮传动时的齿轮寿命(2.5 分)和噪声大小(2.5 分)有很大影响。

14. 答:(1)滚刀刃磨质量不高,径向跳动大、刀具磨损,未夹紧而产生振动;(2 分)
(2)切削用量选择不正确;(1 分)
(3)夹具刚性不好;(1 分)
(4)切削瘤的存在。(1 分)

15. 答:形状公差是单一实际要素(2 分)的形状(2 分)所允许的变动全量(1 分)。

16. 答:直齿锥齿轮的加工方法有单分齿法(1 分)、双分齿法(1 分)、刨切(1 分)与刨刀压力角不同的锥齿轮法(1 分)、鼓形齿(1 分)的加工方法。

17. 答:水溶液:冷却性能好,润滑性能差(1 分);乳化液:具有良好的冷却和清洗性能,并具有一定的润滑性能(2 分); 切削油:润滑性能好,但切削性能差(2 分)。

18. 答:机床的传动误差主要有齿轮副的传动误差(1 分)、丝杆螺母传动副的传动误差(2 分)和蜗杆蜗轮传动副的误差(2 分)。

19. 答:运动副是指两个构件间接触式(2 分)的可动连接(3 分)。

20. 答:车床(1 分),铣床(1 分),刨床(1 分),镗床(1 分),磨床(1 分)。

21. 答:滚齿机(1 分)、插齿机(1 分)、刨齿机(1 分)、珩齿机(1 分)、磨齿机(1 分)。

22. 答:专用夹具是指根据某个工件的某一工序(2 分)的要求专门(3 分)设计制造的夹具。

23. 答:磨削加工温度高,会产生大量的细屑及脱落的砂粒(1 分),要求切削液有良好的冷却性能(2 分)和清洗性能(2 分),所以常用乳化液。

24. 答:可分为平锉(1 分)、方锉(1 分)、三角锉(1 分)、半圆锉(1 分)和圆锉(1 分)等五种。

25. 答:平面划线时,一般要划两个相互垂直的线条(2 分);而立体划线时一般要划三个互相垂直的线条(2 分)。因为每划一个方向的线条,就必须确定一个基准(1 分),所以平面划线时要确定两个基准,立体划线时要确定三个基准。

26. 答:由于每次刮削只能刮去很薄的一层金属(1 分),刮削操作的劳动强度又很大(1 分),所以要求工件在机械加工后留下的刮削余量不宜太大,一般为 0.03～0.4 mm(3 分)。

27. 答:有源滤波源器分为低通滤波器(1 分)、高通滤波器(1 分)、带通滤波器(1 分)和带阻滤波器(1 分)。(答全给满分)

28. 答:所谓的加工精度指的是零件在加工后的几何参数(1 分)(尺寸、形状和位置)与图样规定(1 分)的理想零件的几何参数符合程度(3 分)。

29. 答:在任意圆周上,相邻(1 分)两齿同一侧齿廓间(2 分)的弧线长度(2 分)称为齿距。

30. 答:工艺过程是指改变(1 分)生产对象的形状(1 分)、尺寸(1 分)、相对位置(1 分)和性质(1 分)等,使其成为成品或半成品的过程。

31. 答:滚齿机床两班制连续使用三个月(2 分),进行一次保养,保养时间为 4～8 小时(3 分),由操作者进行,维修人员协助,这种保养方法叫滚齿机床的一级保养。

32. 答:为了使工件在夹具中占有一个完全确定的位置,必须用适当分布的并与工件接触的六个固定支点(3 分)来限制工件的六个自由度(3 分),这就称作六点定位原则。

33. 答:机件具有对称平面时,可以以对称中心线为边界(3 分),一半画成剖视(1 分),另一半画成普通视图(1 分)。

34. 答:基本视图是指机件向基本投影面(5 分)投影所得的视图。

35. 答:减小齿距积累误差可采用以下方法:调整工作台间隙(1 分),刮研工作台主轴(1 分),刃磨刀具以减小刀具的齿距积累误差(1 分),检查工件安装(1 分)和工作台回转是否有几何偏心(1 分)。

36. 答:变位齿轮是一种非标准齿轮,是在加工齿形时改变刀具(3 分)对齿坯的相对位置(2 分)而切出的齿轮。

37. 答:计量器具是能用以测量出被测对象量值的量具(3 分)和计量仪器(2 分)的统称。

38. 答:在齿轮一周范围内,实际公法线长度最大值(2 分)与最小值(2 分)之差(1 分)称为公法线长度变动。

39. 答:实际基节(2 分)与公称基节(2 分)之差(1 分)称为基节偏差。

40. 答:大小齿轮的齿形不同于标准齿轮时(2 分),为保持规定的啮合侧隙公差(1.5 分)而改变中心距(1.5 分),由此所引起的齿轮副啮合角的修正。

41. 答:编制工艺规程的基本要求是以最小的劳动量(1 分),最低的费用(1 分)制造出合乎技术要求(3 分)的零件和产品。

42. 答:锻→粗加工齿坯→热处理(调质)→半精加工齿坯→粗加工齿形→热处理(淬火)→精加工齿坯→精加工齿形(缺项或顺序不对各扣一分,扣完为止)

43. 答:公差带的大小是由国家标准中用表格列出的标准公差(2.5 分)确定的,而公差带相对零线的位置则是由国家标准中用表格列出的基本偏差(2.5 分)确定的。

44. 答:应遵循的原则是:先粗后精(1.5 分),先主后次(1.5 分),先基准后其他(1.5 分)。(答全给满分)

45. 答:首先选择尽量大的背吃刀量(1 分),其次选取一个大的进给量(1 分),最后在刀具寿命(1 分)、机床功率(1 分)条件许可下,选择合理的切削速度(1 分)。

46. 答:选择定位基准的原则是:尽可能使工艺基准(1.5 分)和设计基准(1.5 分)重合,尽可能使各道工序的基准统一(2 分)。

47. 答:基准是用来确定加工零件上的位置(1 分)和尺寸(1 分)所依据的点(1 分)、线(1 分)、面(1 分)。

48. 答:刀具切削部分的材料应具备的性能有:(1)硬度必须高于工件材料的硬度(1 分);2)足够的强度及韧度(1 分);(3)较高的耐热性能(1 分);(4)较高的耐磨性(1 分);(5)良好的工艺性(1 分)。

49. 答:在滚齿时,为了切出对称的齿形,必须使滚刀(1 分)的一个齿(1 分)或刀槽(1 分)的对称线(1 分)正确地对准齿坯的中心(1 分),这就叫对中。

50. 答:力的三要素是指力(1 分)的大小(1 分),力的作用点(1 分),力的方向(1 分)。(答全给满分)

51. 答:用蜗杆砂轮磨齿机磨渐开线齿轮,其基本原理类似于滚齿加工(3 分),在磨削斜齿轮时,由差动装置(1 分)使工件获得附加的转动(1 分)。

52. 答:刨齿是根据两直齿锥齿轮的啮合原理,即两轮的圆锥在同一平面内的两相交轴(1 分)传递运动时作纯滚动,而采用一个假想冠形齿轮(1 分),即假想齿轮(1 分)或假想平顶齿轮(1 分)与被切锥齿轮作无间隙啮合(1 分)来加工齿形。

53. 答:与直齿轮相比,斜齿轮传动的优点有:

(1)传动平稳,承载能力强;(1.5 分)

(2)磨损均匀,传动比恒定;(1.5 分)

(3)斜齿圆柱齿轮的最小齿数比直齿轮少,传动机构可以设计制造得很紧凑,重量也大为减轻。(2 分)

54. 答:插齿刀在上下往复运动中(1 分),向下是切削(1 分),向上是空行程(1 分)。为避免插齿刀擦伤已加工的齿廓表面(1 分),同时减少插齿刀的刀齿磨损(1 分),插刀需要有一个让刀运动,以满足上述要求。

55. 答:测量的实质是被测量的参数(2 分)同标准量(2 分)进行比较(1 分)的过程。

56. 答:在分度圆(1 分)柱面上,齿宽有效部分范围内(端部倒角部分除外),包容实际齿线(1 分)且距离为最小(1 分)的两条设计齿线(1 分)之间的端面距离(1 分)为齿向误差。

57. 答:顶隙是指一个齿轮的齿顶圆(2 分)到其相配齿轮(1 分)的齿根圆(2 分)之间的距离。

58. 答:可能的原因有:(1)工作台与工作台壳体接触不良(1 分),工作台受撞产生中心偏移(1 分),锥导轨副和环导轨副配合不好(1 分);(2)润滑不良(1 分)。(答全给满分)

59. 答:插齿机由床身(0.5 分)、立柱(0.5 分)、刀架(0.5 分)、工作台(0.5 分)和变速箱(0.5 分)等几部分组成。刀架的刀具主轴里可安装插齿刀,并作上下往复运动及旋转运动(1 分)。工件装在工作台上作旋转运动,并随工作台作直线移动,实现径向切入运动(1.5 分)。

60. 答:(1)在加工 $Z>17$ 的齿轮时,可避免根切现象(1.5 分);(2)可用一齿轮与不同齿数的齿轮啮合,配中心距(1.5 分);(3)可以改善轮齿的磨损情况,提高轮齿的强度以及修复废旧齿轮等(2 分)。

61. 答:加工齿轮时,在轮齿底面(1.5 分)留下凸起(1.5 分)的未被切去(2 分)的金属的现象叫起筋。

62. 答:中锥是锥齿轮上的一个假想(1 分)锥面,其母线通过齿宽中点(2 分),并与分锥垂直相交(2 分)。

63. 答:前锥是锥齿轮上的一个圆锥面(1 分),其母线位于轮齿小端(2 分),并与分锥垂直相交(2 分)。

64. 答:刀架安装角将影响工件齿形由大端向小端的收缩量(1.5 分),影响接触面位置沿齿长方向的变化(1.5 分)。正确的安装角是根据工件齿厚(2 分)计算出来的。

65. 答:齿顶圆至齿根圆之间沿背锥母线量度的距离叫齿高(1.5 分)。齿顶圆至分度圆之间沿背锥母线量度的距离叫齿顶高(1.5 分)。分度圆至齿根圆之间沿背锥母线量度的距离叫齿根高(2 分)。

66. 答:金属在外力(1 分)作用下发生外形(2 分)和尺寸(2 分)改变的现象称为变形。

67. 答:接地(2.5 分)与接零(2.5 分)是防止电气设备漏电或意外地触电而造成触电危险的重要安全措施。

68. 答:齿坯粗加工后正火或调质处理是提高齿轮切削性能(1 分)和综合机械性能(1 分)、消除内应力(1 分)、改善金相组织(1 分)及减小最终热处理变形(1 分)等所采取的有效手段。

69. 答:一对斜齿圆柱齿轮正确啮合的条件是:两轮法向模数(1 分)及法向压力角(1 分)应分别相等,两轮分度圆上(1 分)的螺旋角(1 分)大小相等、方向相反(1 分)。

70. 答:齿轮齿圈径向跳动会造成齿轮的几何偏心(2 分),从而使节圆半径变化(1 分),造成齿轮副传动变化(1 分),影响传递运动的准确性(1 分)。

六、综 合 题

1. 解:齿距 $P=\pi m$ (2.5 分)

$=3.14\times 2=6.28$ (mm) (2 分)

齿厚 $S=\pi m/2$ (2.5 分)

$=(3.14\times 2)/2=3.14$ (mm) (2 分)

答:齿距为 6.28 mm,齿厚为 3.14 mm。(1 分)

2. 解:由外径求模数:$d_a=m(Z+2)$

得:$m=d_a/(Z+2)=87.9/(20+2)$ (3 分)

$=3.995$ (1.5 分)

由根径求模数:$d_f=d-2.5m=m(Z-2.5)$

得:$m=d_f/(Z-2.5)$ (3 分)

$=69.9/(20-2.5)=3.994$ (1.5 分)

由此取标准模数 $m=4$。

答:模数为 4 mm。(1 分)

3. 解：对公制齿轮，$d_a=m(Z+2h_a^*)$ (3 分)

得：$m=d_a/(Z+2h_a^*)$ (3 分)

$=552/(136+2\times1)=4$ (mm) (3 分)

答：模数为 4 mm。(1 分)

4. 解：由已知条件得：

$d_1=mZ_1$ (3 分)

$=50$ (mm) (1.5 分)

$d_2=mZ_2$ (3 分)

$=100$ (mm) (1.5 分)

答：小轮分度圆直径为 50 mm，大轮分度圆直径为 100 mm(1 分)。

5. 解：由已知条件得：

$d_{a1}=m(Z_1+2m)$ (3 分)

$=54$ (mm) (1.5 分)

$d_{a2}=m(Z_2+2m)$ (3 分)

$=104$ (mm) (1.5 分)

答：小轮顶圆直径为 54 mm，大轮顶圆直径为 104 mm(1 分)。

6. 解：由已知条件得：

$d_{f1}=m(Z_1-2.5)$ (3 分)

$=45$ (mm) (1.5 分)

$d_{f2}=m(Z_2-2.5)$ (3 分)

$=95$ (mm) (1.5 分)

答：小轮根圆直径为 45 mm，大轮根圆直径 95 mm(1 分)。

7. 解：由已知条件得：

中心距 $a=(d_1+d_2)/2$ (3 分)

$=(d_1+mZ_2)/2$ (3 分)

$=101.225$ (mm) (3 分)

答：中心距为 101.255 mm。(1 分)

8. 解：$a_p=1.37(\overline{S}_{c1}+\overline{S}_c)$ (5 分)

$=1.37\times(4.89-4.16)=1.00$ (mm) (4 分)

答：第二次切齿深度为 1.00 mm。(1 分)

9. 解：$a_p=1.37(S_{c1}+S_c)$ (5 分)

$=1.37\times(4.56-3.98)=0.795$ (mm) (4 分)

答：第二次切齿深度为 0.795 mm。(1 分)

10. 解：$a_p=1.37(S_{c1}+S_c)$ (5 分)

$=1.37\times(6.66-6.12)=0.740$ (mm) (4 分)

答：第二次切齿深度为 0.740 mm。(1 分)

11. 解：$d=mz$ (2 分)

$=3\times24=72$ (mm) (1 分)

外径 $d_a=m(z+2)$ (2 分)

$=3\times(24+2)=78$ (mm) (1分)

根径 $d_f=d-2.5\,m$ (2分)

$=72-2.5\times3=64.5$ (mm) (1分)

答:分度圆直径为 72 mm,外径为 78 mm,根径为 64.5 mm。(1分)

12. 解:由已知得:$X_1=0.36$,即 $X_2=-0.36$

中心距 $a=m(Z_1+Z_2)/2$ (1.5分)

$=4\times(11+45)/2=112$ (mm) (0.5分)

齿顶高 $h_{a1}=m(1+X_1)$ (1分)

$=4\times(1+0.36)=5.44$ (mm) (0.5分)

$h_{a2}=m(1+X_2)$ (1分)

$=4\times(1-0.36)=2.56$ (mm) (0.5分)

齿根高 $h_{f1}=m(1+C^*-X_1)$ (1分)

$=4\times(1+0.25-0.36)=3.56$ (mm) (0.5分)

$h_{f2}=m(1+C^*-X_2)$ (1分)

$=4\times(1+0.25+0.36)=6.44$ (mm) (0.5分)

分度圆直径 $d_1=mz_1$ (0.5分)

$=4\times11=44$ (mm) (0.5分)

$d_2=mz_2$ (0.5分)

$=4\times45=180$ (mm) (0.5分)

答:中心距为 112 mm,大轮和小轮的齿顶高分别为 2.56 mm、5.44 mm,大轮和小轮的齿根高分别为 6.44 mm、3.56 mm,大轮和小轮的分度圆直径分别为 180 mm、44 mm。(1分)

13. 解:$\overline{S_c}=\pi m\cos^2\alpha/2$ (3分)

$=3.14\times3\times\cos^2 20°=4.16$ (mm) (2分)

$h_c=h_a/2-S_c\tan\alpha/2$ (2分)

$=[m(Z+2)-mZ]/2-4.16\times\tan20°/2$

$=3-0.76$

$=2.24$ (mm) (2分)

答:固定弦齿厚为 4.16 mm,固定弦齿高为 2.24 mm。(1分)

14. 解:跨齿数 $k=\alpha Z/180°+0.5$ (2分)

$=20\times40/180°+0.5$

$=4.94$ (2分)

取 $k=5$ (1分)

则 $W=m\cos\alpha[(k-0.5)\pi+Z\text{inv}\alpha]$ (2分)

$=3\times0.94\times[(5\text{-}0.5)\times3.14+40\times0.014]$

$=41.451$ (mm) (2分)

答:公法线长度为 41.451 mm。(1分)

15. 解:跨齿数 $k=\alpha Z/180°+0.5$ (2分)

$=20\times59/180°+0.5$

$=7.056$（2 分）

取 $k=7$（1 分）

则公法线长度 $W=m\cos\alpha[(k-0.5)\pi+Z\mathrm{inv}\alpha]$（2 分）

$=3.25\times0.94\times[(7-0.5)\times3.14+59\times0.014]$

$=64.876$ (mm)（2 分）

答：公法线长度为 64.876 mm。（1 分）

16. 解：因为跨齿数 $k=2$

则 $W=m\cos\alpha[(k-0.5)\pi+Z\mathrm{inv}\alpha]+2xm\sin\alpha$（5 分）

$=2\times0.94\times[(2-0.5)\times3.14+14\times0.014]+2\times0.22\times2\times0.342$

$=9.524$ (mm)（4 分）

答：公法线长度为 9.524 mm。（1 分）

17. 解：端面模数 $m_t=m_n/\cos\beta$（2 分）

$=3/0.98=3.061$ (mm)（2 分）

分度圆直径 $d=Zm_n/\cos\beta$（2 分）

$=20\times3.061=61.22$ (mm)（2 分）

答：端面模数为 3.061 mm，分度圆直径为 61.22 mm。（2 分）

18. 解：齿顶圆直径 $d_a=Zm_n/\cos\beta+2m$（2 分）

$=20\times3/0.98+2\times3$

$=67.22$ (mm)（2 分）

全齿高 $h=2.25\ m_n$（2 分）

$=2.25\times3=6.75$ (mm)（2 分）

答：齿顶圆直径为 67.22 mm，全齿高为 6.75 mm。（2 分）

19. 解：端面模数 $m_t=m_n/\cos\beta$（2 分）

$=2/\cos10°30'=2.034$ (mm)（2 分）

公法线长度 $W=m_n\cos\alpha_n[(k-0.5)\pi+Z_v\mathrm{inv}\alpha_n]+2xm_n\sin\alpha_n$（2 分）

$=2\times\cos20°[(2-0.5)\pi+13\mathrm{inv}20°]+2\times0.571\times2\sin20°$

$=9.978$ (mm)（2 分）

答：端面模数为 2.034 mm，公法线长度为 9.978 mm。（2 分）

20. 解：公法线长度

$W=m_n\cos\alpha_n[(k-0.5)\pi+Z_v\mathrm{inv}\alpha_n]+2xm_n\sin\alpha_n$（5 分）

$=3\times0.94\times[(2-0.5)\times3.14+12\times0.014]+2\times0.22\times3\times0.342$

$=14.207$ (mm)（4 分）

答：公法线长度为 14.207 mm。（1 分）

21. 解：当量齿数 $Z_v=Z/\cos^3\beta$（1 分）

$=20/0.941=21.2$（1 分）

取 $Z_v=21$（1 分）

跨齿数 $k=Z_v\alpha_n/180°+0.5$（1 分）

$=20°\times21/180°+0.5$

$=2.83$（1 分）

取 $k=3$ (1 分)

则公法线长度 $W=m_n\cos\alpha_n[(k-0.5)\pi+Z_v\mathrm{inv}\alpha_n]$ (2 分)

$=3\times0.94\times[(3-0.5)\times3.14+21\times0.014]$

$=22.966$ (mm) (1 分)

答:公法线长度为 22.966 mm。(1 分)

22. 解:公法线长度 $W=m_n\cos\alpha_n[(k-0.5)\pi+Z_v\mathrm{inv}\alpha_n]$ (5 分)

$=12\times\cos20°\times[(11-0.5)\times3.14+97\times0.0149]$

$=388.078$ (mm) (4 分)

答:公法线长度为 388.078 mm。(1 分)

23. 解:$\tan\delta_2=Z_2/Z_1$ (2 分)

$=60/20=3$ (2 分)

所以 $\delta_2=71°34'$ (2 分)

所以 $\delta_1=90°-s_2$ (2 分)

$=90°-71°34'=18°26'$ (1 分)

答:大轮分锥角为 71°34′,小轮分锥角为 18°26′。(1 分)

24. 解:$\tan\delta_2=Z_2/Z_1$ (2 分)

$=40/20=2$ (2 分)

所以 $\delta_2=63°26'$ (2 分)

则 $\delta_1=90°-s_2$ (2 分)

$=90°-63°26'=26°34'$ (1 分)

答:大轮分锥角为 63°26′,小轮分锥角为 26°34′。(1 分)

25. 解:齿全高 $h=h_a^*m+h_f^*m$ (2 分)

$=5\times(1.1+0.8)=9.5$ (mm) (1 分)

分度圆直径 $d=mZ$ (1 分)

$=5\times20=100$ (mm) (1 分)

齿顶圆直径 $d_a=d'+2h_a^*\cos\delta'$ (1 分)

$=100+2\times0.8\times5\times\cos61°11'$

$=103.86$ (mm) (1 分)

齿根圆直径 $d_f=d'-2h_f^*\cos\delta'$ (1 分)

$=100-2\times1.1\times5\times\cos61°11'$

$=94.7$ (mm) (1 分)

答:齿全高为 9.5 mm,分度圆直径为 100 mm,齿顶圆直径为 103.86 mm,齿根圆直径为 94.7 mm。(1 分)

26. 解:挂轮比为

$Z/(75\sin\phi)$ (5 分)

$=38/(75\times0.613)=0.826\,536$ (4 分)

答:挂轮比为 0.826 536。(1 分)

27. 解:大端分度圆直径 $d=mZ$ (2 分)

$=4\times60=240$ mm (2 分)

大端分度圆齿厚 $s=\pi m/2$ (2 分)

$=4\times 3.14/2=6.283$ (mm) (2 分)

答:大端分度圆直径为 240 mm,大端分度圆齿厚为 6.283 mm。(2 分)

28. 解:大端分度圆直径 $d_1=mZ_1$ (2 分)

$=4\times 20=80$ (mm) (1 分)

$d_2=mZ_2$ (2 分)

$=4\times 60=240$ (mm) (1 分)

大端分度圆齿厚 $s_2=s_1=\pi m/2$ (2 分)

$=4\times 3.14/2=6.283$ (mm) (1 分)

答:大轮大端分度圆直径为 240 mm,小轮大端分度圆直径为 80mm,大端分度圆齿厚为 6.283 mm。(1 分)

29. 解:分锥角 $\delta_1=\arctan(Z_1/Z_2)$ (2 分)

$=\arctan(20/100)=11°19'$ (2 分)

$\delta_2=\arctan(Z_2/Z_1)$ (2 分)

$=\arctan(100/20)=78°41'$ (2 分)

答:大轮分锥角为 78°41′,小轮分锥角为 11°19′。(2 分)

30. 解: $\phi 20^{+0.045}_{+0.025}$

(1)最大极限尺寸:20+(+0.045)=20.045 (2 分)

(2)最小极限尺寸:20+(+0.025)=20.025 (2 分)

(3)公差:20.045−20.025=0.02 (1 分)

$\phi 20^{+0.03}_{+0.06}$

(1)最大极限尺寸:20+(−0.03)=19.97 (2 分)

(2)最小极限尺寸:20+(−0.06)=19.94 (2 分)

(3)公差:19.97−19.94=0.03 (1 分)

31. 解:$a_p=1.46(W_1-W)$ (5 分)

$=1.46\times(71.36-69.24)=3.095$ (4 分)

答:第二次的切削深度是 3.095 mm。(1 分)

32. 解:$h_a=h_a^*\times m$ (2 分)

$=1\times 3=3$ (mm) (1 分)

$h'=2m$ (2 分)

$=2\times 3=6$ mm (1 分)

$C=C^*\times m$ (2 分)

$=0.25\times 3=0.75$ (mm) (1 分)

答:其齿顶高 $h_a=3$ mm、工作齿高 $h'=6$ mm、径向间隙 $C=0.75$ mm。(1 分)

33. 解:$d_a=3\times(24+2\times 1)=78$ (mm) (3 分)

$d=3\times 24=72$ (mm) (2 分)

$d_f=3\times[24-2\times(1+0.25)]=64.5$ (mm) (3 分)

答:齿轮的齿顶圆直径 $d_a=78$ mm,分度圆直径 $d=72$ mm,齿根圆直径 $d_f=64.5$ mm(2 分)

34. 解:$h=h_a+h_f(2h_a^*+C^*)m$ (5 分)

$=(2\times1+0.25)\times2.5=5.625$ (mm) (4 分)

答:这个齿轮的齿全高 h 为 5.625 mm。(1 分)

35. 解:$d=\frac{Zm_n}{\cos\beta}$ (2 分)

$=\frac{Zm_n}{0.977}=322.42$ (mm) (1 分)

$h_a=h_{an}^*\times m_n$ (2 分)

$=1\times7=7$ (mm) (1 分)

$d_a=d+2h_a$ (2 分)

$=334.42$ (mm) (1 分)

答:该齿轮的齿顶圆直径 $d_a=334.42$ mm,齿顶高 $h_a=7$ mm,分度圆直径 $d=322.42$ mm。(1 分)

制齿工(高级工)习题

一、填 空 题

1. 基轴制是指基本偏差为一定的轴的公差带与不同基本偏差的孔的公差带形成各种(　　)的一种制度。

2. 加工表面上具有较小间距和峰谷所组成的微观(　　)称为表面粗糙度。

3. 配合公差,对间隙配合等于最大间隙与最小间隙之代数差的绝对值;对(　　)等于最小过盈与最大过盈之代数差的绝对值;对过渡配合等于最大间隙与最大过盈之代数差的绝对值。

4. 形位公差框格内加注 M 时,表明该要素遵守(　　)原则。

5. 齿轮用材料以(　　)为主,其次是铸铁、铜合金及其他各种特殊材料。

6. 对齿轮毛坯进行预备热处理的目的,是为了改善加工性能,消除(　　)以及为最终热处理作好材料组织上的准备。

7. 齿轮材料为 38CrMoAL 时,一般热处理要求是先进行(　　),硬度为 HB240～320,再对齿面进行氮化,氮化层深 0.1～0.3,氮化后硬度要求 HV≥850。

8. 两种或两种以上金属、金属与非金属元素构成的具有金属特性的物质叫(　　)。

9. 任意一个有齿的机械元件,当它能利用它的齿与另一有齿元件连续啮合,从而将运动传递给后者,或从后者接受运动时,就称为(　　)。

10. 角度变位齿轮传动中,啮合中心距大于标准中心距传动称为(　　);啮合中心距小于标准中心距传动称为负变位齿轮传动。

11. 直锥齿轮一般是用来传递两相交轴之间的旋转运动,而且两直锥齿轮的轴交角 Σ 有三种情况,$\Sigma=90°$、(　　)、$\Sigma>90°$。

12. 切制齿轮时,切齿刀具相对于切制标准齿轮的(　　),移开或移近齿坯一个距离,这样切制的齿轮,叫作变位齿轮。

13. 插齿机是用于加工外齿轮、(　　)、双联和多联齿轮,人字齿轮等。

14. 加工齿轮轮齿表面的机床,称为(　　)机床。

15. 同种类型的机床由于型号不一样,机床的(　　)、功率不一样,因此,加工同一种齿轮选用的切削用量就不一样。

16. 刀具按切削部分的材料可分为高速钢和(　　)刀具;按结构可分为整体的、镶齿的刀具等等。

17. 刀具是由工作部分和夹持部分组成。大多数的刀具,工作部分又分(　　)和校准部分。

18. 液压传动是由液压泵将电动机的机械能转变为液压能;液压缸和活塞又将液压能转变为带动工作机构的(　　)。

19. 齿轮加工中使用的量具有标准量具、(　　)量具、万能量具。

20. 要保持量具的精度和它工作的可靠性,除了合理的使用外还必须做好量具的(　　)。

21. 正弦规是利用(　　)测量角度的一种精密量具。

22. 电动机按其使用的电流性质可分为(　　)和直流电动机两大类。

23. 计算机由四个主要部分组成,即(　　)、键盘、显示器和打印机。

24. U盘主要目的是用来(　　)数据资料的。

25. Windows一次可运行多个程序,执行多项任务。各程序和各任务之间既很容易地进行转换,又能很方便地(　　)。

26. 用导线把电源和负载连接起来,构成可以导电的回路称为(　　)。

27. 电流通过人体就会触电,通过人体的安全交流电为(　　　　),安全直流电为0.05 A,超过此值,就会导致死亡。

28. 熔断器即保险丝是一种最简单的自动保险装置,当设备正常运转时熔断器可使负载电流自由地通过;而当电流超过(　　)时,它就受热而熔断,保护了线路和用电设备免受大电流的损坏。

29. 制齿工在作业过程中,应当严格遵守本单位的(　　)和操作规程,服从管理,正确佩戴和使用劳动防护用品。

30. 环境问题是指由于自然或(　　)使环境发生变化,从而带来不利于人类的结果。

31. 工厂的质量方针目标管理,就是充分开发职工群众的智慧和才干,发挥企业(　　)的协调效能,科学地制订和有组织地实施企业的经营方针和目标及进行计划、实施、检查、评价的管理活动。

32. 操作工人应学习了解质量管理的基本知识,掌握(　　)常用的统计方法和图表,自觉地贯彻、执行质量责任制和质量管理点的管理制度。

33. 工艺过程是指改变生产对象的形状、尺寸、(　　)和性质等,使其成为成品和半成品的过程。

34. 在加工过程中,设置建立质量管理点,加强工序管理,是企业建立生产现场(　　)的基础环节。

35. 用人单位必须为劳动者提供符合国家规定的劳动安全卫生条件和必要的劳动(　　),对从事有职业危害作业的劳动者应当进行健康检查。

36. 中华人民共和国劳动法是(　　)第八届全国人民代表大会常务委员会第八次会议通过。

37. 订立和变更劳动合同,应当遵循平等自愿,协商一致的原则,不得违反(　　),行政法规的规定。

38. 劳动合同是(　　)与用人单位确立劳动关系,明确双方权利和义务的协议。

39. 劳动合同当事人可以在劳动合同中约定保守用人单位商业(　　)的有关事项。

40. 钢在正常淬火条件下,以超过临界冷却速度所形成马氏体组织能够达到的最高硬度称为(　　)。

41. 在机床液压传动中,油液是(　　)的工作介质,因此油液的性能会直接影响刀液压传动的工作。

42. 金属材料的性能主要可分为使用性能和(　　)性能两个方面。

43. 金属的使用性能常包括物理性能、化学性能和(　　)。

44. 液体传动中,受压液体流动时,既有(　　)能又具有动能。

45. 在液压传动中,有两个基本参数,即压力和(　　)。

46. 国家标准规定图样中书写的字体必须做到:字体工整、(　　)、间隔均匀、排列整齐。

47. 在形状位置公差中,构成零件几何特征的点、线和面统称为(　　)。

48. 渐开线齿轮在传动过程中,各对轮齿的接触点,一定落在与两齿轮的基圆相切的内公切线上,这条内公切线称为(　　)。

49. 齿轮啮合时,同时接触的轮齿的对数叫作(　　)。

50. 斜齿轮圆柱齿轮系指齿线为螺旋线的圆柱齿轮,所指齿向误差就是指它的(　　)误差。

51. 一对直齿锥齿轮,当轴线交角 $\Sigma=90°$时,它们的分度圆锥角 $\delta_1=\arctan(Z_1/Z_2)$,$\delta_2=$(　　)。

52. 根据渐开线啮合原理,一对互相啮合的齿轮其轮齿只有在(　　)上才能互相接触。

53. 在端截面上,除齿顶倒棱部分外,齿形工作部分内,包容实际齿形且距离为最小的两条(　　)间的法向距离。称为齿形误差,用代号 Δf_f 表示。

54. 齿向误差是指在分度圆柱面上,齿宽(　　)范围内(端部倒角部分除外),包容实际齿线且距离为最小的两条设计齿线之间的端面距离。

55. 影响齿轮噪声的基本因素是:齿轮的设计参数,齿轮的(　　),齿轮的装配精度,齿轮的工作条件。

56. GB 10095—88 标准规定了(　　)及其齿轮副的误差定义、代号、精度等级、齿坯要求、齿轮及其齿轮副的检验与公差,侧隙和图样标注。

57. 滚齿机主要由床身、床柱、刀架、速度和分齿挂轮箱、(　　)、进给挂轮箱等组成。

58. 滚齿机的差动机构是把分齿的展成运动和工件附加的差动运动合成工作台的一个(　　)。

59. 加工工艺过程卡片主要表明零件加工过程中每道工序的名称及其可采用的(　　)、工装和工具等。

60. 检验和测量零件和产品的几何形状参数的工具总称为(　　)。

61. 百分表的结构原理是被测尺寸引起测杆微小直线移动,经过(　　)放大传动变为指针在刻度盘上的转动。

62. 在机械制造中,长度标准常以块规作标准的。块规可以作量仪和量具的(　　)之用,也可用于机械加工中的精密划线和精密机床调整。

63. 圆锥量规是按照圆锥配合件的要求,设计、制造的标准圆锥实体。通过量规圆锥表面与对应制件圆锥表面的接触,借助显示剂和轴向位置标志,实现对圆锥配合件的(　　)和圆锥直径的检验。

64. 工艺试验是指为考查(　　)、工艺参数的可行性或材料的可行性等而进行的试验。

65. 工艺验证是指通过试生产,检验工艺设计的(　　)性。

66. 在平面上,一条动直线(发生线)沿着一个固定的圆(基圆)作纯滚动,此动直线上一点的轨迹称为圆的(　　)。

67. 在齿轮零件图上应标注齿轮的精度等级和(　　)极限偏差的字母代号。

68. 正变位齿轮,齿顶圆直径和齿根圆直径增大,分度圆(　　)也增大,轮齿的强度增大。

69. 已知一标准圆柱直齿轮 $m=7$,$Z=30$,$h_a^*=1$,$c^*=0.25$,$h_a=7$,$h_f=8.75$,则齿全高 $h=$(　　)。

70. 已知一标准圆柱斜齿轮,$m_n=7$,$Z=30$,$h_a^*=1$,$c^*=0.25$,$h_a=7$,$h_f=8.75$,则该斜齿轮的齿全高 $h=$(　　)。

71. (　　)液压泵大多用于高压系统。

72. 螺旋锥齿轮的螺旋方向可以这样来判断,面对锥顶,若轮齿沿着逆时针方向从小端走向大端的则为(　　)。

73. 加工工序卡片是用来详细说明(　　)卡片内的工序内容,并代替产品图,是指导工人操作的工艺文件。

74. 在直齿锥齿轮上,其背锥齿廓与(　　)相交的交点上的压力角,称为压力角。

75. (　　)上的齿线是圆弧的锥齿轮叫弧齿锥齿轮。

76. 编写工艺文件前,必须认真分析零件图样,要分析零件的(　　)和零件的主要技术要求。

77. 齿轮加工工艺过程的制定应根据该齿轮图样的(　　)和齿轮图样上要求的齿轮精度以及生产量而定。

78. 由于粗切齿工序有较大的误差,热处理变形也会造成误差,所以为了在磨齿时能把齿面全部磨光,必须有适当的(　　)。

79. YS2250 型机床中常用的切齿方法有多种,而切齿方法的选择,决定于(　　)、生产量、生产率以及产品质量要求。

80. 加工弧齿锥齿轮时,材料不同,采用同样的切齿和热处理的方法时,其热处理后的接触变化规律,一般也是不相同的。因此,改变材料时,必须进行(　　)工艺试验后,才可以成批投入生产。

81. 弧齿锥齿轮热处理淬火有变形,为了提高齿面(　　),淬火后多采用齿轮研齿或磨齿的方法。

82. 齿轮夹具的作用是保证加工的质量,提高(　　)。

83. 齿轮夹具可分为(　　)夹具,专用夹具,组合夹具。

84. 用以装夹工件(和引导刀具)的装置称为(　　)。

85. 六点定位原理是指用适当分布的六个定位(支承)点限制工件的(　　),使工件在夹具中的位置完全确定。

86. 设计图样上所采用的基准,称为(　　)。

87. 工件按六个支承点来定位,限制了六个自由度,叫(　　)。

88. 正确的设计和选择夹紧机构,对保证工件的加工质量、安全生产、减轻操作者劳动强度和(　　)等方面都起着重要的作用。

89. 夹紧零件的夹紧力的方向,应不破坏工件定位的准确性,使夹紧力的方向对正定位元件,而且尽可能使(　　)的方向垂直于主要定位基准。

90. 夹紧元件用来夹紧已定位好的工件,并保证工件在夹紧后的(　　),不受切削力作用的影响。

91. 在工艺过程中所采用的基准,称为( )。

92. 工艺基准按照用途不同,它又可分为( )、工序基准、测量基准和装配基准四种。

93. 工件定位应满足工件在机床上必须占据某一正确位置,对( )必须有一确定的位置。

94. 用来保证工件在夹具中具有确定位置所必须的元件是( )。

95. 工件在夹具中定位时,因为( )的精度、工件基准面的精度以及接触面的清洁度而产生的误差,称为工件的定位误差。

96. 齿轮滚刀按用途的不同可分为( ),粗切滚刀、剃前滚刀、刮削滚刀和磨前滚刀等。

97. 制齿刀具的种类有:齿轮铣刀、插齿刀、( )、剃齿刀、锥齿轮刀具、磨齿刀具等。

98. 插齿刀种类有( )插齿刀、碗形插齿刀、筒形插齿刀及柄状插齿刀等四种。

99. 插齿刀的原始剖面的前端各剖面中变位系数为( ),在原始剖面的后端各剖面中,变位系数为负值。

100. 插削内齿轮时要安装插齿刀,必须注意选择插齿刀的( )和插齿刀行程长度及插齿刀切削深度。

101. 直齿锥齿轮刀具种类主要有盘形锥齿轮铣刀、指状锥齿轮铣刀、( )、双铣刀盘、拉铣刀盘等。

102. 为了切削各种尺寸范围的弧齿圆锥齿轮,有四种铣刀盘尺寸较小,刀体和刀头做成整体的,直径不能调整叫作整体铣刀盘,其余五种刀头是镶在刀体上的,直径可以调整,叫( )。

103. 从铣刀盘的( )看,如果刀盘旋转方向为顺时针的叫作左旋刀盘;如果刀盘旋转方向为逆时针的叫作右旋刀盘。

104. 铣刀盘的名义直径是指当刀盘工作时,以刀盘的轴线为中心而经过被加工齿轮( )的假设同心圆的直径。

105. 砂轮的硬度是指砂轮工作表面上的( )受外力作用时脱落的难易程度。

106. 磨齿刀具种类有:碟形砂轮、( )砂轮、蜗杆砂轮、成型砂轮及大平面砂轮等。

107. 在满足加工表面粗糙度要求的前提下,当磨削接触面积大时,磨削韧性大的金属和软金属制造的齿面时,应选择( )。

108. 齿轮加工切削用量的选择应根据工艺系统刚性、工件要求精度及齿面( )等因素综合考虑。

109. 滚切齿轮时,在其他条件相同的情况下,根据模数来决定走刀次数,模数( ),走刀次数越多。

110. 在滚齿机加工齿轮时,一般粗滚时,滚刀转速小,切削深度大,( )时,滚刀转速大,切削深度小。

111. 齿轮加工中机床计算较复杂,用手和计算器计算容易出错、费时间,因此编制了齿轮机床( )操作软件,计算简便、准确,省时,省人力。

112. 滚刀装好后,需要对中心,对中心的方法有:用( )对中心,用纸片对中心,用试切法对中心三种方法,对中心是要保持滚刀加工出来的牙齿两边齿形一样。

113. 变位齿轮与标准齿轮一样,可以用标准的齿轮刀具来进行加工,所不同的是加工时,刀具与( )的相对位置需要改变。

114. 滚刀在滚齿机刀架心轴上安装是否正确,可检查滚刀的两端凸台的(　　)和轴向窜动。

115. 圆弧齿锥齿轮加工在 Y225、Y228 机床上的切齿计算方法用得最普遍的是(　　)法和单号单面法。

116. 弧齿锥齿轮一般在切制过程中,是先将大轮(　　)好,然后用小轮去配大轮。

117. 用展成法加工直齿锥齿轮有以平面齿轮原理和以(　　)原理两种加工原理。

118. 用展成法加工圆锥直齿轮时,若刀具所构成的产形齿轮的分度面与被加工的圆锥齿轮的分度面相切,则加工出来的齿轮为(　　)。

119. 弧齿锥齿轮的加工原理是在切齿的过程中,假想有一个平顶齿轮与机床摇台同心,它通过机床摇台的转动而与(　　)作无隙的啮合。

120. 评定长度是指评定轮廓所必须的一段长度,它可包括一个或几个(　　)。

121. 齿圈径向跳动是指在齿轮一转范围内,测头在齿槽内于齿高中部双面接触,测头相对于齿轮轴线的最大(　　)。

122. 当顶圆不作测量齿厚的基准时,尺寸公差按 IT11 给定,但不大于(　　)。

123. 齿轮加工中常用的量具和量仪有:游标卡尺、百分表、(　　)、齿厚卡尺、基节仪、渐开线检查仪等。

124. 接触斑点是指安装好的齿轮副或被测齿轮与测量齿轮在轻微力的制动下运转后,齿面上得到的(　　)。

125. 检验机上一对齿轮相互位置的改变,会引起齿面接触区的相应地有规律的变化。这个变化规律,不但用于判断接触区的质量,而且为切齿机床的(　　)提供数据。

126. 公法线千分尺的构造基本上是与普通外径千分尺相同,只是增加了两个平行的(　　)。

127. 齿厚可直接用游标齿厚卡尺测量,也可用(　　)和公法线百分尺等间接测量。

128. 齿形误差的测量方法有展成法、坐标法、影像法、近似法、单啮法。以展成法作为工作原理的渐开线检查仪有单盘式渐开线检查仪,(　　),基圆补偿式渐开线检查仪。

129. 直齿锥齿轮的齿厚是指一个轮齿的两侧面之间的分度圆(　　)。

130. 对于直齿锥齿轮弦齿高是指(　　)齿轮上的弦齿高。

131. 齿面接触区的形状、大小和位置,对齿轮的平稳运转,使用寿命和噪声,有直接影响。所以,齿面接触区是衡量锥齿轮(　　)的重要标志之一。

132. 滚刀磨损,滚刀刃磨质量差,滚刀刀杆径向跳动大,滚刀未紧固产生振动,安装滚刀的托架未紧固好,滚刀本身径向跳动大等会引起齿表面(　　)差。

133. 在滚齿加工中,由于分齿挂轮计算错误或分齿挂轮(　　),因此在碰皮时发现齿轮轮齿与被加工齿轮齿数不一样或乱齿,应及时检查分齿挂轮挂的正确性,以免造成废品。

134. 在滚齿加工中引起(　　)超差或齿厚超差的原因主要是计算进给深度错误,多进或少进了深度。

135. 在滚齿加工中齿顶变瘦的原因是滚刀铲磨的齿形角较大,或刃磨滚刀产生较大的(　　),使齿形角变大。

136. 滚齿时轮齿的整个宽度是靠滚刀作垂直进给来形成的。如果滚齿机刀架导轨相对于工作台回转轴线不平行,就会使滚切出的轮齿倾斜,使被切齿轮产生(　　)。

137. 齿坯安装在夹具上时，由于夹具支承面和齿坯端面都有端面跳动，因此会使齿坯基准孔轴线对机床工作台回转轴线产生歪斜，在滚齿时将引起(　　)。

138. 夹具端面与芯轴轴心线不垂直所产生的(　　)引起齿轮的运动误差。

139. 弧齿锥齿轮的铣削原理有平面假想齿轮原理和平顶假想齿轮原理两种。从理论上分析，采用(　　)原理加工，存在一定的原始误差。

140. 产生齿距累积误差的原因有：工件安装不正，工件基准中心线相对工作台旋转中心线偏心以及机床分度(　　)精度不够。

141. 几何偏心是指齿坯安装误差引起齿轮基准轴线与机床工作台回转轴线不重合，因而产生齿轮(　　)增量，几何偏心可产生齿距累积误差。

142. 淬硬齿轮在磨削过程中，由于产生大量的磨削热，有时会使齿面表层发生不均匀的退火，表面产生变软现象，这就是(　　)。

143. 在同一金属零件的零件图中，剖面图、剖视图的剖面线应画成间隔相等、(　　)而且与水平线成45°的平行线。

144. 绘制机械图样时，应首先考虑看图方便，根据机件的结构特点，选用适当的(　　)。

145. 机械制图中尺寸数字不可被任何图线所通过，否则必须将其(　　)。

146. 螺纹的牙顶用(　　)表示，牙底用细实线表示。

147. 机械制图中的齿轮的齿根圆和齿根线用(　　)绘制，可省略不画，在剖视图中，齿根线用粗实线绘制。

148. 机械制图中矩形花键的内花键，在平行于花键轴线的投影面的剖视图中，大径用粗实线绘制，小径用(　　)绘制。

149. 渐开线的形状，仅取决于(　　)的大小。

150. 齿轮坯是指在轮齿加工前供制造齿轮用的工件，齿轮坯的尺寸偏差和(　　)都直接影响齿轮的加工、检验，以及轮齿接触和运行。

151. 利用伞齿刨加工齿轮时，调整完刨刀的冲程后，必须调整刨刀的(　　)，使齿大端及小端获得正确的冲出量。

152. 伞齿刨安装刨刀时应保证刀尖切削轨迹通过并垂直于摇台轴线，并与机床中心平面(　　)，即刀尖在与它轴心线垂直的平面内移动，而其的运动路线须同摇台的轴心线相交。

153. Y236刨齿机刨刀的高度规有两个，分上对刀规和下对刀规，用来检查刨齿刀刀尖的运动轨迹是否通过机床的(　　)。

154. Y236刨齿机加工齿轮时，被加工齿轮的轴心线与(　　)相交在一点上，这交点即是机床的中心。

155. 刨齿机上，粗切时可以沿齿高方向上切深0.05 mm的增量，其目的是为了提高(　　)及精切刀寿命。

156. 直锥齿轮齿面接触正确与否是通过齿向(　　)的形状、大小及位置来衡量的。

157. 滚齿时，为切出对称的渐开线齿形，必须使滚刀的一个齿或(　　)正确对准齿坯的中心，称为对中。

158. 人字齿轮可视为由两个螺旋角相同而旋向相反的(　　)组成。

159. 人字齿轮的制造原则是要优先保证齿轮的精度、人字齿轮(　　)、人字齿左右旋齿厚的一致性等。

160. 插内齿轮时,为了避免顶切现象,内齿轮与插齿刀齿数之差不宜少于(　　)。

161. 机床维修方式有:(　　)维修,改善维修和事后维修。

162. 开机前应按润滑规定加油、检查油标、油量是否正常,油路是否畅通,保持(　　)清洁,润滑良好。

163. 操作者应能听出和鉴别设备的正常和(　　)现象,并能判断出异常现象的部位,查找原因,并通知有关人员,共同检查,认真分析,及时排除故障。

164. 润滑的作用是:减少摩擦,减少(　　),降低温度,防止锈蚀,形成密封等。

165. 影响机床使用性能和寿命主要原因是运动件的磨损、金属被腐蚀、机床变形和(　　)引起的事故等。

166. 油芯润滑是利用(　　)原理,将油从油杯中吸起,借助其自重滴下,流到摩擦表面。

167. 机床的润滑方法分为分散润滑和(　　)两大类。

168. 机床的日常维护包括每班维护和(　　),由操作者负责进行。

169. 插齿机床的操作者应熟悉插齿机床的使用说明书,掌握插齿机床的试车、调整、操纵、维护及(　　)的常识。

170. 在对液压系统进行维修工作之前,所有液压储能器必须(　　)压力,打开所有截止阀。

171. 数控滚齿机的冷却润滑油应在润滑冷却泵(　　)时注入,否则冷却润滑油会从油箱溢出。

172. 在西门子系统数控齿轮加工机床上,输入的工作台转速(　　)了许用的转速时,机床将会紧急停机。在屏幕上将会显示“FOLLOWING　ERROR　TOO　HIGH”的信息。

173. 西门子系统数控齿轮加工机床上,如果在对话程序中出现一个或多个(　　)信息,则无法产生相应的 NC 滚齿程序。

174. 有的铣床是采用速度继电器进行反接制动,往往出现按下“停止”按钮时,主轴不能立即停止或产生反转现象。造成这种故障的原因是(　　)系统调整得不好或者失灵。

175. (　　)容易产生热量和噪声,多用于箱体的润滑。

176. 机床的(　　)是根据机床的实际技术状态,对状态劣化已达不到生产工艺要求的项目,按实际情况进行针对性的修理。

177. 滚齿机床两班制连续使用三个月,进行一次保养,保养时间为 4～8 小时,由操作者进行,维修人员协助,这种保养方法叫滚齿机床的(　　)。

178. 事后维修是机床发生故障或性能,精度降低到合格水平以下时所采取的(　　)修理。

179. 常用润滑脂具有对载荷性质、(　　)的变化等有较大的适应范围的特点。

180. 初次经过大修的机床,它的精度和性能应达到(　　)标准。

181. 滚齿机床的润滑对其精度和(　　)有很大影响,特别是一些关键部位,润滑不良会造成机床事故。

182. 滚齿机应当根据(　　),确定采用润滑油的牌号、加油处及加油量。

183. 滚齿机床的磁性过滤器是齿轮机床切削液的(　　)装置。

184. 润滑速度高时,采用(　　)的润滑油。

185. 机床变形主要由地基不好、安装不正确以及(　　)等因素引起。

二、单项选择题

1. 在选择配合种类时，应按照优先选用(　　)配合；其次选用常用配合，再次选用一般配合的顺序来选择。

(A)间隙　(B)过渡　(C)优先　(D)过盈

2. 位置公差中定向的分三种：平行度、垂直度、(　　)。

(A)角度　(B)同轴度　(C)位置度　(D)倾斜度

3. 取样长度是用以判别具有表面粗糙度特征的一段(　　)长度。

(A)直线　(B)标准线　(C)线段　(D)基准线

4. 最大极限尺寸减其基本尺寸所得的代数差叫(　　)。

(A)实际偏差　(B)上偏差　(C)下偏差　(D)公差

5. 轮廓算术平均偏差符号用(　　)表示。微观不平度十点高度符号用 Rz 表示。

(A)Ra　(B)Rx　(C)Ry　(D)RA

6. 内燃机车齿轮常用的调质钢有 38CrMoAl、42CrMo 等，(　　)钢有 20CrMnMo、12CrNi3 等。

(A)高频淬火　(B)中频淬火　(C)渗碳淬火　(D)套圈淬火

7. 齿坯粗加工后进行正火或调质处理，其目的是为了提高齿轮材料的切削性能，(　　)性能，削除内应力，改善金相组织。

(A)机械构造　(B)磨削　(C)综合机械　(D)加工

8. 当齿轮材料为 20CrMnTi 时，技术要求齿表面(　　)及回火处理，齿面硬度为 HRc58～62。

(A)调质、淬火　(B)渗碳、淬火　(C)正火处理　(D)高频淬火

9. 在内燃机车中，由于是重载高速齿轮，因此使用较多的材料有 42CrMo、(　　)、20CrMnTi 等。

(A)45　(B)42Cr　(C)20Cr　(D)20CrMnMo

10. 钢的淬透性是指钢淬火获得(　　)深度的能力。

(A)回火层　(B)淬硬层　(C)调质层　(D)渗碳层

11. 在滚齿时，42CrMo 材料经调质后，齿轮硬度高一些，(　　)，而 20CrMoTi 材料硬度低一些，切削性能好，因此加工 20CrMoTi 材料齿轮走刀量大一些，加工 42CrMo 材料齿轮的走刀量小一些。

(A)切削性能好　(B)切削性能差

(C)热处理性能好　(D)热处理性能差

12. 齿轮的热处理方法不同，如渗碳淬火，氮化、氰化、高频淬火等，变形也不一样。(　　)的齿轮比氮化的齿轮变形大，所以弧齿锥齿轮在加工工艺上也是不一样的。

(A)渗碳淬火　(B)氰化　(C)发蓝　(D)正火

13. 一对互相啮合的弧齿锥齿轮，螺旋方向应该(　　)，螺旋角的大小应该相等。

(A)同向　(B)相反　(C)相交　(D)以上三种均可

14. 直齿圆柱齿轮经过变位后，如果不改变机床的传动比，而改变(　　)和齿轮的相对位置，仍然可加工出变位齿轮，这可以改善啮合性质。

(A)齿轮 (B)工作齿条 (C)直齿轮 (D)斜齿轮

15. 正角度变位齿轮传动的两齿轮的分度圆(　　)。

(A)相离 (B)相切 (C)相割 (D)相交

16. 正角度变位齿轮传动与标准齿轮传动相比其啮合角(　　)。

(A)增大 (B)相同 (C)减小 (D)降低

17. 要保证一对变位直齿轮轮齿依次平稳啮合,该对齿轮必须(　　)。

(A)齿距相等 (B)基节相等 (C)模数相等 (D)齿数相等

18. 一对斜齿轮的正确啮合条件中,除模数和压力角相等外,还需要(　　)相等和方向相反。

(A)导程角 (B)螺旋角 (C)压力角 (D)齿根角

19. 机械的组成包括原动机、(　　)和控制系统。

(A)机械系统 (B)齿轮系统 (C)连杆系统 (D)机构系统

20. 齿轮副中的一个用于驱动其配对齿轮的齿轮称为(　　)。

(A)从动齿轮 (B)主动齿轮 (C)中间齿轮 (D)介轮

21. 变位齿轮传动,按其中心距改变与否,可分为高度变位齿轮传动和(　　)变位齿轮传动两大类。

(A)标准 (B)径向 (C)旋转 (D)角度

22. 当产形齿条的分度曲面与齿轮的分度曲面不相切的变位叫(　　)。

(A)切向变位 (B)标准变位 (C)轴向变位 (D)径向变位

23. 当把产形齿轮的分度面沿被加工齿轮的当量齿轮径向移开一段距离 X_m 时,则加工出来的齿轮为(　　)齿轮。

(A)轴向变位 (B)切向变位 (C)径向变位 (D)端面变位

24. 切削用量的正确选择,对保证(　　),提高生产率和降低刀具损耗都有较大意义。

(A)滚齿精度 (B)形位公差 (C)热处理 (D)加工精度

25. 一般情况下,粗加工时,切削速度小一些,(　　)一些,精加工时,为了提高粗糙度和精度,切削速度大一些,走刀量小一些。

(A)走刀量大 (B)切削深度大 (C)切削深度小 (D)走刀量小

26. 常用刀具的切削部分是高速钢,高速钢的特点是硬度高,热硬性和(　　)好,并具有较大的抗弯强度及冲击韧性。

(A)强度高 (B)耐高温 (C)耐热性 (D)耐磨性

27. 在编制齿轮加工工艺时,使用文字要正确,字迹应清晰、整齐。书写的汉字应采用国家正式公布推行的(　　)。

(A)一般字 (B)书写字 (C)字体 (D)简化字

28. 在切削过程中,切削液具有(　　)作用、润滑作用、清洗作用、防锈作用。

(A)光整 (B)降压 (C)冷却 (D)清洁

29. 液压传动可由动力部分、执行部分、(　　)部分、辅助部分等四个部分组成。

(A)控制 (B)动力 (C)油压 (D)油泵

30. 划针盘是用来(　　)或找正工件的位置。

(A)划线 (B)划图 (C)划圈 (D)测量

31. 锉刀分为普通锉刀、特种锉刀和整形锉刀三类。而普通锉刀按其截面形状又分为平锉、方锉、(　　)、半圆锉和圆锉。

(A)尖锉　(B)四角锉　(C)两角锉　(D)三角锉

32. 计算机的主机箱由(　　),存贮器,磁盘驱动器,输入输出接口及电源系统等组成。

(A)键盘　(B)中央处理器　(C)运算器　(D)鼠标

33. 行程开关是一种限位控制电器,其作用是将机械讯号转换成(　　)以控制运动部件的行程。

(A)光讯号　(B)电讯号　(C)声讯号　(D)机械讯号

34. Windows 允许同时运行于系统中的多个应用程序共享(　　),包括显示器、内存、键盘、鼠标和 CPU。

(A)软件资源　(B)硬件资源　(C)显示器　(D)磁盘

35. 导体内的带电质点在运动的过程中不断相互碰撞,并且还与导体中的分子相碰撞,因此,导体对于它所通过的电流产生一定的阻力,这种阻力称为(　　)。

(A)压力　(B)导体　(C)电流　(D)电阻

36. 额定电流是指(　　)在输出额定功率时的定子绕组允许通过的线电流。

(A)原动机　(B)电动机　(C)主动机　(D)被动机

37. 继电器是用来根据电路某些参数,如电流、电压、转速、时间和温度等的变化而动作的,并借以实现对电力拖动装置的(　　)、调节和保护。

(A)转动　(B)制止　(C)控制　(D)制动

38. 电气设备的安全保护装置主要有接地和(　　)两种。

(A)接木头　(B)接金属　(C)接零　(D)绝缘装置

39. 产品质量的指标可以用(　　)值来表示,而工作质量指标,则是以产品合格率、废品率、返修率等指标来表示。

(A)产品数　(B)质量特性　(C)质量合格　(D)质量管理

40. 质量特性一般分为(　　)特性、重要特性和一般特性。

(A)关键　(B)不关键　(C)较关键　(D)特关键

41. 国家提倡劳动者参加社会主义劳动,开展劳动竞赛和合理化建议活动,鼓励和保护劳动者进行科学研究,(　　)和发明创造,表彰和奖励劳动模范和先进工作者。

(A)理念更新　(B)思想革命　(C)技术革命　(D)合理化革命

42. 劳动者可以在元旦、春节、国际劳动节、国庆节,(　　)、法规规定的其他休假节日休假。

(A)法则　(B)法令　(C)法律　(D)法制

43. 劳动合同的期限分为有(　　)期限,无固定期限和以完成一定的工作为期限。

(A)固定　(B)有限　(C)无限　(D)不固定

44. 形位公差框格内加注 M 时,表明该要素遵守(　　)原则。

(A)最小实体　(B)最大实体　(C)相关　(D)包容

45. 材料强度指的是材料在外力作用抵抗(　　)而不破坏的能力。

(A)弹性变形　(B)脆性断裂　(C)塑性变形　(D)屈服变形

46. 改变生产对象的形状、(　　)、相对位置和性质等,使其成为成品和半成品的过程,称为工艺过程。

(A)距离　　(B)粗糙度　　(C)尺寸　　(D)热加工

47. 工艺系统是指在机械加工中由(　　)、刀具、夹具和工件所组成的统一体。

(A)工艺文件　　(B)机床

(C)量具　　(D)工艺文件、机床、量具

48. 生产过程是将原材料转变为(　　)的全过程。

(A)成品　　(B)半成品　　(C)部件　　(D)毛坯

49. 锥度量规是用于检验内外圆锥工件的(　　)和基面距偏差的。检验内锥孔的量规叫塞规,检验外锥体的的量规叫环规。

(A)锥度　　(B)倾斜度　　(C)角度　　(D)直线度

50. 使用正弦规时应注意:不能测量粗糙的工件,被测工件表面应在Ra0.63以上;不应在平板上来回拖动以免损坏圆柱面,降低精度;被测工件在正弦规上安装时,要(　　),才能保证测量准确。

(A)定位准确　　(B)测试准确　　(C)装夹准确　　(D)对准中心

51. 游标量具按用途可以分游标卡尺、深度卡尺。它们都是利用机械或游标(　　)制成的一种绝对测量量具。

(A)装置　　(B)读数装置　　(C)夹紧装置　　(D)定位装置

52. 百分表中,齿杆和齿轮A的齿距是0.625 mm,当齿杆上升16牙时,齿轮A转动一圈,同轴上的100齿大齿轮B也转一转。10齿小齿轮C连同长指针就转10转,当齿杆上升1 mm时,长指针就转一周。由于表面上刻有100格,所以长指针每转一格,就代表齿杆上升(　　)mm。

(A)0.02　　(B)0.01　　(C)0.015　　(D)0.005

53. 标准量具是指代表某一固定尺寸,用来进行(　　)或调整其他量具、量仪作为标准来与被测件进行比较的量具。

(A)比较　　(B)校对　　(C)对比　　(D)测量

54. 检验和测量零件和产品的几何形状参数的(　　)总称为量具。

(A)量仪　　(B)卡尺　　(C)卡具　　(D)工具

55. 在第一道工序中只能选择未经加工的毛坯面作基准,这种定位基准表面称为(　　)。

(A)已经加工基准　　(B)未经加工基准　　(C)粗基准　　(D)精基准

56. 零件的机械加工工艺过程是由一系列的(　　)所组合而成的,毛坯依次通过这些工序变成零件。

(A)工步　　(B)工序　　(C)产品　　(D)零件

57. 加工工艺规程的编制对(　　)的选择正确与否,对生产率的高低、质量的好坏都有很大的影响。

(A)加工工序　　(B)加工工艺　　(C)加工工步　　(D)工艺过程

58. 齿轮的加工精度是指齿轮加工后的实际形状、尺寸和表面(　　)与理想齿轮的符合程度。

(A)相关位置　　(B)相互位置　　(C)相同位置　　(D)不同位置

59. GB 10095.1—2008标准对单个渐开线圆柱齿轮规定了(　　)个精度等级,第0级的

精度最高。

(A)8 (B)10 (C)13 (D)14

60. 采用正变位齿轮，能使小齿轮齿根厚度( )，齿顶圆变大，使大小齿轮轮齿的弯曲强度大致相等。

(A)变大 (B)变小 (C)变化 (D)变度

61. 角度变位斜齿轮，节圆与分度圆( )，则啮合角不等于分度圆上的压力角。当正角度变位时，啮合角大于压力角，当负角度变位时，啮合角小于压力角。

(A)重合 (B)不重合 (C)相同 (D)相等

62. 齿圈径向跳动误差用符号( )表示，公法线长度公差用符号 F_w 表示，齿形公差用符号 f_f 表示。

(A)ΔF_r (B)F_r (C)Δf_r (D)F_p

63. 给出了形状或位置公差的点、线、面称为( )要素。

(A)理想 (B)被测 (C)基准 (D)测量

64. 在不致引起误解时，对于对称机械的视图可只画一半或四分之一，并在对称中心线的两端划出两条与其垂直的平行的( )。

(A)粗实线 (B)细实线 (C)点划线 (D)虚实线

65. 齿轮模数可视为一个轮齿在( )直径上所占的长度。

(A)节圆 (B)分度圆 (C)齿顶圆 (D)基圆

66. 在直齿轮图中，h_a^* 表示齿顶高系数，X 表示( )，W_k 表示公法线长度。

(A)齿侧变位系数 (B)轴向变位系数

(C)径向变位系数 (D)切向变位系数

67. 工序图中需要注明该工序有关( )、公差、粗糙度、技术条件以及定位、夹紧、形位公差等符号。

(A)符号 (B)标注 (C)尺寸 (D)位置

68. 斜齿轮中不同直径上的螺旋角是不同的，名义螺旋角是指( )的螺旋角，用 β 表示。

(A)齿顶圆 (B)齿根圆 (C)节圆 (D)分度圆

69. 外锥距(锥距)是指分锥顶点沿锥母线至( )的距离。

(A)顶锥 (B)根锥 (C)前锥 (D)背锥

70. 锥齿轮轴线与顶锥母线之间的夹角，称为顶圆锥角，也叫( )，轮齿位于顶锥角内。

(A)根锥角 (B)内锥角 (C)顶锥角 (D)节锥角

71. 对于直齿锥齿轮，分度圆弦齿高与齿顶高、分度圆齿厚、( )、节锥角有关。

(A)锥顶直径 (B)内锥直径 (C)顶圆直径 (D)分度圆直径

72. 平顶假想齿轮的顶锥角等于 90°，平面假想齿轮的( )等于 90°。

(A)内锥角 (B)根锥角 (C)分锥角 (D)背锥角

73. 切齿前的齿坯加工在整个齿轮中占有重要的地位。无论从保证齿轮( )还是提高生产率都必须十分重视齿坯的加工。

(A)生产程序 (B)加工质量 (C)工艺质量 (D)设计质量

74. 磨削余量的合理数值，应根据齿轮规格、结构形式和材料、齿坯精度、( )情况等

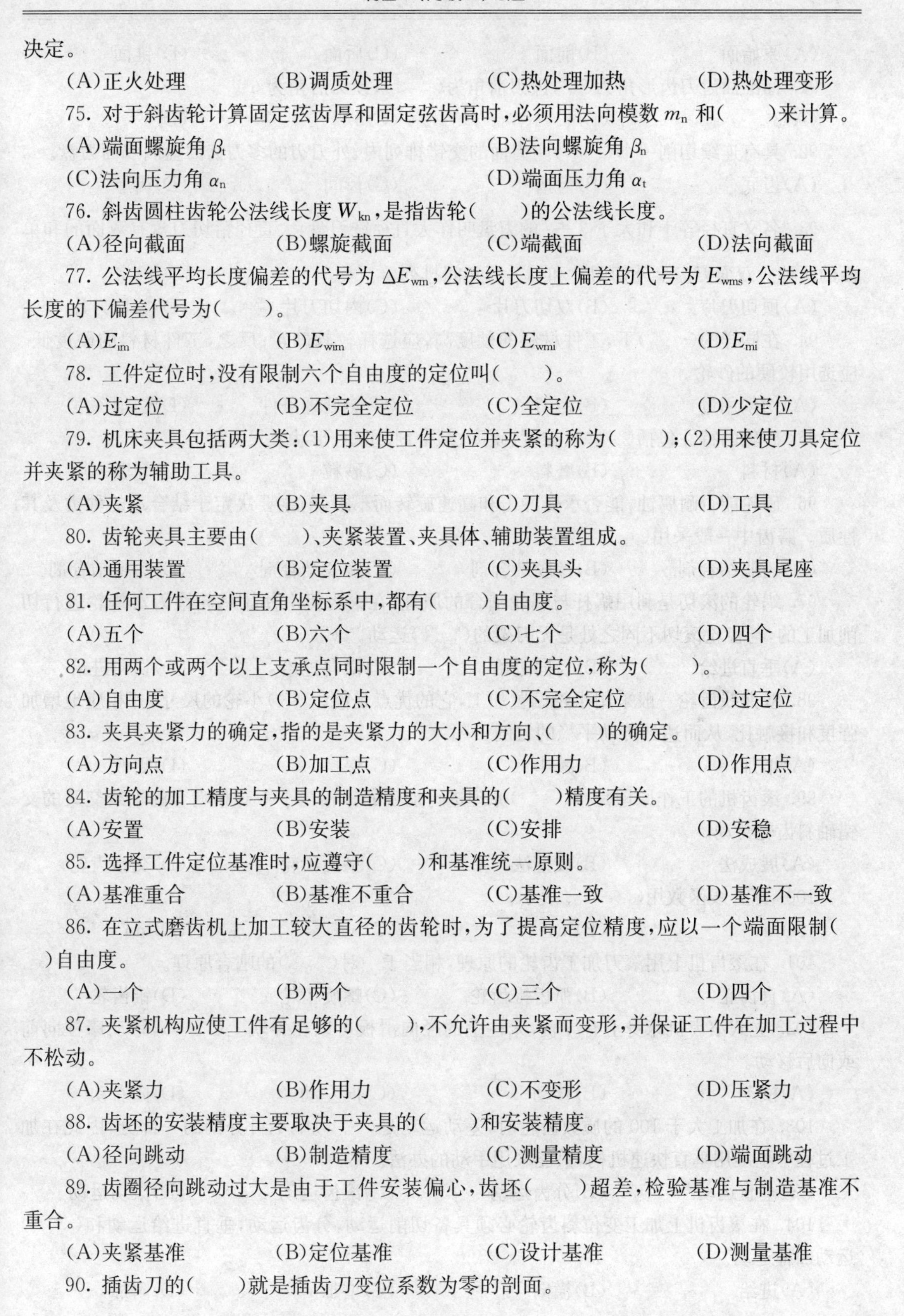

决定。

(A)正火处理　(B)调质处理　(C)热处理加热　(D)热处理变形

75. 对于斜齿轮计算固定弦齿厚和固定弦齿高时,必须用法向模数 m_n 和(　　)来计算。

(A)端面螺旋角 β_t　(B)法向螺旋角 β_n

(C)法向压力角 α_n　(D)端面压力角 α_t

76. 斜齿圆柱齿轮公法线长度 W_{kn},是指齿轮(　　)的公法线长度。

(A)径向截面　(B)螺旋截面　(C)端截面　(D)法向截面

77. 公法线平均长度偏差的代号为 ΔE_{wm},公法线长度上偏差的代号为 E_{wms},公法线平均长度的下偏差代号为(　　)。

(A)E_{im}　(B)E_{wim}　(C)E_{wmi}　(D)E_{mi}

78. 工件定位时,没有限制六个自由度的定位叫(　　)。

(A)过定位　(B)不完全定位　(C)全定位　(D)少定位

79. 机床夹具包括两大类:(1)用来使工件定位并夹紧的称为(　　);(2)用来使刀具定位并夹紧的称为辅助工具。

(A)夹紧　(B)夹具　(C)刀具　(D)工具

80. 齿轮夹具主要由(　　)、夹紧装置、夹具体、辅助装置组成。

(A)通用装置　(B)定位装置　(C)夹具头　(D)夹具尾座

81. 任何工件在空间直角坐标系中,都有(　　)自由度。

(A)五个　(B)六个　(C)七个　(D)四个

82. 用两个或两个以上支承点同时限制一个自由度的定位,称为(　　)。

(A)自由度　(B)定位点　(C)不完全定位　(D)过定位

83. 夹具夹紧力的确定,指的是夹紧力的大小和方向、(　　)的确定。

(A)方向点　(B)加工点　(C)作用力　(D)作用点

84. 齿轮的加工精度与夹具的制造精度和夹具的(　　)精度有关。

(A)安置　(B)安装　(C)安排　(D)安稳

85. 选择工件定位基准时,应遵守(　　)和基准统一原则。

(A)基准重合　(B)基准不重合　(C)基准一致　(D)基准不一致

86. 在立式磨齿机上加工较大直径的齿轮时,为了提高定位精度,应以一个端面限制(　　)自由度。

(A)一个　(B)两个　(C)三个　(D)四个

87. 夹紧机构应使工件有足够的(　　),不允许由夹紧而变形,并保证工件在加工过程中不松动。

(A)夹紧力　(B)作用力　(C)不变形　(D)压紧力

88. 齿坯的安装精度主要取决于夹具的(　　)和安装精度。

(A)径向跳动　(B)制造精度　(C)测量精度　(D)端面跳动

89. 齿圈径向跳动过大是由于工件安装偏心,齿坯(　　)超差,检验基准与制造基准不重合。

(A)夹紧基准　(B)定位基准　(C)设计基准　(D)测量基准

90. 插齿刀的(　　)就是插齿刀变位系数为零的剖面。

(A)原始面　(B)前面　(C)后面　(D)锥面

91. 标准插齿刀齿形角为20°，齿刃前角为(　　)，顶刃后角为6°。

(A)3°　(B)4°　(C)5°　(D)6°

92. 具有连续切削一个(　　)两齿面的交错排列内、外刀刃的多刀齿刀盘叫双面刀盘。

(A)齿底　(B)齿槽　(C)齿间　(D)齿厚

93. 名义直径等于和大于$3\frac{1}{2}$″的刀盘叫作大直径铣刀盘，大直径精切刀盘有双面的和单面的两种。双面刀盘上外切刀片和(　　)相间排列着。

(A)顶切刀片　(B)双切刀片　(C)内切刀片　(D)单切刀片

94. 在同样的(　　)下，工件材料的硬度高，应选择较软砂轮；反之，工件材料的硬度低，应选用较硬的砂轮。

(A)切削用量　(B)走刀量　(C)热处理条件　(D)切削深度

95. 砂轮的特性包括(　　)、粒度、硬度、结合剂、组织、形状及尺寸等。

(A)材料　(B)磨料　(C)砂粒　(D)强度

96. 砂轮能否耐腐蚀，能否承受冲击和高速旋转而不裂开，主要决定于结合剂的种类及其性质。磨齿中一般采用(　　)砂轮。

(A)树脂结合剂　(B)橡胶结合剂　(C)陶瓷结合剂　(D)塑料结合剂

97. 蜗轮的滚切是利用蜗杆与蜗轮啮合的原理，在滚齿机上使用蜗轮滚刀对蜗轮进行切削加工的，与齿轮滚切不同之处是无刀架的(　　)运动。

(A)垂直进给　(B)径向进给　(C)横向进给　(D)切向进给

98. 双曲线齿轮一般采用小轮偏置加工，它的优点是能(　　)小轮的尺寸，并相应地增加强度和接触比，从而达到传动平稳的目的。

(A)增加　(B)减小　(C)保持　(D)更改

99. 滚齿机的工作原理是按(　　)原理进行加工的。相当于一对相啮合的轴线交叉的交错轴斜齿轮传动。

(A)展成法　(B)成型法　(C)平面齿轮　(D)交错齿轮

100. 渐开线函数用(　　)α_x 表示。

(A)niv　(B)inv　(C)ivn　(D)vin

101. 在滚齿机上用滚刀加工齿轮的原理，相当于一对(　　)的啮合原理。

(A)直齿轮　(B)弧齿锥齿轮　(C)螺旋齿轮　(D)锥齿轮

102. 立式滚齿机床身上有导轨，床柱上的径向滑板可以在导轨上(　　)，带动床柱向前或向后移动。

(A)横动　(B)移动　(C)向左动　(D)向右动

103. 在加工大于100的质数齿轮时，差动运动是(　　)中不可分割的一部分，因此在加工过程中不准用垂直快速机构，只能采用手动的办法。

(A)垂直运动　(B)分齿运动　(C)滚齿运动　(D)滚切运动

104. 在滚齿机上加工变位斜齿轮必须具备切削运动，分齿运动，垂直进给运动和(　　)运动四种运动。

(A)进给　(B)横向　(C)增加　(D)附加

105. 在滚齿机上,滚刀轴线扳转角度的方向,应根据工件的(　　)方向而定。

(A)螺旋　(B)左螺旋　(C)右螺旋　(D)旋转

106. 滚切大质数斜齿轮时,应将斜齿轮和质数齿轮的两种附加转动叠加在一起,这两个附加转动的叠加是通过(　　)来实现的。

(A)分齿机构　(B)进给机构　(C)垂直走刀　(D)差动机构

107. 在计算和加工时对"大齿轮"与"小齿轮"应有严格的区分,小齿轮为二啮合齿轮中较小的一个齿轮;若两个啮合齿轮的齿数相同时,应预先确定其中一个为小齿轮,另一个为大齿轮。因大小齿轮的加工(　　)与齿形是不一样的。

(A)齿高　(B)齿距　(C)顺序　(D)方法

108. 滚齿时滚刀的旋转方向与(　　)方向相反,称为顺铣。顺铣时切屑的厚度从大到零,可以提高刀具的耐用度和被加工齿表面的粗糙度。

(A)径向进给　(B)垂直进给　(C)切向进给　(D)横向进给

109. 在滚齿加工过程中,刀具磨损,公法线长度变大,齿厚变大。在这种情况下,应根据刀具磨损情况,补充(　　)或刃磨刀具,重新上刀。

(A)切削长度　(B)切削行程　(C)垂直进给　(D)进给深度

110. 平顶齿轮原理加工锥齿轮,就是在切齿过程中,假想有一个平顶齿轮与(　　)同心,它随机床摇台转动而与被切齿轮无间隙啮合。

(A)机床工作台　(B)机床摇台　(C)工件中心　(D)刀具中心

111. 在 YS2250 机床上加工弧齿锥齿轮的假想平顶齿轮的轮齿表面,是由安装在机床摇台上的铣刀盘刀片(　　)相对于摇台运动的轨迹表面所代替。

(A)中心　(B)切削刃　(C)运动　(D)表面

112. 弧齿锥齿轮的切齿方法很多,粗切齿多数是用双面刀盘同时切齿槽的两侧齿面。精切齿常用三种方法,即(　　)、双面切削法和双重双面法。

(A)双侧切削法　(B)单面切削法　(C)单刀切削法　(D)双刀切削法

113. 弧齿锥齿轮的螺旋角是指(　　)处齿线的切线与分锥母线之间所夹的锐角。

(A)齿宽大端　(B)齿宽中点　(C)齿宽小端　(D)齿宽内端

114. 单面外切刀铣刀盘用于精切小轮凹面,单面内切铣刀盘用于(　　)。

(A)粗切大轮凹面　(B)粗切小轮凹面

(C)精切大轮凸面　(D)精切小轮凸面

115. YS2250 型弧齿轮铣齿机的主要运动有铣刀盘的旋转运动、进给运动、分齿运动、滚切运动、(　　)、滚切变性运动。

(A)移动运动　(B)跳齿运动　(C)摇台摆角　(D)附加运动

116. 固定安装法在切制大轮时,齿槽的(　　)是用一个刀盘同时精切成的,采用双面刀盘加工。

(A)单侧面　(B)两侧面　(C)底面　(D)顶面

117. 加工弧齿锥齿轮时,接触斑点位于齿长方向的大端或小端,是由于螺旋角的误差造成的,一般用改变(　　)的办法来改变轮齿的螺旋角,以达到要求的接触区。

(A)压力角　(B)螺旋角　(C)摇台角　(D)刀位

118. 一般情况下,磨齿机的砂轮圆周速度为(　　)主要是受到砂轮强度的限制和机床的限制。

(A)25 米/秒　(B)30 米/秒　(C)35 米/秒　(D)40 米/秒

119. 用锥面砂轮磨渐开线齿面，是按齿轮和齿条啮合的原理进行的，砂轮相当于(　　)的一个齿。

(A)固定齿条　(B)变位齿条　(C)假想齿条　(D)标准齿条

120. 在机床上测量齿轮公法线或齿厚时，一定要使齿轮完全(　　)后再进行，以免磨损或损坏量具。

(A)运转　(B)停稳　(C)开车　(D)转动

121. 公法线平均长度可以评定齿轮的两个精度指标，即(　　)和齿轮侧隙。所以公法线平均长度的测量在齿轮中应用很普遍，而且很重要。

(A)平稳性精度　(B)运动精度　(C)接触精度　(D)齿向精度

122. 对于外齿轮，相隔若干个齿的两外侧齿面各与两(　　)之中的一个平面相切，此两平行平面之间的垂直距离就称为该齿轮的公法线长度。

(A)平行平面　(B)垂直平面　(C)垂直距离　(D)平行距离

123. 渐开线齿轮的一个齿和基本齿条的两个齿对称接触时，分布于该齿轮轮齿两侧齿面上的那两条(　　)之间的最短距离，称为固定弦齿厚。

(A)相交线　(B)对称线　(C)接触线　(D)相切线

124. 在滚动检验机上调整安装距的方法有两种，即采用块规测量法和(　　)测量法。

(A)刀具心轴　(B)床头箱　(C)专用心轴　(D)工件心轴

125. 公法线千分尺上附有保持(　　)的机构，这样不但能保持一定的测力，并且还可以保护微动螺旋副，避免因过大的测力而遭到损伤，影响读数的准确性。

(A)测力变动　(B)测力恒定　(C)精度恒定　(D)精度变动

126. 选用合适直径的钢球或圆棒置于齿轮直径两端的齿槽内，量出(　　)的值，根据其公称值的偏差，算出齿厚偏差，这是一种比较精确的测量齿厚的方法。

(A)齿厚　(B)跨齿距　(C)跨棒距　(D)公法线

127. 用游标齿厚卡尺测量齿轮的固定弦齿厚与固定弦齿高，方法简便，计算数值只与模数、(　　)有关。

(A)螺旋角　(B)齿顶角　(C)节圆压力角　(D)分度圆压力角

128. 基节偏差的测量仪器常用(　　)和万能测齿仪。

(A)手提式基节仪　(B)机械式基节仪

(C)旋转式基节仪　(D)垂直基节仪

129. 在实际齿形测量中，一般以展开长度或展开角测量。起测展开长度的确定按与(　　)相啮合时的工作圆确定或按与齿条相啮合时的工作圆确定。

(A)标准齿轮　(B)配对齿轮　(C)变位齿轮　(D)渐开线齿轮

130. 根据齿轮副的使用要求和生产规模，在各公差组中，选定(　　)来检定和验收齿轮的精度。例：在第一公差组中选定 F_p；在第二公差组中选定 f_f 和 f_{pb}，第三公差组中选定 F_β。

(A)检验组　(B)公差组　(C)精度组　(D)尺寸组

131. 滚齿时，如果滚刀不对中，切出的轮齿左右(　　)不对称，特别是在滚削模数大，齿数少的齿轮时，这一现象更是明显。

(A)齿向　(B)齿面　(C)齿距　(D)齿形

132. 在滚齿加工中被加工齿轮齿数不对或乱齿是由于分齿挂轮(　　)不正确，或安装挂轮时，挂轮的齿数不对，或齿坯没有夹紧造成的。

(A)计算　(B)计数　(C)计量　(D)计划

133. 在齿坯安装时，由于夹具支承面和齿坯端面都有端面跳动，因此会使齿坯基准孔轴线对机床工作台回转轴线产生歪斜，在滚齿时将产生(　　)。

(A)径向误差　(B)端面误差　(C)齿向误差　(D)齿形误差

134. 磨齿中产生齿形误差的原因主要有(　　)调整不对，精度不高或砂轮与被磨齿轮相对位置不正确，展成传动链方面的误差等引起。

(A)砂轮修整器　(B)工件定位面　(C)砂轮平衡　(D)夹具偏心

135. 在磨削加工中引起齿向误差的原因有：磨头往复运动轨迹不正确；工作台面跳动；工件定位面不准确使(　　)倾斜。

(A)砂轮轴线　(B)磨头轴线　(C)工件轴线　(D)工件切线

136. 产生齿面烧伤和磨削裂纹的原因有：(1)热处理工艺不正确；(2)(　　)选择不当；(3)磨削深度大；(4)冷却不充分；(5)金钢笔不锋利；(6)工件材料的影响等。

(A)工件　(B)夹具　(C)砂轮　(D)修正器

137. 对于装夹于两顶尖之间进行加工的齿轮，安装后(　　)主要是由上下顶尖孔的不同轴度来造成齿向误差的。

(A)径向歪斜　(B)轴向歪斜　(C)不同轴度　(D)同轴度

138. 由于夹具安装在机床上偏心，使其齿坯定位孔中心线与机床工作台中心线不同心，加工出的齿轮齿圈(　　)超差。

(A)齿距偏差　(B)端面跳动　(C)径向跳动　(D)齿向误差

139. 由于切削用量选择不合理，齿轮夹具(　　)不够，齿轮本身定位不合理，夹紧力不够，加工时产生振动等，在加工中使齿面粗糙度差或产生崩刀。

(A)温度　(B)弯曲　(C)柔性　(D)刚性

140. 齿轮的基圆是决定渐开线齿形的唯一参数。如果在齿形加工时，基圆产生误差，(　　)必然也有误差。

(A)分度圆　(B)齿距　(C)齿形　(D)齿向

141. 接触区靠齿根或齿顶是由于(　　)造成的。

(A)螺旋角误差　(B)压力角误差　(C)顶锥角误差　(D)根锥角误差

142. 刨齿刀的齿形角是20°，但它(　　)被切齿轮的实际啮合角。

(A)大于　(B)等于　(C)小于　(D)不等于

143. 刨齿机的主要部件有：驱动机构、(　　)、滚切机构、分齿箱、床鞍、摇台、刀架等。

(A)走刀机构　(B)滚动机构　(C)切削机构　(D)进给机构

144. 在刨齿机中，刀架部分包括(　　)、刀架、滑枕、夹刀板及刀夹，其环节较多，加之结构较复杂，维护应更加注意。

(A)刀架座　(B)工作台　(C)立柱　(D)横梁

145. 我国生产的直齿锥齿轮刨刀有四种类型：(1)一型刨刀：27×40毫米；(2)二型刨刀33×75毫米；(3)三型刨刀：43×100毫米；(4)四型刨刀：60、75×125毫米。Y236刨齿机用得最多的是(　　)。

(A)一型刨刀　(B)二型刨刀　(C)三型刨刀　(D)四型刨刀

146. Y236刨齿机的(　　)有两道槽,一个为粗切槽,另一个为精切槽,粗切时采用切入法,将滚柱落入粗切槽;精切时采用滚切法,将滚柱落入精切槽。

(A)进给鼓轮　(B)滚动挂轮　(C)进给齿轮　(D)分齿挂轮

147. Y236刨齿机的楔铁有刻度,沿刻度每打进一格,刨齿刀压力角可增大5′。修正沿齿顶接触时,需(　　)刨齿刀压力角。

(A)减小　(B)增大　(C)移动　(D)向上移

148. 影响刨齿粗糙度的原因有:机床传动间隙过大;刨刀磨钝;刨刀前角大小不合理;(　　);材料本身性能及热处理不良。

(A)切削余量过小　(B)切削余量过大　(C)切削太快　(D)切削太慢

149. 一对锥齿轮对研旋转运动,由主动齿轮传给轻微制动的被动齿轮。由于轮齿表面的滑动以及连续供给研磨液的结果,引起了齿面的研削作用,研磨的余量主要集中在齿面的(　　)上,因此可以提高齿表面粗糙度,可达Ra1.6以上。

(A)大端面　(B)凹进面　(C)小端面　(D)凸出点

150. 引起齿距累积误差的原因有:分度挂轮、展成挂轮精度低,有脏物粘附或碰伤;蜗轮副分度精度低,蜗杆轴向窜动大;磨头滑座导轨间隙过大;夹具定位面(　　)大等。

(A)径向跳动　(B)端面跳动　(C)端面平行度　(D)轴向窜动

151. 齿轮在运转中,高频噪声是由于齿轮的(　　)偏差所引起的,低频噪声主要是由于齿轮的齿距累积误差所引起的。

(A)齿距　(B)基节　(C)齿形　(D)齿向

152. 渐开线齿轮传动时,具有保持(　　)的瞬时传动比,因此传动比较平稳。

(A)恒定　(B)稳定　(C)不变　(D)变化

153. 下列机床可以加工蜗轮的是(　　)。

(A)剃齿机　(B)插齿机　(C)滚齿机　(D)拉齿机

154. 齿轮滚刀的顶刃后角与侧刃后角应保持一定的关系,使滚刀重磨后(　　)不发生变化。

(A)齿形　(B)齿全高　(C)齿厚　(D)节圆直径

155. 下列关于渐开线与基圆的关系说法正确的是(　　)。

(A)基圆越小,渐开线越平直　(B)基圆以内有渐开线,例如内齿轮

(C)当基圆无穷大时,渐开线变成一个圆　(D)渐开线形状仅取决于基圆大小

156. 当齿轮精度要求不高时,可采用近似法,即用(　　)来代替渐开线齿形,用这种方法,不仅可使计算简化,还能使铲磨铣刀齿形时修整砂轮变容易,便于制造磨齿形的齿形铣刀。

(A)直线　(B)折线　(C)阿基米德螺旋线　(D)圆弧

157. 根据渐开线形成原理可知,设计内齿轮时应注意(　　),否则其齿顶的部分齿廓将不是渐开线。

(A)齿顶圆小于基圆　(B)齿根圆小于基圆

(C)齿顶圆大于基圆　(D)齿根圆大于基圆

158. 下列关于磨齿加工的优点说法正确的是(　　)。

(A)生产效率高 (B)加工成本低

(C)加工精度高 (D)要求操作技术低

159. 一般来说，齿轮滚刀的标准压力角为20°和(　　)。

(A)15° (B)14.5° (C)14° (D)13.5°

160. 插齿机和滚齿机的加工原理(　　)。

(A)相同 (B)不相同

(C)有的相同，有的不相同 (D)全部不同

161. 操作者应熟悉自用机床的使用(　　)，掌握自用机床的试车、调整、操纵、维护及保养的常识和润滑部位等。

(A)用途 (B)说明书 (C)调整 (D)规定

162. 机床变形主要由于地基不好，安装不正确，以及(　　)使用等因素引起。

(A)超标准 (B)操作不当 (C)超重 (D)超负荷

163. 机床的润滑方法分为(　　)两大类。

(A)分散润滑和集中润滑 (B)分散润滑和飞溅润滑

(C)集中润滑和飞溅润滑 (D)定期润滑和不定期润滑

164. 机床的维修方式有预防维修、(　　)和事后维修几种方式。

(A)定期维修 (B)状态维修 (C)监测维修 (D)改善维修

165. 润滑油与润滑脂相比，其(　　)。

(A)摩擦因数低 (B)摩擦因数高 (C)换油不方便 (D)冷却效果好

166.(　　)容易产生热量和噪声，多用于箱体的润滑。

(A)油芯油杯润滑 (B)飞溅润滑 (C)集中循环润滑 (D)手工润滑

167. Y54型插齿机床的主轴和工作台面的加油润滑次数为(　　)。

(A)每班一次 (B)每班二次 (C)每班三次 (D)每天一次

168. 钙基润滑脂可以与水接触，但其熔点较低，一般用在工作温度不超过(　　)的摩擦表面。

(A)40 ℃ (B)50 ℃ (C)60 ℃ (D)70 ℃

169. 链传动时，润滑油应浇注在(　　)。

(A)链轮上 (B)链条的松边

(C)链条的紧边 (D)链条的松、紧边均可

170. 润滑油可用于润滑(　　)。

(A)外露的齿轮 (B)中速滚动轴承 (C)垂直表面 (D)变速箱

171. 西门子系统数控齿轮加工机床上，如果输入的对应的齿轮及滚刀中的参数超出机床的许用极值时，会给出(　　)信息之外，但对话程序也会自动生产相应的NC滚齿程序。

(A)错误 (B)注意 (C)提示 (D)警告

172. 机床定期维护的目的就是对机床一些部件进行适当的(　　)，使机床恢复到正常的技术状态。

(A)清洗、清理 (B)清洗、检查 (C)调整、维护 (D)检查、拆修

173. 齿轮机床磁性过滤器是机床(　　)装置。

(A)润滑油的滤清 (B)切削液的滤清

(C)压力油的滤清 (D)气压系统的滤清

174. 下列不是润滑的作用的是( )。

(A)减少摩擦 (B)形成密封 (C)防止锈蚀 (D)方便拆装

175. 润滑速度高时,采用( )的润滑油。

(A)粘度低 (B)粘度高 (C)密度低 (D)密度高

176. 油芯润滑是利用( )原理,将油从油杯中吸起,借助其自重滴下,流到摩擦表面。

(A)连通器 (B)毛细 (C)离心泵 (D)能量守恒

177. 滚齿机床 Y320 的变速箱采用的润滑方法( )。

(A)油泵 (B)油杯 (C)手动定期 (D)油池

178. 为了提高机床寿命,最有效的办法是( )。

(A)经常性和定期对机床进行维护 (B)对机床进行大修

(C)不定期对机床进行拆检 (D)经常性的对机床加润滑油

179. 下列是常用润滑脂的特点的是( )。

(A)受温度影响不大 (B)易流失 (C)极强的可压缩性 (D)粘度小

180. 齿轮加工机床一级保养时,( )的保养要求是油路畅通,毛毡、毛线干净,油窗清洁明亮。

(A)润滑部位 (B)切削液系统

(C)各机床附件 (D)交换齿轮凸爪离合器轴套

181. 滚齿机床中修的特点是不仅在于修理或更换磨损的零件,修复后还须( )。

(A)清扫机床 (B)清洗各机床附件设备

(C)更换易损件 (D)检验机床的精度

182. 滚齿机床的二级保养为两班制连续使用( ),进行一次保养。

(A)一年 (B)三个月 (C)两个月 (D)两年

183. 数控齿轮加工机床在工作之前应进行准备工作,按照说明书中润滑原理图的要求灌入液压油和冷却油,以及进行机床( )运转状况的检查。

(A)满载 (B)空载 (C)80%满载 (D)超载

184. 数控齿轮加工机床的冷却润滑油在润滑冷却泵( )时注入,否则冷却润滑油会从油箱中溢出。

(A)停机 (B)运转 (C)故障 (D)拆卸下来

185. 数控齿轮加工机床在对液压储能器进行检修,如:充氮气或者更换新的储能器,应对输入输出的压力 P_v 在第 1 个月内每周检查一次,之后每 3 个月检查一次,若正常( )检查一次。

(A)每 6 个月 (B)每 8 个月 (C)每年 (D)每两年

三、多项选择题

1. 关于机械制图的比例,下列说法错误的是( )。

(A)放大比例是比值大于 1 的比例

(B)绘图,应向规定系列选取适当的比例

(C)无论什么情况都不允许同一视图铅垂方向和水平标注不同的比例

(D)图样比例不允许采用比例尺的形式。

2. 下列各项属于标题栏的组成的是(　　)。

(A)名称及代号区　(B)更改区　(C)签字区　(D)技术要求区

3. 下列关于尺寸标注描述不正确的是(　　)。

(A)不应成封闭的尺寸链　(B)同一基本体的尺寸尽量分散标注

(C)平行尺寸大内小外　(D)直径尽量注在非圆视图上

4. 互换性在机械制造行业中具有重大意义,所以按互换性进行生产具有(　　)等特点。

(A)提高劳动生产率　(B)适用于高精度装配和小批量生产

(C)保证产品质量　(D)降低生产成本

5. 下列各项形位公差中,无基准要求的是(　　)。

(A)平行度　(B)圆跳动　(C)平面度　(D)圆柱度

6. 下列各形位公差中,属于位置公差的是(　　)。

(A)平行度　(B)圆柱度　(C)面轮廓度　(D)全跳动

7. 正火处理的目的是(　　)。

(A)消除切削加工后的硬化现象和内应力

(B)细化晶粒,均匀组织

(C)提高工件的硬度,增强工件的耐磨性

(D)消除过共析钢中网状硬化物,为随后的热处理做好组织准备

8. 将钢件加热到某一定温度,保持一段时间,然后以适当的速度冷却,最后获得(　　)组织的工艺称为淬火。

(A)马氏体　(B)奥氏体　(C)渗碳体　(D)贝氏体

9. 铸铁分类按化学成分分为(　　)。

(A)麻口铸铁　(B)普通铸铁　(C)合金铸铁　(D)灰铸铁

10. 淬火处理的目的是(　　)。

(A)提高钢件的硬度　(B)增加耐磨性

(C)提高切削加工性能　(D)消除内应力

11. 钢按照其化学成分分为(　　)。

(A)结构钢　(B)工具钢　(C)碳素钢　(D)合金钢

12. 一对标准直齿圆柱齿轮正确啮合的条件是(　　)。

(A)两轮的齿数相等　(B)两轮的模数相等

(C)两轮分度圆压力角相等　(D)两轮的渐开线形状相同

13. 一对外啮合标准斜圆柱齿轮传动,下列说法属于其正确啮合应满足的条件是(　　)。

(A)两轮的法向模数相等　(B)两轮的法向压力角相等

(C)两轮的螺旋角大小相等方向相反　(D)两轮螺旋角的大小不等方向相同

14. 齿轮传动的缺点有(　　)。

(A)传动效率低

(B)传动比变化范围小

(C)无过载保护作用

(D)运转时,有振动和噪声,会产生一定的动载荷

15. 下列属于齿轮传动的优点有(　　)。

(A)传动比准确　　(B)有过载保护作用　　(C)传动效率高　　(D)结构紧凑

16. 渐开线斜齿轮进行与直齿轮比较,具有(　　)等特点。

(A)冲击和噪声较小,传动较平稳　　(B)承载能力有所增加

(C)不产生根切的最少齿数少　　(D)轴向力产生摩擦力,增加传动效率

17. 下列描述摩擦轮传动特点错误的有(　　)。

(A)结构复杂　　(B)工作时无噪声

(C)可在运转中变速变向　　(D)传动比准确

18. 下列关于皮带传动特点描述正确的有(　　)。

(A)结构紧凑　　(B)传动比准确

(C)能缓冲吸振　　(D)传动平稳、无噪音

19. 斜齿内齿轮切齿办法有(　　)。

(A)滚齿　　(B)插齿　　(C)拉齿　　(D)铣齿

20. 刀具材料应满足(　　)等基本要求。

(A)高脆性　　(B)高硬度　　(C)高的耐热性　　(D)良好的工艺性

21. 切削金属时,刀具的磨损形式有(　　)。

(A)前面磨损　　(B)崩刀　　(C)后面磨损　　(D)边界磨损

22. 人体发生触电后,根据电流通过人体的途径和人体触及带电体方式,一般可分为(　　)。

(A)单项触电　　(B)两项触电　　(C)三项触电　　(D)跨步电压触电

23. 漏电保护装置主要用于(　　)。

(A)防止人身触电事故　　(B)防止中断供电

(C)减少线路损耗　　(D)防止漏电火灾事故

24. 根据合同法,当事人在订立合同过程中有(　　)情形之一,给对方造成损失的,应当承担损害赔偿责任。

(A)假借订立合同,恶意进行磋商

(B)故意隐瞒与订立合同有关的重要事实或者提供虚假情况

(C)有其他违背诚实信用原则的行为

(D)擅自变更或者解除合同

25. 劳动合同是劳动者和用人单位之间(　　)的协议。

(A)确定劳动工资　　(B)确立劳动关系

(C)确保双方利益　　(D)明确双方权利和义务

26. 材料强度的指标有(　　)。

(A)弹性变形　　(B)屈服强度　　(C)抗拉强度　　(D)塑性变形

27. 齿坯粗加工后调质处理,其目的是为了提高齿轮材料的(　　)性能,削除内应力,改善金相组织。

(A)切削　　(B)磨削　　(C)综合机械　　(D)机械构造

28. 下列形位公差中属于定向公差的是(　　)。

(A)同轴度　　(B)平行度　　(C)垂直度　　(D)倾斜的

29. 影响齿轮噪声的基本因素是:齿轮的设计参数、(　　)。

(A)齿轮的制造精度　　(B)齿轮的装配精度

(C)齿轮的模数　　(D)齿轮的工作条件

30. 直锥齿轮一般是用来传递两相交轴之间的旋转运动，而且两直锥齿轮的轴交角Σ有以下几种情况(　　)。

(A)Σ=0°　　(B)Σ=90°　　(C)Σ<90°　　(D)Σ>90°

31. 机械的组成包括原动机、(　　)。

(A)机械系统　　(B)齿轮系统　　(C)控制系统　　(D)机构系统

32. 变位齿轮传动，按其中心距改变与否，可分为(　　)。

(A)径向变位齿轮传动　　(B)高度变位齿轮传动

(C)角度变位齿轮传动　　(D)旋转变位齿轮传动

33. 采用正变位齿轮，能使小齿轮的(　　)，使大小齿轮轮齿的弯曲强度大致相等。

(A)齿根厚度变大　　(B)齿顶圆变小

(C)齿根厚度变小　　(D)齿顶圆变大

34. 齿轮的加工精度是指齿轮加工后的(　　)与理想齿轮的符合程度。

(A)实际形状　　(B)尺寸　　(C)表面互相位置　　(D)表面粗糙度

35. GB/T 10095.2—2008 对法向模数 $m_n \geqslant 0.2 \sim 10$ mm、分度圆直径 $d \geqslant 5 \sim 1\ 000$ mm 的单个各渐开线圆柱齿轮规定了(　　)的定义和允许值。

(A)接触面积　　(B)径向综合偏差　　(C)径向跳动　　(D)轮齿同侧偏差

36. 切削用量的正确选择，对(　　)都有较大意义。

(A)形位公差　　(B)加工精度　　(C)提高生产率　　(D)降低刀具损耗

37. 液压传动可由动力部分、执行部分、(　　)等几个部分组成。

(A)控制部分　　(B)油压部分　　(C)辅助部分　　(D)油泵部分

38. 继电器是用来根据电路某些参数，如电流、电压、转速、时间和温度等的变化而动作的，并借以实现对电力拖动装置的(　　)。

(A)制动　　(B)控制　　(C)调节　　(D)保护

39. 电气设备的安全保护措施主要有(　　)。

(A)接绝缘物　　(B)接金属　　(C)接零　　(D)接地

40. 液压传动与通常的机械传动来比较，液压传动的缺点(　　)。

(A)传动比不严格　　(B)传动效率低

(C)难获得很大的力或力矩　　(D)对故障的分析和排除较困难

41. 液压传动与通常的机械传动来比较，液压传动的优点(　　)。

(A)易于在较大范围内实现无级变速　　(B)便于实现自动化

(C)便于分析和排除故障　　(D)传动平稳

42. 控制阀是液压系统的控制部分，用来控制液压系统的(　　)。

(A)方向　　(B)大小　　(C)方向　　(D)流量

43. 下列形位公差属于形状公差的是(　　)。

(A)平行度　　(B)直线度　　(C)圆跳动　　(D)圆柱度

44. 按国家标准，公差原则分为(　　)。

(A)最大实体原则　　(B)独立原则　　(C)相关原则　　(D)包容原则

45. 所谓公差原则,就是处理(　　)之间关系的规定。
(A)尺寸公差　(B)形位公差　(C)表面粗糙度　(D)尺寸偏差
46. 关于轮齿的绘制下列说法错误的是(　　)。
(A)齿顶圆和齿顶线用粗实线绘制
(B)分度圆和分度线用细实线绘制
(C)齿根圆和齿根线用虚线绘制,可省略不画
(D)剖视图中,齿根线用粗实线绘制
47. 关于平行于圆柱齿轮、锥齿轮轴线的啮合图,下列说法正确的是(　　)。
(A)啮合处的齿顶线不需画出　(B)节线都用细点划线绘制
(C)节线都用粗实线绘制　(D)啮合处节线用粗实线绘制
48. 关于定位、夹紧符号及装置符号的使用,下列说法正确的是(　　)。
(A)定位符号、夹紧符号和装置符号可单独使用
(B)定位符号、夹紧符号和装置符号可联合使用
(C)当符号表示不明确时,也不可用文字补充说明
(D)当符号表示不明确时,可用文字补充说明
49. 表面粗糙度代号、符号一般应标注在(　　)也可以标注在指引线上。
(A)可见轮廓线　(B)尺寸线
(C)尺寸界线　(D)尺寸界线的延长线
50. 齿轮绘图,下列关于齿线特征的表示描述正确的是(　　)。
(A)可用三条与齿线方向一致的细实线表示
(B)可用三条与齿线方向一致虚线表示
(C)直齿不需要表示
(D)直齿同样需要用三条线表示
51. 下列关于定位支承符号画法的说法正确的是(　　)。
(A)联合定位支承中两个基本符号间的连线不允许画成折线
(B)活动定位支承符号内波纹形状不作具体规定
(C)定位支承符号规定细实线绘制
(D)定位支承符号高度 h 应是工艺图中数字高度的 1～1.5 倍
52. 下列关于定位支承符号和辅助支承符号允许标注的位置描述正确的是(　　)。
(A)定位支承允许标注在视图轮廓延长线上
(B)定位支承不允许标注在投影面的指引线上
(C)辅助支承允许标注在投影面的指引线上
(D)辅助支承不允许标注在视图轮廓延长线上
53. 关于工艺制图中的夹紧符号的画法下列说法正确的是(　　)。
(A)夹紧符号的尺寸应根据工艺图的大小与位置确定
(B)夹紧符号用粗实线绘制
(C)联动夹紧符号的连线允许画成折线
(D)联动夹紧符号的连线长度应为 6 倍的字高宽
54. 装配图的作用(　　)。

(A)指导由装配图拆画零件图

(B)指导机器或部件的装配、安装、修理、使用等

(C)加工零件的主要依据

(D)零件加工工艺设计的主要依据

55. 装配图的定义是,表示产品及其组成部分的(　　)等的图样。

(A)尺寸关系　　(B)连接　　(C)装配关系　　(D)技术要求

56. 下列各项属于完整零件图所包含的项目的是(　　)。

(A)一组视图　　(B)完整的尺寸

(C)技术要求　　(D)标题栏、明细栏和零件编号

57. 刨齿加工前按照加工方法和(　　)进行速度交换齿轮、进给交换齿轮的选择与调整。

(A)齿轮齿数　　(B)齿轮模数　　(C)齿轮材质　　(D)齿轮硬度

58. 按机床结构布局形式的不同以及工件规格的不同,工件在机床上的安装有(　　)形式。

(A)水平轴线安装　　(B)垂直线安装

(C)倾斜直接安装　　(D)直接安装在机床工作台上

59. 下列加工技术中,属于齿轮加工的新技术的是(　　)。

(A)高速干式切削　　(B)硬齿面加工　　(C)珩齿加工　　(D)无削加工

60. 编写工艺文件前,必须认真分析零件图样,要分析零件的(　　)。

(A)结构工艺性　　(B)尺寸　　(C)主要的技术要求　　(D)公差

61. 齿轮加工工艺过程的制定应根据该齿轮图样的(　　)而定。

(A)技术条件　　(B)要求齿轮精度　　(C)生产量　　(D)模数

62. YS2250 型机床中常用的切齿方法有多种,而切齿方法的选择,决定于(　　)以及产品质量要求。

(A)生产性质　　(B)生产量　　(C)待加工齿数　　(D)生产率

63. 工序图中需要注明该工序有关(　　)、技术条件以及定位、夹紧、形位公差等符号。

(A)符号　　(B)尺寸　　(C)公差　　(D)粗糙度

64. 在齿轮零件图上应标注齿轮的(　　)的字母代号。

(A)齿厚极限偏差　　(B)公法线极限偏差

(C)精度等级　　(D)侧隙偏差

65. 磨削余量的合理数值,应根据齿轮规格、结构形式和材料、(　　)情况等决定。

(A)齿坯精度　　(B)正火处理　　(C)调质处理　　(D)热处理变形

66. 西门子系统数控齿轮加工机床在生成 NC 程序时,每一次都会在屏幕上显示出信息,如果信息的内容超高一屏,使用(　　)箭头进行翻页。

(A)Down　　(B)Next　　(C)Back　　(D)Up

67. 滚刀参数要根据工件的(　　)和工艺要求来确定。

(A)厚度　　(B)模数　　(C)精度等级　　(D)齿形角

68. 滚刀精度按齿轮工作平稳性精度选用,下列关于滚刀选用正确的是(　　)。

(A)滚削 6～7 级精度齿轮选用 AA 级滚刀

(B)滚削 7～8 级精度齿轮选用 B 级滚刀

(C)滚削 8～9 级精度齿轮选用 A 级滚刀

(D)滚削 9～10 级精度齿轮选用 C 级滚刀

69. 齿轮滚刀头数的选用(　　)。

(A)精加工,为了提高加工精度宜选用单头滚刀

(B)粗加工,为了提高加工效率宜选用多头滚刀

(C)模数较大、齿数较少的齿轮宜选用多头滚刀

(D)精加工,为了提高加工精度宜选用多头滚刀

70. 使用多头滚刀与单头滚刀比较,下列描述正确的是(　　)。

(A)参与范成齿形的切削次数少　　(B)滚刀轴向的载荷变动小

(C)齿面粗糙度大　　(D)齿形齿向精度高

71. 滚刀类型按照加工性质可分为(　　)等。

(A)精切滚刀　　(B)粗切滚刀　　(C)尖齿滚刀　　(D)圆磨法滚刀

72. 滚刀类型按照切削部分材料可分为(　　)等。

(A)高速钢滚刀　　(B)硬质合金滚刀　　(C)金属陶瓷滚刀　　(D)焊接式滚刀

73. 滚刀类型按照滚刀结构可分为(　　)等。

(A)整体滚刀　　(B)硬质合金滚刀　　(C)焊接式滚刀　　(D)装配式滚刀

74. 根据滚刀磨钝标准,在滚齿时如发现齿面有(　　)等现象时,必须检查滚刀磨损量。

(A)光斑　　(B)拉毛　　(C)粗糙度变坏　　(D)崩裂

75. 滚齿加工时,关于齿轮滚刀的描述正确的是(　　)。

(A)滚刀可以滚切直齿和斜齿圆柱齿轮

(B)一把滚刀可以滚切任意模数、齿数齿轮

(C)滚刀是多刃连续切削,切削效率很高

(D)滚刀在滚齿机按成型法切出齿形

76. 工艺基准是在加工和装配中使用的基准,按照用途不同又可分为(　　)等。

(A)定位基准　　(B)测量基准　　(C)设计基准　　(D)装配基准

77. 在确定基准时,需要注意(　　)等几点问题。

(A)作为基准的点、线、面在工件上一定存在

(B)基准面总是有一定面积

(C)基准可以是没有面积的点、线

(D)基准的定义不仅涉及尺寸之间的联系,还涉及到位置精度

78. 夹具装夹工件进行机械加工时,产生定位误差的原因是(　　)。

(A)定位基准与设计基准不重合　　(B)工艺基准与装配基准不重合

(C)装配基准与设计基准不重合　　(D)定位副制造不准确

79. 夹具限制工件平面基准面,常用的定位元件有(　　)。

(A)定位销　　(B)支承钉　　(C)支承板　　(D)半圆孔

80. 夹具限制工件圆孔基准面的,常用的定位元件有(　　)。

(A)定位销　　(B)锥销　　(C)V 形块　　(D)顶尖

81. 夹具限制工件外圆柱面的,常用的定位元件有(　　)。

(A)V 形块　　(B)定位套

(C)半圆孔 (D)固定锥套与浮动锥套组合

82. 夹具的定位元件的设计应满足( )要求。

(A)要有与工件相适应的精度 (B)要有足够的刚性

(C)要有足够的弹性 (D)要有耐磨度

83. 下列定位元件中,可以限制工件的自由度的是( )。

(A)固定支承 (B)辅助支承 (C)自位支承 (D)可调支承

84. 设计夹紧机构,必须首先合理确定夹紧力的力学要素:( )。

(A)大小 (B)方向 (C)向量 (D)作用点

85. 关于硬齿面刮削硬质合金滚刀用来对硬齿面齿轮进行加工,下列说法正确的是( )。

(A)不可用来进行精加工 (B)可以加工硬度为45～64HRC的齿面

(C)加工精度可达3级 (D)可以对齿轮进行磨前半精加工

86. 硬齿面刮削硬质合金滚刀所的硬质合金刀片具有( )的特点。

(A)硬度高 (B)抗压强度高 (C)抗拉强度高 (D)抗冲击强度高

87. 磨齿砂轮的常用磨料的种类有( )。

(A)氧化铝 (B)碳化硅 (C)磷化铝 (D)超硬类

88. 磨齿砂轮的粗粒度砂轮适用于( )。

(A)进刀量大的场合 (B)材质较硬

(C)表面粗糙度要求高的场合 (D)磨削接触面大的场合

89. 磨齿砂轮的细粒度砂轮适用于( )。

(A)材质较软 (B)工件半径或弧度小的场合

(C)表面粗糙度要求高的场合 (D)磨削接触面大的场合

90. 磨齿加工时,如果砂轮太硬,磨钝的磨粒不易脱落,容易出现( )现象。

(A)磨削效率低 (B)砂轮损耗大 (C)齿面粗糙 (D)容易烧伤

91. 磨齿加工时,如果砂轮太软,磨钝的磨粒容易脱落,容易出现( )现象。

(A)砂轮形状不易保持 (B)影响加工精度

(C)齿面粗糙 (D)容易烧伤

92. 砂轮对磨齿过程的影响涉及加工精度、表面质量和磨齿效率,选择时要考虑( )等因素。

(A)工件材料的强度、硬度、韧性、导热性 (B)工件的热处理方法

(C)工件的精度、表面粗糙度要求 (D)工件的形状和尺寸、磨齿余量

93. 滚齿机上加工蜗轮的方法有( )方法。

(A)滚切法 (B)压装后试切法 (C)飞刀切齿法 (D)配划切齿法

94. 齿轮夹具主要由( )、辅助装置组成。

(A)定位装置 (B)通用装置 (C)夹紧装置 (D)夹具体

95. 正确的设计和选择夹紧机构,对保证工件的加工质量、( )等方面都起着重要的作用。

(A)减少刀具磨损 (B)安全生产

(C)减轻操作者劳动强度 (D)提高生产率

96. 齿轮的加工精度与夹具的(　　)有关。

(A)安置精度　(B)安装精度　(C)制造精度　(D)安排精度

97. 滚切变位斜齿轮时,选择刀具要根据工件图样的要求,根据工件的齿数、(　　)确定。

(A)精度等级　(B)压力角　(C)工艺要求　(D)工步要求

98. 砂轮的特性包括(　　)、结合剂、组织、形状及尺寸等。

(A)砂粒　(B)磨料　(C)粒度　(D)硬度

99. 磨齿刀具种类有:(　　)等。

(A)蜗杆砂轮　(B)细条形砂轮　(C)蝶形砂轮　(D)大平面砂轮

100. YS2250 型弧齿轮铣齿机的主要运动有铣刀盘的旋转运动、进给运动、分齿运动、(　　)、滚切变性运动。

(A)滚切运动　(B)移动运动　(C)摇台摆角　(D)跳齿运动

101. 一般来说,齿轮滚刀的标准压力角为(　　)。

(A)20°　(B)15°　(C)14.5°　(D)14°

102. 粗加工蜗杆、蜗轮副的刀具的(　　)应与精加工完全相同。

(A)导程　(B)螺距　(C)行程　(D)齿形

103. 齿坯的加工精度是影响被加工齿轮的(　　)的重要因素。

(A)齿数　(B)齿向　(C)齿圈的径向跳动　(D)压力角

104. 插齿刀的(　　)必须与被加工齿轮相等。

(A)齿厚　(B)模数　(C)基节　(D)压力角

105. 用展成法加工齿形的有(　　)。

(A)铣齿　(B)刨齿　(C)拉齿　(D)插齿

106. 影响切削力的主要因素是切削用量、(　　)。

(A)刀具材料　(B)工件材料　(C)刀具几何角度　(D)加工方法

107. 齿轮的定位基准一般有(　　)、内孔、外圆等。

(A)分度圆　(B)中心孔　(C)端面　(D)减重孔

108. 插齿机可以用于加工(　　)、人字齿轮等。

(A)外齿轮　(B)内齿轮　(C)双联齿轮　(D)多联齿轮

109. 刨齿加工原理中的假想齿轮刀具有(　　)。

(A)假想圆柱齿轮刀具　(B)假想平面齿轮刀具

(C)假想圆锥齿轮刀具　(D)假想平顶齿轮刀具

110. 弧齿锥齿轮的铣削原理有(　　)。

(A)平面假想齿轮原理　(B)圆锥假想齿轮原理

(C)平顶假想齿轮原理　(D)圆柱假想齿轮原理

111. 西门子系统数控齿轮加工机床,只需输入简单的齿轮数据便可以采用数控系统中的对话程序,加工齿轮程序可自动实现(　　)等功能。

(A)从数据库调出数据　(B)检查由用户定义的数据极限值

(C)机床直接开始加工工件　(D)确定所有的第二数据

112. 西门子系统的数控滚齿加工机床,采用对话程序时滚圆柱齿轮时有(　　)等选择项。

(A)单循环切齿　(B)顺滚　(C)逆滚　(D)齿顶/齿根鼓形修缘

113. 西门子系统的数控齿轮加工机床，下列关于操作面板上常用的键的作用说法正确的是(　　)。

(A)Machining 键：显示机床操作的初始屏幕

(B)Shift 键：确认输入内容

(C)Backspace 键：屏幕上输入区域之间的跳换

(D)DEL 键：删除光标右侧的字符

114. 西门子系统的数控齿轮加工机床，编辑功能包含(　　)、拷贝、粘贴等命令。

(A)输入　(B)删除　(C)引用　(D)剪切

115. 西门子系统的数控齿轮加工机床，关于进入对话程序进行输入齿轮参数，下列说法正确的是(　　)。

(A)模数：可以不输入

(B)齿数：输入需要加工齿轮的齿数

(C)螺旋方向：左旋、右旋或者直齿(缺省)三选一

(D)齿宽：齿轮宽度＋切入距离＋切出距离

116. 下列关于磨齿砂轮硬度说法正确的是(　　)。

(A)砂轮硬度指的是磨粒的硬度大小

(B)砂轮硬度指的是磨粒从砂轮上脱离的难易程度

(C)砂轮太软，砂轮形状不易保持

(D)砂轮硬度越高各方面特性越好

117. 滚齿加工时，引起齿圈径向跳动误差主要因素是(　　)。

(A)后立柱导轨磨损严重或者变形严重

(B)工作台或锥孔拉毛、有凸点

(C)顶尖磨损严重

(D)滚刀切削刃廓形误差过大

118. 引起滚齿机床加工齿轮的“齿距累计误差”超差的主要因素是(　　)。

(A)工作台分度蜗杆副调整不当或磨损

(B)滚刀主轴的径向圆跳动误差及轴向窜动量大

(C)滚刀切削刃廓形误差过大

(D)刀具进给方向歪斜

119. 滚齿加工时加工齿面出现直波纹，一般是由(　　)引起的。

(A)机床滚刀的刚性过好　(B)工件的刚性不好

(C)滚刀心轴的锥套支撑磨损严重　(D)刀轴轴向抗磨垫圈磨损严重

120. 滚齿加工时加工齿面出现横波纹，一般是由(　　)引起的。

(A)刀架滑鞍镶条磨损后，重新调整过紧

(B)工作台锥导轨副摩擦不均，配合太紧

(C)刀架垂直进给丝杠安装精度超差

(D)刀架垂直进给丝杠及分度蜗杆推力轴承损坏

121. 滚齿加工时下列原因能够产生被加工齿轮齿数不对或乱齿的现象的是(　　)。

(A)分齿挂轮计算不整确　　(B)切削用量选择不合适
(C)滚刀的模数和头数不对　　(D)齿坯未固紧

122. 滚齿加工时下列原因能够产生被加工齿轮的光洁度不好的现象是(　　)。
(A)滚刀未固紧产生振动　　(B)滚刀粘附切屑瘤
(C)齿轮热处理方法不当　　(D)附加运动转向不对

123. 滚齿加工时下列原因能够产生被加工齿轮的齿厚或公法线长度超差的现象是(　　)。
(A)齿轮热处理方法不当
(B)机床调整不正确,进给丝杠不准确
(C)切削振动,丝杠及溜板间隙变化,尺寸超差
(D)计算进给深度不正确

124. 滚齿加工时下列原因能够产生被加工齿轮的公法线长度变动量超差的现象是(　　)。
(A)齿坯与夹具不同轴　　(B)滚刀刃磨质量差
(C)夹具与机床分度蜗轮副偏心　　(D)附加运动转向不对

125. 滚齿加工产生"齿顶变瘦并且左右齿廓齿形对称"的齿形误差超差时,主要原因是(　　)。
(A)刀具铲磨齿形角度大　　(B)刃磨产生较大的负前角
(C)齿轮热处理方法不当　　(D)滚刀粘附切屑瘤

126. 滚齿加工时(　　)等因素会产生"齿顶变肥并且左右齿廓齿形对称"的齿形误差超差现象。
(A)刀具铲磨齿形角度小　　(B)刃磨产生较大的负前角
(C)刃磨产生较大的正前角　　(D)刃磨产生较小的正前角

127. 滚齿加工产生"一边齿形变肥另一面齿顶变瘦"的齿形误差超差时,主要原因是(　　)。
(A)滚刀前面刃磨时产生导程误差　　(B)直槽滚刀的轴向误差
(C)齿坯刚性不好　　(D)没有对中齿轮

128. 滚齿加工产生"齿形表面上个别的凸出凹进"的齿形误差超差时,主要原因是(　　)。
(A)机床滚刀杆轴向窜动过大　　(B) 齿坯与夹具不同轴
(C)机床调整不正确,进给丝杠不精确　　(D)滚刀容屑槽槽距有误差

129. 滚齿加工时(　　)等因素会产生"齿形面误差近似正弦或余弦分布"的齿形误差超差现象。
(A)齿坯未紧固
(B)滚刀制造时分度圆柱对内孔轴线径向跳动误差大
(C)滚刀与刀轴间隙大,造成安装偏心
(D)刀轴本身径向跳动误差大

130. 关于"同名齿廓齿顶肥瘦按正弦规律变化"的齿形误差超差现象的说法正确的是(　　)。

(A)齿坯安装偏心引发 (B)由于基圆半径变化按正弦规律引发

(C)滚刀刃磨质量差引发 (D)切削用量选择不合适引发

131. 滚齿加工时( )等因素会产生“齿形一侧齿顶多切另一侧齿根多切”的齿形误差超差的现象。

(A)滚刀刀杆轴向窜动 (B)滚刀粘附切屑瘤

(C)滚刀端面与孔不垂直 (D)附加运动转向不对

132. 滚齿加工时( )等因素会产生齿轮的基节超差现象。

(A)挂轮齿数不对 (B)刀架回转角不正确

(C)多头滚刀的分度误差 (D)齿坯安装几何偏心

133. 滚齿加工时产生齿面出现齿面呈撕裂状现象,一般由( )因素引起的。

(A)齿坯材料硬度不均 (B)滚刀磨钝

(C)切削用量选择不当,冷却不良 (D)附加运动的转向不对

134. 滚齿加工时产生齿面出现斜波纹现象,一般由( )因素引起的。

(A)分齿挂轮计算不正确 (B)滚刀齿数少

(C)差动机构装配精度差或损坏 (D)计算进给深度不正确

135. 滚齿加工时产生齿面呈鱼鳞状现象,一般由( )因素引起的。

(A)工件材料硬度过硬 (B)多头滚刀分度误差

(C)滚刀磨钝 (D)冷却润滑不良

136. 插齿加工时产生齿轮公法线变动量超差的现象,一般由( )因素引起的。

(A)刀具本身制造误差和安装偏心 (B)径向进刀机构不稳定

(C)切削用量选择不合适 (D)工作台的摆动及让刀不稳定

137. 插齿加工时( )等因素会产生齿轮的周节累积误差超差现象。

(A)进给凸轮的轮廓不精确 (B)插齿刀安装后有径向与端面跳动

(C)工件安装不合要求 (D)工件定位心轴本身精度不合要求

138. 插齿加工时( )等因素会产生被加工齿轮的齿数不对或乱齿现象。

(A)齿坯未固紧 (B)插齿刀没有固紧

(C)插齿刀的模数和齿数不正确 (D)冷却液太脏

139. 插齿加工时,出现齿面光洁度不好的现象一般由( )等原因造成。

(A)夹具偏心 (B)进刀量太大

(C)冷却液太脏 (D)让刀机构工作不正常,回刀刮伤齿面

140. 插齿加工时,出现齿厚 ΔS 或公法线 ΔW 超差现象一般由( )等原因造成。

(A)插齿刀磨损 (B)齿轮热处理方式不当

(C)进刀量不正确 (D)计算径向进给深度不正确

141. 插齿加工时,出现齿形误差超差现象一般由( )等原因造成。

(A)进刀量不正确 (B)插齿刀刃磨不良

(C)工作台有较大的径向跳动 (D)附加运动转向不对

142. 插齿加工时,出现齿向误差超差现象一般由( )等原因造成。

(A)插齿刀主轴中心线与工作台中心线间的位置不正确

(B)插齿刀刃磨不良

(C)插齿刀安装后，有径向和端面跳动

(D)插齿刀粘附切屑瘤

143. 剃齿加工时(　　)等因素会产生被加工齿轮的齿形剃不完全的现象。

(A)进给量选择不正确　　(B)留剃余量太小

(C)剃前齿轮精度太低　　(D)夹具偏心或工件安装偏心

144. 剃齿加工时(　　)等因素会产生被加工齿轮的齿形或基节超差现象。

(A)剃齿刀齿形或基节超差　　(B)齿轮和剃齿刀的径向跳动较大

(C)剃前齿轮齿根及齿顶余量过大　　(D)剃前齿轮齿形或基节误差过大

145. 剃齿加工时(　　)等因素会产生被加工齿轮的齿向误差超差现象。

(A)剃齿刀架拨的轴间角不正确　　(B)齿轮端面与孔不垂直

(C)齿轮热处理方式不当　　(D)纵向走刀方向相对于剃齿刀齿向不平行

146. 剃齿加工时出现齿面光洁度差，主要是由(　　)等原因造成的。

(A)齿轮端面与孔不垂直　　(B)留剃齿余量太小

(C)剃刀磨损　　(D)剃削时振动大

147. 磨齿加工中影响齿面烧伤的因素有(　　)。

(A)齿形上渐开线各点的曲率半径　　(B)磨削深度

(C)纵向进给量和展成进给量　　(D)磨齿方法

148. 蝶形双砂轮磨齿机0°磨削法时产生“压力角大”的齿形误差的原因有(　　)。

(A)滚圆盘直径过小　　(B)在用X机构时，杠杆比调节不当

(C)砂轮外圆高于基圆　　(D)砂轮刚度差

149. 蝶形双砂轮磨齿机0°磨削法加工产生“齿顶塌角”的齿形误差时，应该使用(　　)方法进行校正。

(A)减小进给量　　(B)勤修砂轮

(C)适当降低砂轮高度　　(D)多次光刀

150. 蝶形双砂轮磨齿机加工的齿轮“相邻基节偏差过大”的基节偏差产生原因是(　　)。

(A)分度盘不合格　　(B)砂轮磨损，自动补偿失灵

(C)分度失灵引起跳牙，个别齿面未磨　　(D)展成长度太短

151. 蝶形双砂轮磨齿机加工齿轮时(　　)等因素会产生被加工齿轮的齿距累积误差超差。

(A)分度盘安装不良及径向跳动过大　　(B)头架顶尖振摆大

(C)工件安装偏心　　(D)头、尾架顶尖不同轴

152. 蝶形双砂轮磨齿机加工时(　　)等因素会产生被加工齿轮“直线性不好”的齿向误差。

(A)分度盘累积误差大　　(B)导向槽盘未紧固牢

(C)工件在心轴上安装歪斜　　(D)磨削深度过大

153. Y7132A锥面砂轮磨齿机加工齿轮产生“压力角过大或过小”的齿形误差有可能是(　　)造成的。

(A)砂轮磨削角过大或过小　　(B)砂轮刚度不足

(C)滚圆盘直径过小或大　　(D)在用差动机构时，差动比不当

154. Y7132A 锥面砂轮磨齿机加工齿轮产生“齿顶塌角”的齿形误差的原因有(　　)。

(A)台面换向冲击大

(B)四根钢带不在同一水平,松紧不一致

(C)修正砂轮金刚石未完全修出齿顶部

(D)砂轮磨损不均匀

155. Y7132A 锥面砂轮磨齿机加工齿轮产生“齿形不规则中凸或中凹”的齿形误差的原因是(　　)。

(A)修正器正杆导轨直线性不好

(B)金刚石运动轨迹不通过砂轮轴线引起中凹

(C)头架导轨不润滑

(D)砂轮架滑座冲击大

156. Y7132A 锥面砂轮磨齿机加工齿轮产生“齿根凹入”的齿形误差的原因是(　　)。

(A)修正金刚石在砂轮外缘未修出　(B)展成长度太短

(C)砂轮磨损不均匀　(D)砂轮刚性过强

157. Y7132A 锥面砂轮磨齿机加工齿轮产生“相邻齿距偏差过大”的齿距偏差的原因有(　　)。

(A)蜗轮副的精度有问题　(B)砂轮磨损不均匀

(C)交换齿轮侧隙过大　(D)定位爪与定位盘的槽接触不良

158. 使用蜗杆砂轮磨齿机加工齿轮时,如果出现“压力角超差”的齿形误差,应该采取(　　)等措施进行校正。

(A)重修砂轮齿形角

(B)重新计算砂轮螺旋导程角和安装角进行核对及调整

(C)检查齿形仪的基圆调整值

(D)检查齿坯的齿圈跳动是否过大和磨齿余量是否偏小

159. 使用蜗杆砂轮磨齿机加工齿轮时,如果出现“局部凹凸齿形”的齿形误差,应该采取(　　)等措施进行校正。

(A)检查齿形仪的基圆调整值

(B)检查金刚石滚轮,外圆处厚度不能过宽

(C)重修砂轮,注意金刚滚轮进刀深度足够,修出整个有效工作齿面

(D)重修砂轮,注意齿面光整

160. 使用蜗杆砂轮磨齿机加工齿轮时,如果出现齿形曲线上具有 1.5～4 个固定节距的周期波形,改变工件齿数、模数时波形节距不变,在砂轮轴向移位等情况下波峰位置变化;应该采取(　　)等措施进行校正。

(A)检查修形装置的母丝杠轴向窜动以及传动系统中齿轮安装偏心过大等

(B)检查砂轮的轴向窜动(修形时产生的)

(C)计算波形节距与母丝杠螺距之比是否与上述误差的周期关系相当

(D)重修砂轮,注意齿面光整

161. 使用蜗杆砂轮磨齿机加工齿轮时,如果齿形曲线上一般出现 2 个波峰,节距与被加工齿轮的基节相等,砂轮轴向移位等情况变化时波峰位置变化;应该采取(　　)等措施进行

校正。

(A)检查砂轮动平衡　　(B)检查砂轮主轴的轴向窜动(一转一次的)

(C)检查齿形仪的基圆调整值　　(D)检查砂轮法兰锥孔与主轴锥面的接触

162. 使用蜗杆砂轮磨齿机加工齿轮时,如果出现齿形曲线在节点附近形成波谷,左、右齿面的齿形形状相同,少齿数齿轮、正变位系数大的齿轮和用剃前滚刀滚切的齿轮均产生较大的中凹齿形现象;一般采取(　　)措施进行解决。

(A)重修砂轮齿形角

(B)在可能条件下采用自由磨齿法

(C)采用合适的滚刀,使磨齿时重合度尽量大

(D)行程挡块位置往里调整

163. 使用蜗杆砂轮磨齿机加工齿轮时,如果出现齿形无规律,齿形曲线毛躁,磨削各种齿数的齿轮齿形特点不变,重修砂轮后齿形特点不变现象;一般产生由(　　)原因产生。

(A)砂轮刚度过高　　(B)砂轮硬度和粒度不当

(C)金刚石滚轮不均匀磨损　　(D)磨齿用量过大

164. 使用蜗杆砂轮磨齿机加工齿轮时,出现轮齿左、右齿面的齿向误差曲线平行歪斜、整圈各齿的齿向曲线形状一致的现象,应该采取(　　)措施。

(A)检查砂轮动平衡　　(B)检查顶尖轴线在工件移动方向上的歪斜

(C)重修砂轮,注意齿面光整　　(D)检查和调整螺旋角和安装角

165. 使用蜗杆砂轮磨齿机加工齿轮时,出现轮齿左、右齿面对正确齿向歪斜,但左、右齿面齿向偏差相反现象,一般产生由(　　)原因产生。

(A)砂轮硬度和粒度不当　　(B)行程位置不对或行程长度过长

(C)鼓形摆动位置调整不当　　(D)金刚石滚轮不均匀磨损

166. 采用大平面砂轮磨齿机加工齿轮时,产生"齿根部过厚"的齿形误差现象时,应采取(　　)措施进行校正。

(A)选择适合砂轮,勤修砂轮

(B)减小滑座导轨的安装角

(C)调节展成长度,展成位置及砂轮离工件中心高度

(D)增大安装角

167. 采用大平面砂轮磨齿机加工齿轮时,产生"齿根部根切"的齿形误差现象时,一般由(　　)原因引起的。

(A)砂轮离工件中心太近　　(B)工件齿数过少

(C)工件模数过小　　(D)磨齿啮合关系上的根切

168. 采用大平面砂轮磨齿机加工齿轮时,产生"齿顶塌角"的齿形误差现象时,一般采取(　　)措施进行校正。

(A)仔细调整分度位置,务使分度爪插稳后,砂轮才磨工件齿顶

(B)多次光刀

(C)适当提高砂轮的位置

(D)用齿顶展成不完全或砂轮修形的办法进行补偿

169. 大批量生产齿轮时,车间采用(　　)方式测量公法线不太合理。

(A)游标卡尺　　(B)公法线千分尺　　(C)米尺　　(D)万能测齿仪

170. 单件小批生产齿轮时,在车间采用(　　)方式测量齿厚不太合理。

(A)游标卡尺　　(B)公法线千分尺　　(C)齿厚游标卡尺　　(D)齿厚卡规

171. 下列关于游标卡尺说法错误的是(　　)。

(A)游标卡尺是一种中等精度的量具

(B)游标卡尺可以用来测量铸、锻件毛坯尺寸

(C)游标卡尺只适用于中等精度尺寸的测量和检验

(D)游标卡尺可以测量精密的零件尺寸

172. 齿形误差的测量方法有展成法、坐标法、影像法、近似法、单啮法。以展成法作为工作原理的渐开线检查仪有(　　)。

(A)单盘式渐开线检查仪　　(B)万能渐开线检查仪

(C)极坐标式齿形仪　　(D)基圆补偿式渐开线检查仪

173. 对于经常需要正反转的传动齿轮,如果齿轮副侧隙过大将产生(　　)现象。

(A)反向空行程　　(B)换向冲击　　(C)传动卡死　　(D)机械滞后

174. 选择齿轮精度等级的主要依据是齿轮的(　　)。

(A)用途　　(B)使用要求　　(C)工作条件　　(D)齿数

175. 齿轮载荷分布的均匀性就是要求齿轮传动时工作齿面的接触面积应有一定大小,以使轮齿均匀承载,从而提高齿轮的(　　)。

(A)承载能力　　(B)传动精度　　(C)传动准确　　(D)使用寿命

176. 齿轮副侧隙是指一对齿轮啮合时,在非工作齿面间留有的间隙。要求留有齿轮副侧隙的目的是(　　)。

(A)保证啮合齿面间形成油膜润滑　　(B)补偿齿轮副的安装误差和加工误差

(C)传动平稳　　(D)补偿受力变形和受热变形

177. 对于重载、低速的传力齿轮例如轧钢机、矿山机械等,主要用于传递扭矩使用时,应该保证(　　),而对于其他方面的要求可适当降低。

(A)传动运动的准确性　　(B)载荷分布的均匀性

(C)齿轮副侧隙应较小　　(D)齿轮副侧隙应较大

178. 齿轮加工中常用的量具和量仪有(　　)。

(A)游标卡尺　　(B)百分表　　(C)渐开线检查仪　　(D)量角器

179. 基节偏差的测量仪器常用的有(　　)。

(A)手提式基节仪　　(B)机械式基节仪

(C)旋转式基节仪　　(D) 万能测齿仪

180. 公法线平均长度可以评定齿轮的(　　)精度指标,所以公法线平均长度的测量在齿轮中应用很普遍,而且很重要。

(A)平稳性精度　　(B)运动精度　　(C)齿轮侧隙　　(D)齿向精度

181. 万能测齿仪是一种以齿轮轴心线为测量基准的固定式仪器,仪器可测量(　　)的齿距、径向圆跳动、基节、公法线、齿厚等。

(A)圆柱齿轮　　(B)圆锥齿轮　　(C)蜗杆　　(D)蜗轮

182. 下列关于齿轮公法线长度测量的说法正确的是(　　)。

(A)公法线测量需要定位基准　　(B)测量量具简答
(C)测量方便　　(D)应用十分普遍

183. 直齿轮公法线测量时，下列关于跨齿数选定的说法正确的是(　　)。
(A)跨齿数可任意选定　　(B)跨齿数越多越好
(C)跨齿数太少，切点将偏向齿根　　(D) 跨齿数可用公式 $k=\frac{\alpha \times z}{180^\circ}+0.5$ 计算

184. 齿向误差的检验可用(　　)等方式。
(A)齿向检查仪　　(B)振摆检查仪
(C)与标准齿轮啮合、涂色检查　　(D)公法线千分尺

185. 国标规定对圆柱齿轮不区分直齿与斜齿，统一将精度等级由高至低划分为 13 个等级，下列关于等级说法正确的是(　　)。
(A)0 级精度最高
(B)13 级精度最低
(C)6～8 级为高精度等级
(D)1 级精度齿轮目前工艺水平状况下尚不能制造

186. 润滑的作用是(　　)形成密封等。
(A)减少摩擦　　(B)减少磨损　　(C)防止锈蚀　　(D)保温

187. 制齿工在机床日常维护保养中，下列做法正确的是(　　)。
(A)班前对机床进行检查并润滑
(B)严格按操作规程操作，发现问题及时处理
(C)经常对机床进行拆解，防止机床发生故障
(D)不用经常擦洗机床，以及交班记录仅在机床故障时进行记录

188. 对齿轮加工机床一级保养的工作内容及要求，下列描述错误的是(　　)。
(A)各滑动面的保养要求为导轨面、滑动面保持清洁，去掉毛刺及嵌入物
(B)机床各表面及死角保养要求为无油污、锈蚀、黄袍
(C)各机床附件保养要求为无油污即可
(D)一般，两班制连续使用的机床，应每隔三年保养一次

189. 下列属于机床的合理使用所包含的内容的是(　　)。
(A)做好日常的维护保养工作　　(B)严格按照机床说明书进行正确和安全操作
(C)根据经验自行对机床进行改装　　(D)机床使用最大发挥机床切削效率为准则

190. 数控滚齿机床在(　　)情况下，需要按下紧急制动按钮。
(A)发生人身事故危险　　(B)有造成工件或者机床损坏危险
(C)工件加工完成　　(D)所有运动突然停止，工件程序中断

191. 数控齿轮加工机床程序生成后，给出了警告信息后，为了确保安全，应对相应的(　　)进行验证，以免损坏工件和机床。
(A)齿轮的参数　　(B)滚刀的参数
(C)机床的机械系统　　(D)工件的直径

192. 对新机床的防锈漆等进行清理，关于清洗下列说法正确的是(　　)。
(A)用带有脂溶剂软布擦除　　(B)使用刮板

(C)使用比较锋利的工具　　　　(D)清理导轨上的防锈介质及杂质时更应小心

193. 铣床纵向进给有带动现象,主要是由于(　　)原因产生的。

(A)拨动纵向进给的拨叉与离合器之间的配合间隙太大

(B)拨动纵向进给的拨叉与离合器之间的配合间隙太小

(C)一对离合器之间分开距离很小

(D)一对离合器之间分开距离很大

194. 数控齿轮加工机床配置的液压储能器,下列关于液压储能器说法正确的是(　　)。

(A)液压储能器只能充满氮气

(B)液压储能器可以使用氧气

(C)液压储能器出现故障应立即更换

(D)液压储能器气体渗出或失效对机床安全没有影响,仅仅工件卡紧装置失效

195. 滚齿加工时加工的齿轮时,加工齿面出现啃齿现象,一般是由(　　)引起的。

(A)垂直进给丝杠上液压缸密封损坏　　(B)油液不清洁或污物调压阀瞬时卡住

(C)刀架立柱导轨塞铁调整不当　　(D)垂直进给丝杠推力轴承间隙过小

四、判 断 题

1. 图标可分应用图标、文档图标、程序项图标三类。(　　)

2. 轮廓算术平均偏差 Rz、微观不平度十点高度 Ry 和轮廓最大高度 Rd 是表面粗糙度的重要三个参数。(　　)

3. 在被测表面段很短,或需控制应力集中而产生疲劳破坏以及很粗的表面粗糙度时可选用 Ra 参数。(　　)

4. 齿轮材料为 20CrMnMo 时,技术要求一般为调质硬度 HB 280～320,轮齿表面淬火,硬度为 HRc 55～60。(　　)

5. 用 20CrMnMo 钢加工齿轮,齿轮可调质处理,轮齿两面淬火可达到 HRc 58～62。(　　)

6. 锥齿轮锻件的金相组织及金属流线的形状,对热处理淬火变形没有影响。(　　)

7. 一对直齿锥齿轮,当轴线交角 $\Sigma<90°$ 时,它的分度圆锥角用 $\delta_1=\arctan[\sin\Sigma/(u+\cos\Sigma)]$ 公式计算。(　　)

8. 直锥齿轮的两轴线的交角必须是 90°。(　　)

9. 安装距是用于装配锥齿轮的尺寸,是指从两轴线的交点到齿轮定位面之间的距离。(　　)

10. 齿轮的加工方法只有展成法。(　　)

11. 采用单号单面切削法切出的轮齿接触区较短,并且呈现对角接触,但接触比固定安装法要好。(　　)

12. 工作台上有 T 形槽,可安装夹具和工件,并带着工件一起转动。(　　)

13. 刀具在切削过程中会产生大量的热,使温度升高,所以刀具只要有足够的硬度就行了。(　　)

14. 划线一般用于粗加工,所以划线前只要大概看一看图纸就可以了。(　　)

15. 工艺过程不是生产过程的基本组成部分。(　　)

16. 由机床、工件、刀具所组成的加工系统叫加工工艺。( )

17. 合理的齿轮加工工艺过程,不但能指导生产,而且能提高劳动生产率。( )

18. 在齿轮工序图中三爪卡盘的夹紧符号为↓,定位符号为▽。( )

19. 在液压传动中有压力、流量、阻力三个基本参数。( )

20. 只读存贮器是存贮内容,能由指令加以改变的存贮器。即能读出资料,也能写进资料。( )

21. 金属导电性的好坏,是用金属的电阻率来衡量的,电阻率愈大,其导电性愈好。( )

22. 额定功率是指交流电动机在额定转速下,转轴上所能输出的机械功率。( )

23. 行程开关是一种限制控制电器,其作用是将机械讯号转换成电讯号以控制运动部件的行程。( )

24. 生产经营单位从业人员有权对本单位安全生产工作中存在的问题提出批评、检举、控告;无权拒绝违章指挥和强令冒险作业。( )

25. 当发生自然灾害、事故或者因其他原因威胁劳动者生命健康和财产安全需要紧急处理时,劳动者每日延长工作时间不能超过三个小时。( )

26. 环境保护法的目的是为了协调人类与环境的关系,保护人民健康,保障经济社会的持续发展。( )

27. 制定工厂方针目标,需要有正确的指导经营的思想,即首先树立市场观点、竞争观点、经营观点、系统观点、这些观点的核心是用户第一的思想。( )

28. 全面质量管理所提的质量,就是反映了好中求多,好中求快,好中求省的含意,是广义的质量,它既包括了产品质量,工程质量,也包括了工作质量。( )

29. 在因果分析法中选择不同的大原因来进行分析工业企业生产过程中的质量问题普遍选用人、机、料、法、环五大原因。( )

30. 用人单位不必对劳动者进行劳动安全卫生教育。( )

31. 新建、改建、扩建工程的劳动安全卫生设施不必与主体工程同时设计、同时施工、同时投入生产和使用。( )

32. 齿轮材料是齿轮承载能力、实现其传动功能和保证可靠性运行的基础。( )

33. 齿轮常用材料以铸铁为主,其次为铜合金、钢及其他特殊材料。( )

34. 金属材料被切削的难易程度与很多因素有关,例如材料的强度或硬度、塑性、杂质、导热系数等,但主要是强度或硬度。( )

35. 发黑处理属于氧化处理的方法的一种,它的主要目的是使金属表面防锈,增加金属表面和光泽。( )

36. 变压器是一种能够将交流电流电压降低,并且又能改变频率的电气设备。( )

37. 接触器是利用熔丝受热熔断的原理使电路接通和断开的一种自动控制电器。( )

38. 劳动者应当完成劳动任务,提高职业技术,执行劳动安全卫生规程,遵守劳动纪律和职业道德。( )

39. 劳动者在下列情形下,依法享受社会保险待遇:(1)退休;(2)患病,负伤;(3)因工伤残或患职业病;(4)失业;(5)生育。( )

40. 建立质量责任制的要求是,明确规定企业每一个人在质量工作上的具体任务、责任和

权力,以便做到质量工作事事有人管,人人有专责,办事有标准,工作有检查,检查有考核。( )

41. 产品质量的指标可以用质量合格值来表示,而工作质量指标,则是以产品合格率、废品率、返修率等指标来表示。( )

42. 零件同一表面存在着叠加在一起的三种误差,即:形状误差、表面波度误差和表面粗糙度误差。( )

43. 测量表面粗糙度的仪器和形式有多种多样,但从测量原理上看,目前最常用的表面粗糙度测量方法有:比较法、光切法、干涉法和针描法。( )

44. 熔断器是一种最简答的自动保险设备,它由铅和锡制成的低熔点合金。( )

45. 金属材料的切削性能,一般是指材料被切削的难易程度。( )

46. 进给挂轮箱是用来安装差动挂轮和速度挂轮的。( )

47. 高度变位齿轮,节圆与分度圆不重合,啮合角不等于分度圆压力角。( )

48. 对于斜齿圆柱齿轮和圆柱蜗杆,当观察者沿齿轮分度圆柱面的直母线方向看过去,轮齿上远离观察者的任意一个端面齿廓,相对于接近观察者的任意一个端面齿廓,按反时针方向转过了一个角度时,此轮齿就称为左旋齿。( )

49. 若齿条中线与相啮合的齿轮分度圆相切,这个齿轮是变位齿轮。( )

50. 大端与小端的齿高相等,即齿轮的顶锥角、分锥角和根锥角都相等的齿轮叫等高齿。( )

51. 变位齿轮分度圆上的齿厚和齿槽宽不等。( )

52. 基节误差将造成齿轮的啮合冲击,并使得回转时角速度发生变化,对噪声的影响不大。( )

53. 在某齿轮零件图上标注的齿轮精度为:"级 7FLGB10095.1—2008",其注法是正确的。( )

54. 径向变位可以避免根切,提高轮齿承载能力,但不能改善传动性能。( )

55. K 个齿距累积误差是指在分度圆上,K 个齿距的实际弧长与公称弧长之差的最小绝对值。( )

56. 角度变位齿轮的啮合角等于分度圆上的压力角。( )

57. 一对相互啮合斜齿轮的轴线可以是平行的,也可以是交叉的。通常平行轴线的称为直齿轮,交叉轴线的称为斜齿轮。( )

58. 一对渐开线齿轮啮合时,其啮合线与两轮转动中心的连线的交点为定点。( )

59. 直齿轮传动时,只要两轮的基圆半径不变,任意一瞬间的传动比也不变。( )

60. 作用在齿面上任意点处的法向压力的方向和该任意点围绕齿轮轴线做旋转运动的速度方向两者之间的夹角,称为啮合角。( )

61. 圆柱度是指公差带是半径为公差值 t 的两同轴圆柱面之间的区域。( )

62. 基孔制是基本偏差为一定的孔的公差带,与不同基本偏差的轴的公差带形成各种配合的一种制度。( )

63. 形位公差中的同轴度公差带是直径为公差值 t,且与基准轴线同轴的圆柱面内的区域。( )

64. 在圆锥量规结构上,不用设置为检验制件圆锥直径的轴向位移标志。( )

65. 正弦规一般用来测量带有锥度和圆度的零件。(　　)

66. 块规具有较高的研合性,因此我们可以把各种不同基本尺寸的块规组合成所需要的尺寸。(　　)

67. 有刻度,在其本身测量范围内,可以测量任何参数的零件和产品,测量结果能得出具体数值的量具称为万能量具。(　　)

68. 游标卡尺是中等精密的量具,在滚齿时普遍使用它,使用它是否合理,不但影响卡尺本身的精度和使用寿命,而且对测量结果的准确性有直接的影响。(　　)

69. 由于被测件有形状误差存在,测量时应在被测孔的轴向截面的不同位置和径向截面同方向上对孔进行测量。(　　)

70. 具有放大机构装置的测量工具叫量具。(　　)

71. 使用量具前,定要将量具测量面及工件测量面擦干净,便可用精密量具去测锻铸件。(　　)

72. 垂直于插齿刀轴线的各个剖面的分度圆齿厚、齿高、齿顶圆、齿根圆直径都相同。(　　)

73. 高度变位齿轮的齿项高和齿根高与标准齿轮比较有变化,而全齿高则没有变化。(　　)

74. 齿轮热处理变形量的大小与材料和形状有关,对变形大的宜适当减小加工余量,变形小的则应加大加工余量。(　　)

75. 一零件,按下列路线加工:锻工车间→机加工车间→热处理车间→机加工车间,上面是工艺过程。(　　)

76. 工步就是加工的步骤。(　　)

77. 当 $Z \geqslant 17$ 时,齿轮不被切根。(　　)

78. 工序的特点是工作对象、操作者、工作位置(设备)都不改变。(　　)

79. 切削用量是编制工艺时预先制定的,与各工序的加工精度无关。(　　)

80. 精度越高,切削用量越大;精度越低,切削用量越小。(　　)

81. 齿轮的材料、热处理虽然不一样,但在同样的切削条件下,切削用量可以是同样的。(　　)

82. 刚性好、功率大的机床,加工同一种齿轮,切削用量反而小。(　　)

83. 工艺规程是指规定产品的零部件制造工艺过程和操作方法等工艺文件。(　　)

84. 在切齿时,预先规定齿面接触区的位置、形状和大小,在研磨过程中能基本保证。(　　)

85. 标准双曲线锥齿轮与圆弧锥齿轮在加工方法上基本不同。(　　)

86. 齿轮加工中常用的夹具有通用夹具、可调夹具、专用夹具。(　　)

87. 夹具的作用是保证工件的质量,提高劳动生产率,扩大机床的使用范围。(　　)

88. 夹具上用来决定工件对刀具的正确相对位置,并保证其位置先后一致的零件或部件,都叫作定位元件。(　　)

89. 齿轮夹具中,定位装置的作用是保证齿轮在夹具中有确定的范围。(　　)

90. 采用已加工表面作定位表面,这种定位基准面称为粗基准。(　　)

91. 加工时,使工件在附件或电动机中占据一正确位置所用的基准,称为定位基

准。(　　)

92. 齿轮加工中,齿坯的安装就是齿坯的定位。(　　)

93. 对于各种结构不同的工件定位元件都是一样的。(　　)

94. 夹紧时可以破坏工件在定位时所处的位置。(　　)

95. 齿坯的孔和端面的相互位置精度对齿轮加工质量影响不大。(　　)

96. 齿轮内孔与夹具定位圆柱面不同心是造成齿轮运动误差的来源之一。(　　)

97. 夹紧工件夹紧力的大小,对齿轮加工质量影响不大。(　　)

98. 夹具设计是产品零件进行生产之前工艺准备工作中不重要的部分。(　　)

99. 安装齿坯前,不必清除齿坯定位面上的毛刺及脏物。(　　)

100. 一齿轮为圆柱直齿轮,材料为38CrMoAl加工精度为8级,因此采用渗碳淬火磨齿方案,达到8级。(　　)

101. 对于装夹于两顶尖间进行加工的齿轮,产生的齿向误差主要是由上下顶尖的同轴度误差引起的。(　　)

102. 对工件来讲应控制齿坯两端面的平行度误差和控制齿坯定位孔与端面的垂直度,才能控制齿向误差。(　　)

103. 用硬质合金滚刀滚削硬齿面齿轮,不但加工成本较低,并且也能保证质量,还可缩短生产周期。(　　)

104. 根据滚刀制造精度的高低,可分为高精度滚刀、精密滚刀和普通滚刀。(　　)

105. 硬质合金齿轮滚刀的前角一般选用$-10°$。(　　)

106. 插齿刀重磨后应保证前角大小和前刀面的端面圆跳动两项精度要求。(　　)

107. 被磨齿面材料的硬度高时,选用的砂轮硬度就要低些;当被磨齿面材料硬度低时,选用的砂轮硬度就要高些。(　　)

108. 由于不可以用刀盘刀刃运动的轨迹,代表假想平面齿轮上的轮齿齿面,因此利用被加工零件与假想平面齿轮相啮合的运动不可能切制出齿轮。(　　)

109. 差动机构是为了加工直齿圆柱齿轮而设置的。(　　)

110. 插齿是利用成型法来加工的,插齿刀相当一个标准齿轮与被加工齿轮之间有间隙啮合。(　　)

111. 在使用计算机差动挂轮计算软件时,输入的数据不完全,计算机仍然能计算出正确的差动挂轮。(　　)

112. 滚刀刀齿只有在啮合线上才能切到齿轮的齿廓上。(　　)

113. 滚齿时合理地选择切削速度,可以提高滚齿生产率和减小刀具磨损。粗切时宜采用大切削速度,小走刀量,精切时宜采用小的切削速度,大的走刀量。(　　)

114. 在加工质数齿轮时,可以任意改变垂直进给量$S_{垂}$。(　　)

115. 滚齿机的差动机构是为了加工斜齿圆柱齿轮,加工蜗轮切向进刀或切削质数齿数时,使工作台得到附加转动,同时为了得到正确的螺旋角。(　　)

116. 安装蜗轮滚刀刀架需要转角度。(　　)

117. 滚切齿轮时,刀架扳动角度的大小和方向,与滚刀刀齿螺旋升角λ的大小和方向有关,与斜齿轮本身的螺旋角β的大小和方向无关。(　　)

118. 在滚齿机上加工大质数斜齿轮的调整与加工大质数的直齿轮调整相同。(　　)

119. 用平顶齿轮原理加工直锥齿轮时，机床需要刀具倾斜的调整装置，故结构较为简单，而且刚性好。（ ）

120. 在精加工调整齿面接触区位置时，不需要改变刀架齿角。（ ）

121. 当用左旋刀盘切削左旋齿轮时，刀片切削是从大的切削厚度开始，刀片切下来的铁屑由厚变薄，切削力比较小，避免了挤压现象。我们叫它为顺铣。（ ）

122. 在加工斜齿圆柱齿轮时，差动机构离合器不应接通，否则就要引起乱齿。（ ）

123. 现有一直齿圆柱齿轮 $Z=30, m=6, \alpha=20°, W_4=64.52$ 在滚齿机上加工，第一次上刀后，测量出公法线长度 $W_4=65.52$。那么第二次上刀 1.46，达到要求的公法线长度 $W_4=64.52$。（ ）

124. 修正压力角最简便的方法之一是改变切齿的水平轮位。使被切齿轮以一个新的节锥切齿，从而使原节锥处的压力角发生变化，此时，刀片和压力角并不改变。（ ）

125. 弧齿轮需要用特殊铣刀盘进行铣削，在铣齿过程中，能够连续进行切削，不需要退出工件进行分度。（ ）

126. 弧齿锥齿轮的切齿方法不同，有不同的机床调整计算，但调整计算是很简单的。（ ）

127. 弧齿锥齿轮的加工精度要求较高，产量较大，机床与刀盘齐全时，采用固定安装法比较合适。（ ）

128. 仿形法磨齿机是采用齿部成形的原理使用与齿槽齿廓相同的成型砂轮将齿形磨出。（ ）

129. 在磨斜齿轮时，砂轮和齿轮的相对运动相当于斜齿轮的啮合传动。（ ）

130. 滚切变位斜齿轮时，选择刀具要根据工件图样的要求，根据工件的齿数、压力角、精度等级和工装要求确定。（ ）

131. 当用左旋刀盘切削右旋齿轮时，切削力的轴向分力将零件推向夹具上，比较合理。（ ）

132. 对于外齿轮，相隔若干个齿的两外侧齿面各与两平行平面之中的一个平面相切，此两平行平面之间的垂直距离就称为该齿轮的公法线长度。（ ）

133. 标准直齿圆柱齿轮的计算公式为 $W_k=m\sin\alpha[\pi(K-0.5)+Z\mathrm{inv}\alpha]$。（ ）

134. 当齿轮直径较小，或斜齿轮的齿宽 $b<W_k\cos\beta$ 时，不能用公法线测量。（ ）

135. 对于内齿轮，公法线长度指的是相隔若干个齿槽的两内侧齿面。（ ）

136. 固定弦齿高是指固定弦的中点到齿顶面的最短距离。（ ）

137. 用固定弦法测量齿厚，因为它与齿数有关，这就使计算比较方便。（ ）

138. 斜齿圆柱齿轮公法线长度与端面压力角有关，与法向压力角无关。（ ）

139. 齿厚偏差 ΔE_s 是指分度圆柱上，齿厚实际值与公称值之差。对于斜齿轮，指端面齿厚。（ ）

140. 弦齿厚是指齿厚所对的弦长。（ ）

141. 公法线千分尺是用来测量公法线长度尺寸的，由于它使用简便，一般工厂、车间都采用它。（ ）

142. 对于标准圆柱齿轮齿数 Z 为偶数的外跨棒距 M 的公称值等于 2 倍量棒中心至被测齿轮中心的距离 R_x 加量棒的直径 d_p 之和。（ ）

143. 齿轮用滚珠或滚柱测量比用齿厚游标卡尺测量精度低,可直接确定齿厚误差值。( )

144. 基节是指基圆柱切平面所截两相邻同侧齿面的交线之间的法向距离。( )

145. 齿形误差的测量范围,应在齿根以下工作圆为限,即限于齿轮副中与另一齿轮的共轭齿形啮合的有效接触区。( )

146. 齿形误差是指在法截面上,齿形工作部分内,包容实际齿形且距离为最小的两条设计齿形间的法向距离。( )

147. 刀具与工件的展成运动遭到破坏或分度不准确而产生的误差,称为齿轮刀具产形面误差。( )

148. 在加工中齿表面粗糙度超差的原因是由于刀具选择不合理。( )

149. 机床刀架导轨与刀架之间有间隙,引起齿表面粗糙度差。( )

150. 刀架部分直接影响被加工锥齿轮的齿距差及接触精度。( )

151. 若砂轮压力角调整时偏大了,就会使齿轮的基圆变大。基圆变了,所加工出来的齿形,就不是我们所要求的理想渐开线。( )

152. 磨头往复冲击大,冲程长度及位置选择不当,可引起齿距累积误差。( )

153. 磨削温度引起很不均匀的热膨胀,使工件表面产生较大的应力。当局部应力超过工件材料的强度极限时,就产生磨削裂纹。( )

154. 西门子数控齿轮加工机床,只需输入的齿轮数据,便可以采用西门子系统对话程序加工齿轮程序可自动实现从数据库调出数据功能。( )

155. 西门子系统数控齿轮加工机床,不得更改控制系统存储单元中的内容及对话程序,否则会造成程序或者计算数据的丢失。( )

156. 西门子系统数控齿轮加工机床,操作面板上的"TAB 键"用于激活上一个输入区。( )

157. 磨齿余量应尽可能小,这样不仅有利于提高磨齿生产率,而且可减小从齿面上磨去的淬硬层厚度,提高齿轮承载能力。( )

158. 磨齿加工时,磨削深度 a_p 是指一次进刀下,砂轮磨去金属层的厚度;对于各种展成法磨齿来说,磨削深度 a_p 是指砂轮相对于渐开线法线方向的切入深度。( )

159. 磨齿加工时,磨削深度 a_p 是指一次进刀下,砂轮磨去金属层的厚度;对于在成形砂轮磨齿法磨齿时,磨削深度 a_p 是指砂轮在工件半径方向的切入深度。( )

160. 插内齿轮时,插齿刀与内齿轮实际上可看作为一对内啮合齿轮副,当插齿刀与内齿轮的齿数差的多时,容易产生内齿轮的齿顶干涉,即被顶切。( )

161. 在修理机械设备中,能否准确判断故障、分析原因,恢复设备的工作性能,主要与设备状态有关,而与机械钳工的工作质量关系不大。( )

162. 事后维修是机床发生故障或性能,精度降低到合格水平以下时所采取的非计划性修理。( )

163. 设备出现故障,应及时通知修理人员修理,与自己无关。( )

164. 齿轮加工机床使用的切削油主要是由矿物油和水制成,少数切削油采用动、植物油制成。( )

165. 磨损不是影响机床使用性能和寿命的主要原因。( )

166. 为提高机床寿命，最有效的办法是经常性和定期对机床进行维护。( )

167. 实际工作中，有大部分的机床故障都是润滑不良引起的。( )

168. 飞溅润滑主要用于高速、重载和对温升有一定要求的场合。( )

169. 手工润滑的特点是装置简单，供油时间长，润滑效果好，多用于负载较轻、速度较低或作间歇运动的摩擦表面。( )

170. 钠基润滑脂可在高温下工作，但不能与水接触。( )

171. Y54 型插齿机床的工作台摆动滚柱采用润滑脂润滑。( )

172. 润滑速度高时，采用粘度低的润滑油。( )

173. Y3150E 型滚齿机床的刀架斜齿轮副和锥齿轮副均采用油池润滑。( )

174. 初次经过大修的机床，它的精度和性能应达到原出厂的标准。( )

175. 数控齿轮加工机床使用时，为了操作方便、提高生产率，可以降低安全装置和保护措施的功能，或降低它们的工作效果。( )

176. 在机床维修和清理期间，机床供电应断开，主电源开关断电，并采取防护措施。( )

177. 西门子系统数控滚齿机如果需要提前更换滤芯时，在屏幕上会显示信息提示。( )

178. 西门子系统数控齿轮加工机床在机床运转速度低于许用速度时，同步波动将会影响工件的加工质量但不会显示错误信息。( )

179. 数控齿轮加工机床不用对液压和润滑系统的油压和油位保持监视。( )

180. 铣床在开动横向或垂直进给时有带动纵向移动的现象，这主要是由于拨动纵向进给的拨叉与离合器之间的配合间隙过小。( )

181. 机床的项修是指定期对机床的各项进行检查维修。( )

182. 在工作过程中，发现机床有不正常现象时，要及时调整和修理，或请维修工进行检修。( )

183. 开机前应按润滑规定加油、检查油标、油量是否正常，油路是否畅通，保持润滑系统清洁，润滑良好。( )

184. 滚齿机床的中修就是对机床的一次大的保养，不涉及部件的拆修问题。( )

185. 滚齿机床两班制连续使用三年，由操作者进行的一次保养称为机床二级保养。( )

五、简 答 题

1. 何谓变位齿轮?
2. 一对渐开线直齿轮正确啮合的条件是什么?
3. 简述编制零件机械加工工艺规程的步骤。
4. 视图分为几种视图? 基本视图是什么?
5. 试问公差带的大小和位置是由什么决定的。
6. 什么叫齿向误差?
7. 什么叫顶隙 c?
8. 斜齿轮的分度圆与分度圆直径 d 的解释和公式分别是什么?

9. 什么叫法向齿距 P_n，用什么公式求法向齿距 P_n？

10. 什么叫直锥齿轮的齿高，齿顶高，齿根高？

11. 弧齿锥齿轮调整表中选用的刀盘与齿轮的什么参数有关？

12. 在直锥齿轮中什么叫不等顶隙收缩齿？

13. 什么叫工艺过程？

14. 什么叫生产过程、工艺规程？

15. 斜齿轮正确啮合的条件是什么？

16. 对齿轮工艺规程中的工序图的要求是什么？

17. 请谈一谈变位齿轮的五大应用？

18. 什么是铣齿机的偏心角？

19. 简述圆柱齿轮轮齿精度与加工工艺的关系。

20. 简述 42CrMo 与 20CrMnMo 材料的齿轮加工工艺有何不同。

21. 什么是工步？工序和工步的关系？

22. 现有一直齿轮，该直齿轮 $Z=35m=7W_k=123.27$，幅板上有 4 个减震孔，齿面、内圆端面粗糙度均为 Ra0.8，其余 Ra6.3，材料为 42CrMo，精度为 6 GB/T 10095.1—2008 技术条件：①齿轮调质硬度 HB255～280；轮齿淬火，齿面硬度 HRC55～60。②磨削时，齿面不许有裂纹。③锐棱倒角 2×45°，请编制简单工艺过程。

23. 说明滚齿的切削速度、走刀量和切削深度如何选择。

24. 为什么在磨齿机上磨削 42CrMo 和 20CrMoTi 材料的齿轮，切削深度不同？

25. 什么叫六点定位原则？

26. 在两顶尖上装夹齿轮轴，两顶尖定位后，齿轮轴限制了几个自由度？

27. 什么叫定位误差？

28. 请回答金属切削刀具的分类？

29. 滚齿刀具材料应该具有哪些切削性能？

30. 请试述一砂轮“P3X35×25×127WA60HV35”中各参数表示什么。

31. Y38A 滚齿机的传动系统有几种运动？

32. 在插齿加工中插齿机主要有几种运动？

33. 插削直齿轮时，机床调整有哪几方面？

34. Y236 刨齿机加工直锥齿轮时主要需要调整哪些方面？

35. 简述在计算机上计算“滚齿机差动挂轮表”的步骤。

36. 简述插齿刀的实质是什么。

37. 硬质合金刮削滚刀的作用？

38. 用锥型砂轮，展成磨齿法调整机床的项目有哪些？

39. 变位圆柱斜齿轮在什么情况下才使用？

40. 简述圆柱斜齿轮在滚齿机上的加工原理。

41. 滚切齿轮时对安装滚刀刀杆有什么要求？

42. 产生齿面烧伤和磨削裂纹的主要原因是什么？

43. 为什么锥齿轮的几何尺寸是以大端为标准计算？

44. 修正锥齿轮齿长的接触区怎样调整刨刀？

45. 刨齿时齿深不准的原因是什么?

46. 谈谈螺旋锥齿轮与直锥齿轮相比有什么特点?

47. 弧齿锥齿轮展成法的加工原理是什么?

48. 生产中,锥齿轮在滚动检验机上检验接触区应注意什么?

49. 游标卡尺测量齿轮公法线时应怎样读数?

50. 使用块规时注意的事项?

51. 简述手提式基节仪的使用方法。

52. 圆柱(球)测量距法测量圆柱齿轮齿厚的优缺点及应用。

53. 测量公法线长度法来测量圆柱齿轮齿厚的优缺点及应用。

54. 滚齿加工时,采用轴向滚切逆滚法的特点。

55. 平行轴的斜齿轮传动时,常采用"主动轮左右手定则"来判定齿轮轴上的轴向力,请描述主动轮的左右手定则。

56. 什么叫仿形法加工齿轮,及其加工特点和适用范围。

57. 齿轮齿廓啮合基本定律是什么?

58. 齿条与齿轮相比有哪三个主要特点?

59. 内齿轮与外齿轮相比较有哪三个主要的不同点?

60. 齿轮加工时,什么叫根切现象?

61. 设计夹紧机构时,确定夹紧力作用方向应考虑哪些基本要求?

62. 对机床夹具的基本要求是什么?

63. 请任意列举出五种属于工艺装备的工具。

64. 什么叫机械加工精度?

65. 在机械传动中,螺旋锥齿轮的种类有哪些?

66. 什么是机床的大修?

67. 机床完好的标准是什么?

68. 什么叫机床的定期维护?

69. 影响滚齿机床使用性能及寿命的主要原因是什么? 如何对机床进行维护?

70. 什么是机床的项修?

六、综 合 题

1. 已知一标准直齿轮,$m=5$,$Z=30$,$\alpha=20°$,$h_a^*=1$,试确定分度圆直径 d,齿顶圆直径 d_a,齿根圆直径 d_f。

2. 减速器中一对标准斜齿圆柱齿轮,已知模数 $m_n=3$,主动齿轮齿数 $Z_1=20$,右旋,从动齿轮齿数 $Z_2=78$,左旋,螺旋角 $\beta=11°28'$,试求端面模数 m_t,小大轮分度圆直径 d_1、d_2,全齿高 h 及两轮的中心距 a。($\sin 11°28'=0.198\ 8$,$\cos 11°28'=0.980\ 04$)

3. 已知一对直齿锥齿轮,模数 $m=4$,齿数 $Z_1=20$,$\alpha=20°$,$Z_2=60$,轴交角 $\Sigma=90°$,求分度圆锥角 δ_1,δ_2。($\tan 71°34'=3.000\ 28$,$\tan 72°7'=3.099$)

4. 已知一变位直齿轮的 $m=2$,$\alpha=20°$,$X=0.9$,$Z=30$,跨侧齿数 $K=4$,试确定它的公法线长度 W_k。($\text{inv}20°=0.014$)

5. 有一齿数为 20 的标准正齿轮,测得外径 d_a 为 87.9,根径 d_f 为 69.9,试确定模数 m。

6. 现有一对直锥齿轮,测绘数据如下:$Z_1=30$,$Z_2=35$,$\Sigma=90°$,$\alpha=20°$,小大轮齿顶圆直径 $d_{a1}=157.60$,$d_{a2}=181.51$,求模数 m。($\cos40°36'=0.76$,$\cos49°24'=0.65$)

7. 某齿轮 $\alpha=20°$,在滚齿机上加工,第一次切削后测得公法线长度 $W_1=71.36$,图样上要求的公法线长度 $W=69.24$,第二次的切削深度 H 应该是多少?

8. 有一滚齿机,已知传动系统路线如下:滚刀一转→齿轮$\dfrac{Z_{64}}{Z_{16}}$→刀架锥齿轮$\dfrac{Z_{20}}{Z_{20}}$→主轴锥齿轮$\dfrac{Z_{23}}{Z_{23}}$→下面的锥齿轮$\dfrac{Z_{23}}{Z_{23}}$→水平轴中间的齿轮$\dfrac{Z_{46}}{Z_{46}}$→经差动机构→齿轮$\dfrac{e}{f}$→分齿挂轮$\dfrac{a\times b}{c\times d}$→工作台蜗轮副$\dfrac{1}{96}$,并知当 $Z_工\leqslant161$ 时,$\dfrac{e}{f}=\dfrac{36}{36}=1$,当 $Z_工>161$ 时,$\dfrac{e}{f}=\dfrac{24}{48}=\dfrac{1}{2}$,求滚切直齿圆柱齿轮时的分齿挂轮公式。

9. 已知一齿轮 $m=5$,$Z=40$,$\alpha=20°$,插齿刀模数 $m_刀=5$ 时,插齿刀的齿数 $Z_刀=20$,插齿机床的分齿挂轮公式为 $i_分=\dfrac{a\times c}{b\times d}=\dfrac{2.4Z_刀}{Z}$。求分齿挂轮。

10. 在 Y236 刨齿机上加工一对直锥齿轮 $m=4$,$Z_1=30$,$Z_2=30$,$\alpha=20°$,锥距 $R=84.853$,齿角定数为 57.296,求齿角。($\tan20°=0.363\ 97$)

11. 一对变位直齿轮传动,$Z_1=30$,$Z_2=40$,$m=7$,$\alpha=20°$,实际中心距 $a'=246.4$,求啮合角 α'。($\cos20°=0.939\ 69$,$\sin20°=0.342$,$\cos20.876\ 05°=0.934\ 35$)

12. 一变位直齿轮 $m=5$,$Z=31$,$X=0.2$,公法线长度 $W_k=69.12$,$\alpha=25°$,第一次进刀后公法线长度 $W_1=69.72$。求第二次径向进给量。($\cos25°=0.906\ 3$,$\sin25°=0.422\ 6$,$\tan25°=0.466\ 3$,$\cot25°=87.709\ 4$)

13. 在一滚齿机上加工一质数直齿轮,$Z=113$,$m=5$,$\alpha=20°$,分齿挂轮定数为 24,选用 $\delta=1/15$,滚刀头数 $Z_刀=1$,右旋,求分齿挂轮。

14. 在 Y7150 磨齿机上加工一齿轮,$Z=42$,$m_n=5$,$\alpha=25°$,砂轮压力角 $\alpha_砂=20°$,展成挂轮的定数 $K=119.537\ 2$,求展成挂轮的比值。($\cos25°=0.906\ 31$,$\sin25°=0.422\ 62$,$\cos20°=0.939\ 69$,$\sin20°=0.342$)

15. 一圆柱直齿变位齿轮,$Z=42$,$m=5$,$X=0.2$,$\alpha=25°$,跨齿数 $K=7$,求公法线长度 W_k。($\text{inv}25°=0.03$,$\cos25°=0.906\ 3$,$\sin25°=0.422\ 6$,$\tan25°=0.466\ 3$)

16. 已知一外圆柱变位直齿轮,$m=5$,$Z=42$,$\alpha=20°$,$X=0.2$,计算该齿轮的固定弦齿厚 $\overline{S_c}$ 和固定弦齿高 $\overline{h_c}$。($\cos20°=0.939\ 69$,$\sin20°=0.342$,$\tan20°=0.363\ 97$)

17. 一圆柱斜齿轮,$m_n=5$,$Z=68$,$X_n=-0.35$,$\alpha_n=20°$,$\beta=28°25'34''$。求端面模数 m_t,分度圆直径 d,齿顶高 h_a,齿根高 h_f,齿全高 h。($\cos28°25'34''=0.879\ 43$)

18. 有一圆柱斜齿轮,$m_n=5$,$Z=42$,$X_n=0.2$,$\alpha_n=25°$,$\beta=28°25'$,固定弦齿厚 $\overline{S_{cn}}=7.22$,固定弦齿高 $\overline{h_{cn}}=4.317$,第一次进刀后固定弦齿厚 $\overline{S_{cn1}}=7.62$,求第二次径向进给量。($\cos25°=0.906\ 3$,$\sin25°=0.422\ 6$,$\tan25°=0.466\ 3$)

19. 在立式滚齿机上加工一变位斜齿轮,$m_n=5$,$Z=42$,$X_n=-0.2$,$\alpha_n=20°$,$\beta=15°$,差动挂轮定数 $K=7.957\ 75$,滚刀头数 $n=1$,求差动挂轮比值 $i_差$。($\sin15°=0.258\ 82$,$\cos15°=0.965\ 93$)

20. 有一变位圆柱斜齿轮,$m_n=5$,$Z=42$,$\beta=15°$,左旋齿,滚刀螺旋升角 $\lambda=3°12'$右旋,求滚齿机刀架扳动角度的大小和方向。

21. 在 Y38A 型滚齿机上，加工一右旋质数斜齿轮，$m_n=4$，$Z=103$，$\beta=30°$，分齿挂轮定数为 24，$S_{垂}=1$，用右旋滚刀，$K=1$，取 $\delta=\frac{1}{25}$，试求分齿挂轮。

22. 在 Y7150 磨齿机上加工一齿轮，$m_n=5$，$Z=42$，$\alpha_n=20°$，$\beta=15°$，右旋齿，展成挂轮的定数 $K=119.5372$，求展成挂轮的比值。($\cos20°=0.939\ 69$，$\sin20°=0.342$，$\cos15°=0.965\ 93$)

23. 一圆柱斜齿轮，$m_n=7$，$Z=50$，$\beta=18°15'$，右旋，$\alpha_n=22°30'$，$X_n=-0.2$，求固定弦齿厚 $\overline{S_{cn}}$ 和固定弦齿高 $\overline{h_{cn}}$。($\cos22°30'=0.923\ 88$，$\tan22°30'=0.414\ 21$，$\sin22°30'=0.382\ 68$)

24. 一斜齿变位圆柱齿轮，$m_n=8$，$Z=60$，$\beta=20°30'$，右旋，$\alpha_n=20°$，$X_n=0.2$，当量齿数 $Z_v=72.287\ 53$，渐开线函数 $\text{inv}20°=0.014\ 9$，跨齿轮 $K=9$，求公法线长度 W_{kn}。($\cos20°=0.939\ 69$，$\sin20°=0.342$)

25. 一外圆柱直齿轮，$m=10$，$Z=29$，$\alpha=25°$，$X=0.244$，跨齿数 $K=5$，径跳 $F_r=0.051$，公法线平均长度为 $W_k=138.066$，齿轮精度为 $7(^{-0.308}_{-0.484})$GB 10095.1—2008，求公法线平均长度的上偏差、下偏差和公差。($\cos25°=0.906\ 3$，$\sin25°=0.422\ 6$)

26. 一对标准直齿锥齿轮，$m=3$，$Z_1=20$，$Z_2=40$，$\Sigma=90°$，$\delta_2=63°26'$，试计算小轮分锥角 δ_1，小大轮齿顶圆直径 d_{a1}、d_{a2}，锥距 R，齿宽 b。($\sin26°34'=0.447\ 24$，$\cos26°34'=0.894\ 41$，$\sin63°26'=0.894\ 41$，$\cos63°26'=0.447\ 24$)

27. 加工一直锥齿轮，$Z_1=29$，$Z_2=48$，$\alpha=20°$，$\Sigma=90°$，求 Y236 刨齿机的滚切挂轮比值。

28. 在 Y236 刨齿机上加工一对圆锥齿轮，$m=3$，$Z_1=22$，$Z_2=35$，$\alpha=20°$，$\delta_1=32°09'$，$\delta_2=57°51'$，求小大轮摇台摆角 θ_1，θ_2。($\sin32°09'=0.532\ 14$，$\sin57°51'=0.846\ 66$)

29. 有一直锥齿轮，$m=3.175$，$Z=28$，$\alpha=20°$，求分度圆弦齿厚 $\overline{S}$。

30. 有一直锥齿轮，$m=3.175$，$Z=18$，$\alpha=20°$，$\delta=32°44'$，$\cos32°44'=0.841\ 2$，求分度圆弦齿高 $\overline{h_a}$。

31. 已知一对弧齿锥齿轮，$m=3$，$Z_1=21$，$Z_2=40$，$\alpha=20°$，$h_a^*=0.85$，$\beta=35°$，$C^*=0.188$，$X_1=0.29$，$X_2=-0.29$，$\Sigma=90°$，按格里森制计算分度圆直径 d_1、d_2，齿顶高 h_{a1}、h_{a2}，齿根高 h_{f1}、h_{f2}，齿全高 h_1、h_2。

32. 有一对弧齿锥齿轮，$Z_1=Z_2=40$，$m=4$，$\alpha=20°$，$\beta=35°$，$\Sigma=90°$，分锥角 $\delta=45°$，求分度圆直径 d，锥距 R，齿宽 b。($\sin45°=0.707\ 107$)

33. 已知有一对弧齿锥齿轮，$Z_1=21$，$Z_2=40$，$m=3$，$\beta=35°$，跳齿数 $Z_i=13$，在 Y225 铣齿机上加工，用单号单面法。(1)大轮采用切入法粗加工，滚切法精加工。(2)小轮采用滚切法加工凹凸面。求大小轮的分齿挂轮。

34. 一个 2″刀盘，外切刀片切削刃上刀尖直径 $D_{da}=51.20$，内切刀片切削刃上刀尖的直径 $D_{di}=50.40$，求该刀盘的刀顶距 W。

35. 有一内齿轮，$Z=40$，$m=4$，$\alpha=20°$，求被测内齿轮的圆棒直径 d_p。

制齿工(高级工)答案

一、填 空 题

1. 配合　2. 几何形状误差　3. 过盈配合　4. 最大实体
5. 钢　6. 内应力　7. 调质处理　8. 合金
9. 齿轮　10. 正变位齿轮传动　11. $\Sigma<90°$　12. 位置
13. 内齿轮　14. 齿轮加工　15. 刚性　16. 硬质合金
17. 切削部分　18. 机械能　19. 专用　20. 维护保养
21. 三角函数　22. 交流电动机　23. 主机　24. 存储
25. 交换信息　26. 电路　27. 0.01 A　28. 额定值
29. 安全生产规章制度　30. 人为活动　31. 整体系统　32. 本岗位
33. 相对位置　34. 质量保证体系　35. 防护用品　36. 1994 年 7 月
37. 法律　38. 劳动者　39. 秘密　40. 淬硬性
41. 传递动力　42. 工艺　43. 机械性能　44. 静压能
45. 流量　46. 笔画清楚　47. 要素　48. 啮合线
49. 重合度　50. 螺旋角　51. $90°-\delta_1$ 或 $\arctan(Z_2/Z_1)$
52. 啮合线　53. 设计齿形　54. 有效部分　55. 制造精度
56. 渐开线圆柱齿轮　57. 差动挂轮箱　58. 旋转运动　59. 设备
60. 量具　61. 齿轮机构　62. 检验校正　63. 锥角
64. 工艺方法　65. 合理　66. 渐开线　67. 齿厚
68. 齿厚　69. 15.75　70. 15.75　71. 柱塞泵
72. 左旋　73. 加工过程　74. 分度圆　75. 产形冠轮
76. 结构工艺性　77. 技术条件　78. 磨削余量　79. 生产性质
80. 热处理变形　81. 粗糙度　82. 劳动生产率　83. 通用
84. 夹具　85. 六个自由度　86. 设计基准　87. 完全定位
88. 提高生产率　89. 夹紧力　90. 正确位置　91. 工艺基准
92. 定位基准　93. 刀具　94. 定位元件　95. 定位元件
96. 精切滚刀　97. 齿轮滚刀　98. 盘形　99. 正值
100. 往复行程数　101. 直齿锥齿轮刨刀　102. 镶体铣刀盘　103. 前面
104. 齿间宽中点　105. 磨粒　106. 锥面　107. 较粗的粒度
108. 粗糙度　109. 越大　110. 精滚　111. 调整计算
112. 对刀架　113. 工件　114. 径向跳动　115. 固定安装
116. 精切　117. 平顶齿轮　118. 标准齿轮　119. 被切齿轮
120. 取样长度　121. 变动量　122. $0.1m_n$　123. 公法线千分尺

124. 接触痕迹 125. 调整改变值 126. 平面量爪 127. 滚珠或滚柱
128. 万能渐开线检查仪 129. 弧长 130. 当量圆柱
131. 啮合质量 132. 粗糙度 133. 安装错误 134. 公法线长度
135. 负前角 136. 齿向误差 137. 齿向误差 138. 偏心
139. 平顶假想齿轮 140. 传动链 141. 啮合线 142. 齿面烧伤
143. 方向相同 144. 表示方法 145. 断开 146. 粗实线
147. 细实线 148. 粗实线 149. 基圆 150. 几何偏差
151. 冲程位置 152. 重合 153. 中心线 154. 摇台的回转轴心线
155. 精切齿的精度 156. 接触斑点 157. 刀槽中心线 158. 斜齿轮
159. 人字交点对中 160. 12 161. 预防 162. 润滑系统
163. 异常 164. 磨损 165. 操作不当 166. 毛细管
167. 集中润滑 168. 周末维护 169. 保养 170. 释放
171. 运转 172. 超出 173. 错误 174. 主轴制动
175. 飞溅润滑 176. 项修 177. 一级保养 178. 非计划性
179. 运动速度 180. 原出厂的 181. 使用寿命 182. 机床使用说明书
183. 滤清 184. 黏度低 185. 超负荷使用

二、单项选择题

1. C 2. D 3. D 4. B 5. A 6. C 7. C 8. B 9. D
10. B 11. B 12. A 13. B 14. B 15. A 16. A 17. B 18. B
19. D 20. B 21. D 22. D 23. C 24. D 25. B 26. D 27. D
28. C 29. A 30. A 31. D 32. B 33. B 34. B 35. D 36. B
37. C 38. C 39. B 40. A 41. C 42. C 43. A 44. B 45. C
46. C 47. B 48. A 49. A 50. A 51. B 52. B 53. B 54. D
55. C 56. B 57. A 58. B 59. C 60. A 61. B 62. A 63. B
64. B 65. B 66. C 67. C 68. D 69. D 70. C 71. D 72. C
73. B 74. D 75. C 76. D 77. C 78. B 79. B 80. B 81. B
82. D 83. D 84. B 85. A 86. C 87. A 88. B 89. B 90. A
91. C 92. B 93. C 94. A 95. B 96. C 97. A 98. A 99. A
100. B 101. C 102. B 103. B 104. D 105. A 106. D 107. D 108. B
109. D 110. B 111. B 112. B 113. B 114. D 115. C 116. B 117. D
118. C 119. C 120. B 121. B 122. A 123. C 124. C 125. B 126. C
127. D 128. A 129. B 130. A 131. D 132. A 133. C 134. A 135. C
136. C 137. B 138. C 139. D 140. C 141. B 142. D 143. D 144. A
145. C 146. A 147. B 148. B 149. D 150. A 151. B 152. B 153. C
154. A 155. D 156. D 157. C 158. C 159. B 160. A 161. B 162. D
163. A 164. D 165. A 166. B 167. B 168. C 169. B 170. D 171. D
172. C 173. B 174. D 175. A 176. B 177. A 178. A 179. A 180. A
181. D 182. A 183. B 184. B 185. C

三、多项选择题

1. CD　2. ABC　3. BC　4. ACD　5. CD　6. AD　7. ABD
8. AD　9. BC　10. AB　11. CD　12. BC　13. ABC　14. CD
15. ACD　16. ABC　17. AD　18. CD　19. BCD　20. BCD　21. ACD
22. ABD　23. AD　24. ABC　25. BD　26. BC　27. AC　28. BCD
29. ABD　30. BCD　31. CD　32. BC　33. AD　34. ABC　35. BC
36. BCD　37. AC　38. BCD　39. CD　40. ABD　41. ABD　42. ACD
43. BD　44. BC　45. AB　46. BC　47. AD　48. ABD　49. ABCD
50. AC　51. BCD　52. AC　53. AC　54. AB　55. BCD　56. ABC
57. BCD　58. ABD　59. ABD　60. AC　61. ABC　62. ABD　63. BCD
64. AC　65. AD　66. AD　67. BCD　68. AD　69. AB　70. AC
71. AB　72. ABC　73. ACD　74. ABC　75. AC　76. ABD　77. BCD
78. AD　79. BC　80. AB　81. ABCD　82. ABD　83. ACD　84. ABD
85. BD　86. AB　87. ABD　88. AD　89. BC　90. ACD　91. AB
92. ABCD　93. AC　94. ACD　95. BCD　96. BC　97. ABC　98. BCD
99. ACD　100. AC　101. AC　102. AD　103. BC　104. BD　105. BCD
106. BC　107. BC　108. ABCD　109. BD　110. AC　111. ABD　112. ABCD
113. AD　114. ABD　115. BC　116. BC　117. ABC　118. AB　119. BCD
120. ABCD　121. ACD　122. ABC　123. BCD　124. AC　125. AB　126. AC
127. ABD　128. AD　129. BCD　130. AB　131. AC　132. BCD　133. ABC
134. BC　135. ACD　136. ABD　137. ABCD　138. ABC　139. BCD　140. ABD
141. BC　142. AC　143. BCD　144. ABCD　145. ABD　146. BCD　147. ABCD
148. ABC　149. ABD　150. ABC　151. ABCD　152. BCD　153. ACD　154. ABD
155. ABD　156. AC　157. ACD　158. ABCD　159. BCD　160. ABC　161. ABD
162. BC　163. BCD　164. BD　165. BC　166. AC　167. AD　168. ABD
169. ACD　170. ABD　171. BD　172. ABD　173. ABD　174. ABC　175. AD
176. ABD　177. BD　178. ABC　179. AD　180. BC　181. ABD　182. BCD
183. CD　184. ABC　185. AD　186. ABC　187. AB　188. CD　189. AB
190. ABD　191. AB　192. AD　193. AC　194. AC　195. ABC

四、判 断 题

1. √　2. ×　3. ×　4. ×　5. ×　6. ×　7. √　8. ×　9. √
10. ×　11. ×　12. √　13. ×　14. ×　15. ×　16. ×　17. √　18. ×
19. ×　20. ×　21. ×　22. ×　23. ×　24. ×　25. ×　26. √　27. √
28. √　29. √　30. ×　31. ×　32. √　33. ×　34. √　35. √　36. ×
37. ×　38. √　39. ×　40. √　41. ×　42. ×　43. √　44. √　45. √
46. ×　47. ×　48. √　49. ×　50. √　51. √　52. ×　53. ×　54. ×
55. ×　56. ×　57. ×　58. √　59. √　60. ×　61. ×　62. √　63. √

64. × 65. × 66. √ 67. × 68. √ 69. × 70. × 71. × 72. ×
73. √ 74. × 75. × 76. × 77. × 78. √ 79. × 80. × 81. ×
82. × 83. √ 84. √ 85. × 86. √ 87. √ 88. √ 89. × 90. ×
91. × 92. × 93. √ 94. × 95. √ 96. √ 97. × 98. × 99. ×
100. × 101. √ 102. √ 103. √ 104. √ 105. × 106. √ 107. √ 108. ×
109. × 110. × 111. × 112. √ 113. × 114. × 115. √ 116. × 117. ×
118. × 119. × 120. × 121. × 122. × 123. √ 124. √ 125. × 126. ×
127. √ 128. √ 129. √ 130. × 131. × 132. √ 133. × 134. × 135. ×
136. √ 137. × 138. × 139. × 140. √ 141. √ 142. √ 143. × 144. √
145. √ 146. × 147. × 148. × 149. √ 150. √ 151. × 152. × 153. √
154. √ 155. √ 156. × 157. √ 158. √ 159. √ 160. × 161. × 162. √
163. × 164. × 165. × 166. √ 167. √ 168. × 169. × 170. √ 171. √
172. √ 173. √ 174. √ 175. × 176. √ 177. × 178. √ 179. × 180. ×
181. × 182. √ 183. √ 184. × 185. ×

五、简 答 题

1. 答：变位齿轮是一个非标准齿轮(2 分)，是在加工齿形时，改变刀具对齿坯的相对位置而切制的齿轮(3 分)。

2. 答：一对渐开线直齿轮正确啮合的条件是：(1)两轮的模数必须相等(2.5 分)；(2)两轮的分度圆压力角必须相等(2.5 分)。

3. 答：步骤大致有下列几步：对零件的工艺分析；确定毛坯；拟定工艺路线；确定工序的机床、夹具、刀具、量具和辅助工具；确定加工余量；确定切削用量和工时定额；确定重要工序检查方法；填写工艺文件。(答全 5 分，缺项或顺序错误每处扣 1 分，扣完为止)

4. 答：视图是基本视图、向视图、局部视图和斜视图等四种(2 分)。基本视图是主视图、俯视图、左视图、后视图、仰视图、右视图等六个基本视图(3 分)。(答全满分，缺项每处扣 1 分，扣完为止)

5. 答：公差带的大小是由国家标准中用表格列出的标准公差确定的(2.5 分)，而公差带相对零线的位置则是由国家标准中用表格列出的基本偏差确定的(2.5 分)。

6. 答：在分度圆柱面上，齿宽有效部分范围内(端部倒角部分除外)(2.5 分)，包容实际齿线且距离为最小的两条设计齿线之间的端面距离为齿向误差(2.5 分)。

7. 答：顶隙 c 系指一个齿轮的齿顶圆到其相配齿轮的齿根圆之间的距离(3 分)。它等于齿顶高 h_a 和工作高度 h' 之差(1 分)。也等于顶隙系数 c^*(一般为 0.25)乘以法向模数 m_n，即 $c=h_a-h'=c^*\times m_n$(1 分)。

8. 答：斜齿轮的分度圆系指分度圆圆柱面与端平面的交线(1 分)。分度圆的直径叫分度圆直径(1 分)。分度圆直径 d 等于齿数 Z 乘以端面模数 m_t(1 分)，也等于齿数 Z 乘以法面模数 m_n 除以螺旋角的余弦(1 分)。即 $d=Z\times m_t=Z\times m_n/\cos\beta$(1 分)。

9. 答：法向齿距系指在斜齿轮的分度圆柱上，其齿线的法向螺旋线在两个相邻的同侧，齿面之间的弧长(3 分)。法向齿距 P_n 的公式如下：$P_n=P_t\times\cos\beta=m_n\times\pi$(2 分)。

10. 答：齿顶圆至齿根圆之间沿背锥母线量度的距离叫齿高(1 分)。齿顶圆至分度圆之间沿背锥母线量度的距离叫齿顶高(2分)。分度圆至齿根圆之间沿背锥母线量度的距离叫齿根高(2分)。

11. 答:弧齿锥齿轮切齿时,是根据齿轮的螺旋角、外锥距、齿全高、齿面宽、模数来选用铣刀盘的。因此选用的铣刀盘与螺旋角(1分)、外锥距(1分)、齿全高(1分)、齿面宽(1分)、模数(1分)有关。

12. 答:在直锥齿轮中顶锥、根锥和分锥的顶点相重合(2分);齿轮副的顶隙由大端到小端逐渐减小的直锥齿轮叫不等顶隙收缩齿(3分)。

13. 答:工艺过程是指改变生产对象的形状(1分)、尺寸(1分)、相对位置(1分)和性质(1分)等,使其成为成品或半成品的过程(1分)。

14. 答:生产过程是指将原材料转变为成品的全过程(2分)。工艺规程是指规定产品或零部件制造工艺过程(1.5分)和操作方法(1.5分)等的工艺文件。

15. 答:一对斜齿轮的正确啮合条件是模数(1.5分)和压力角(1.5分)相等、螺旋角相等(1分)和方向相反(1分)。

16. 答:对齿轮工艺规程中的工序图的要求是:(1)根据齿轮加工情况可画向视图、剖视图和局部视图,允许不按比例绘制(1分)。(2)加工面用粗实线表示,非加工面用细实线表示(1分)。(3)应标明定位基面,加工部位,精度要求和表面粗糙度等(1分)。(4)应标明定位和夹紧符号等(1分)。(5)对表面粗糙度机械制图、法定计量单位的使用应与图样要求的一致(1分)。

17. 答:变位齿轮主要用于:(1)避免根切(1分)。(2)改善啮合质量(1分)。(3)齿轮的修复(1分)。(4)凑配中心距(1分)。(5)刀具上的应用(1分)。

18. 答:偏心角是指铣齿机上一个使偏心鼓轮绕其轴线(1分),由刀盘轴线与摇台轴线的重合位置(1分)旋转至某一所要求的刀盘轴线位置时(1分)的机床角度调整值(2分)。

19. 答:齿轮加工工艺常因齿轮要求的轮齿精度等级不同而采用各种不同的方案,一般情况下:(1)对8级精度和8级以下的齿轮,用滚齿或插齿就能满足要求。如要淬火,可采用滚(或插)→热处理(淬火)→珩齿或硬齿面刮削的加工方案(1分)。(2)7级精度(或8—7—7精度)不需淬火齿轮可用滚齿→剃齿方案(2分)。(3)对于7级(或7级以上)淬火硬齿面齿轮,可用滚(或插)→热处理(淬火)→磨齿方案(2分)。

20. 答:因42CrMo材料是中碳钢,因此需调质处理(1分),故它一般的加工工艺为粗车→调质→半精加工、滚齿→淬火→精加工、磨齿(1.5分)。20CrMnMo材料是低碳钢,故应表面渗碳,才能淬上火(1分),所以它的一般加工工艺为粗、半精加工、滚齿→渗碳淬火→精加工、磨齿(1.5分)。

21. 答:工步是指在加工表面(或装配时的连接表面)和加工(或装配)工具不变的情况下,所连续完成的那一部分工序(1分)。工序是指一个工人(1分),在一个工作地(1分)对同一个或同时对几个工件所连续完成的那一部分工艺过程(1分)。所以一道工序可能包括几个工步,而工步只是工序的一部分(1分)。

22. 答:一般简单工艺过程如下:(1)锻造毛坯。(2)粗车。(3)调质。(4)半精车。(5)钻孔。(6)滚齿。(7)齿端倒角。(8)中频淬火、回火。(9)磨两端面。(10)磨内孔。(11)磨齿。(12)探伤。(13)成品入库。(答全5分,缺项或顺序错误每处扣1分,扣完为止)

23. 答:(1)切削速度的选择:滚切齿轮的切削速度一般取在16～45 m/min之间,模数越大，选切削速度越低(1.5分)；(2)走刀量的选择：滚切齿轮的走刀量一般取 $S_{垂}=0.2\sim3$ mm/r 之间，通常在精度要求高和齿面粗糙度数值要求小时，模数较小，齿数较少，工件材料较硬，机床刚性和齿轮坯安装刚性较差的情况下，选择较小的走刀量；反之，则可选择较大的走刀量(2分)；(3)切削深度的选择：根据齿轮的材料、模数、精度情况来确定进刀深度和走刀次数，一般可采用一次、两次或多次走刀(1.5分)。

24. 答：在同一个磨齿机床上磨削齿轮时，在砂轮速度、砂轮冲程数相同的情况下，42CrMo 材料的齿轮经调质、中频淬火后，齿轮变形小(1分)，硬度低一些(1分)，HRc55～60，切削性能好，切削深度可大一些，不容易烧伤和产生磨削裂纹(0.5分)。而 20CrMoTi 的轮齿表面经渗碳淬火，变形大一些(1分)，齿面硬度高(1分)，HRc58～62，切削性能差，轮齿两面容易烧伤和裂纹，因此切削深度应小一些(0.5分)。

25. 答：为了使工件在夹具中占有一个完全确定的位置(1分)，必须用适当分布的并与工件接触的六个固定支点(2分)来限制工件的六个自由度(2分)，这就称作六点定位原则。

26. 答：两顶尖定位后，齿轮被限制了五个自由度(1分)，下顶尖限制了三个自由度(2分)，上顶尖限制了两个自由度(2分)。

27. 答：工件在夹具上定位时，由于工件和定位元件之间总会有制造误差(2分)和安装误差(2分)，这种误差总的称为定位误差(1分)。

28. 答：金属切削刀具的分类为：切刀、锉刀、拉刀、铣刀、孔加工刀具、螺纹刀具、磨具、切断刀具等。(答全5分，缺项每处扣1分，扣完为止)

29. 答：滚齿刀具材料应该具有高的硬度(1分)，高的耐磨性(1分)，足够的强度(1分)和韧性(1分)及高耐热性(1分)等切削性能。

30. 答：P3X 表示双斜边砂轮；35×25×127 表示砂轮尺寸外径为 350，厚度为 25，孔径为 127；WA 表示磨料为白刚玉；60 表示磨料粒度颗粒尺寸大小为 60 号；H 表示砂轮硬度为软 2；V 表示磨具的结合剂为陶瓷结合剂；35 表示砂轮工作线速度最大为 35 m/s。(答全5分，缺项每处扣1分，扣完为止)

31. 答：Y38A 滚齿机的传动系统有切削主运动(即滚刀的旋转运动)(1分)、分齿运动(1分)、垂直进给运动(1分)、径向进给运动(1分)、差动机构运动(1分)。

32. 答：插齿机床主要有以下运动：(1)切削运动，即插齿刀的往复运动。(2)圆周进给运动，刀具绕刀轴线作慢速回转运动。(3)径向进给运动。(4)分齿运动。(5)让刀运动。(6)自动计数装置运动。(7)工作台主轴快速回转。(答全5分，缺项每处扣1分，扣完为止)

33. 答：插削直齿轮时，机床调整有以下几方面：(1)切削速度调整。(2)圆周进给挂轮的调整。(3)径向进给挂轮的调整。(4)分齿挂轮的调整。(5)插齿刀的调整。(6)插齿刀插削深度的调整。(答全5分，缺项每处扣1分，扣完为止)

34. 答：Y236 刨齿机加工直锥齿轮时主要调整以下几方面：(1)进给鼓轮的调整。(2)分齿挂轮的调整。(3)滚切挂轮的调整。(4)进给速度挂轮的调整。(5)刨刀往复冲程数的调整。(6)摆动挂轮的调整。(7)刀架齿角的调整。(8)按对刀规安装刨刀。(9)工件的安装及分齿箱回转板的调整。(10)进给深度的调整。(11)刨刀的冲程长度和位置的调整。(12)终点开关的调整。(答全5分，缺项每处扣0.5分，扣完为止)

35. 答：差动挂轮计算步骤是：开机→用鼠标双点桌面快捷方式图标→输入密码→找出你所需要计算机床型号→输入被加工齿轮数据→鼠标点计算→即出现该机床的挂轮表→打印→

打印出所需要的差动挂轮表共 15 组→退出→关机。(答全 5 分,缺项或顺序错误每处扣 1 分,扣完为止)

36. 答:插齿刀的外形很像一个齿轮(1 分)。为保证插齿刀正常切削,插齿刀刀齿应具有前角和后角(1 分)。为此,将它和前刀面和顶后面都作成圆锥面(1 分),为了保证在垂直于插齿刀轴线的任意剖面中都具有相同的渐开线齿形,将插齿刀刀齿的左右两后刀面分别制成左旋和右旋的渐开线螺旋面(1 分)。这样插齿刀的每个端剖面,都可以看作是变位系数不同的直齿轮(1 分)。

37. 答:硬质合金刮削滚刀是一种先进的齿轮刀具,专门用于精加工淬硬的硬齿面齿轮(1 分),对于精度不高于 8 级的硬齿面齿轮完全可以代替磨齿加工,可提高工效 6 至 10 倍(1 分)。对于精度更高的齿轮,用刮削代替粗磨可提高磨齿效率 4 至 6 倍(1 分),尤其对于没有磨齿能力的工厂,刮削滚刀可以对淬火硬度 HRC50～64 的齿轮进行高速滚削,可获得较高的表面粗糙度和齿形精度(2 分)。

38. 答:(1)分齿挂轮的调整。(2)展成挂轮的调整。(3)进给挂轮的调整。(4)选择砂轮架的冲程数。(5)安装夹具和工件。(6)调整砂轮头架行程长度和位置。(7)调整砂轮切入齿轮的深度。(8)调整齿侧间隙。(9)调整工作台往复行程定位器。(10)修整砂轮并调整砂轮修整装置。(11)调整计数机构。(答全 5 分,缺项每处扣 0.5 分,扣完为止。)

39. 答:变位圆柱斜齿轮在下面情况使用:避免根切(2.5 分);限制螺旋角大小,只有用变位来达到一定的中心距(2.5 分)。

40. 答:滚齿机是按照展成法原理进行加工的(1.5 分)。因此斜齿轮在滚齿机上加工也是展成原理进行加工(1.5 分)。根据斜齿轮螺旋角与导程的关系,滚刀轴向走刀一个导程距离时,齿轮正好附加转动一转可加工出斜齿轮(2 分)。

41. 答:滚切齿轮时,安装滚刀刀杆的要求:(1)滚刀安装前要检查刀杆和滚刀的配合,以用手能把滚刀推入刀杆为准。间隙太大,会引起滚刀的径向跳动和轴向窜动(1.5 分)。(2)安装时,应将刀杆及锥度部分擦干净,装入机床主轴孔内,并紧固,安装时不准用锤击滚刀杆,以免刀杆弯曲(1.5 分)。(3)滚刀安装好后,要检查滚刀凸台的径向跳动和轴向窜动。如果滚刀杆轴向窜动超差,可调整主轴轴向间隙(2 分)。

42. 答:产生齿面烧伤和磨削裂纹的主要原因有:(1)热处理工艺不正确;(2)砂轮选择不当;(3)磨削深度大;(4)冷却不充分;(5)金钢笔不锋利;(6)工件材料的影响等。(答全5分,缺项每处扣 1 分,扣完为止)

43. 答:因为锥齿轮的大端尺寸最大(1.5 分),计算和度量时的相对误差最小(1.5 分),便于确定机构的外形尺寸(1 分),所以锥齿轮的几何尺寸是以大端作为标准计算的(1 分)。

44. 答:锥齿轮修正沿齿长接触时,可在垂直于刨齿刀位置的方向上(1 分),将刨齿刀升高(1 分)或降低(1 分),同时改变刀架安装角(1 分),以保证轮齿的厚度(1 分)。

45. 答:刨齿时齿深不准的原因是:(1)长度对刀规磨损(1 分);(2)齿坯设计或制造时不对(1 分);(3)根锥角安装不对(1 分);(4)分齿箱游标定位不准(1 分);(5)夹具基准尺寸不对(1 分)。

46. 答:螺旋锥齿轮与直锥齿轮相比有以下特点:螺旋锥齿轮具有传动平稳;噪声低;承载能力大;使用寿命长;可以实现较大的传动比,并使设计结构紧凑;对装配误差的敏感性小;在传动中有轴向力。(答全 5 分,缺项每处扣 1 分,扣完为止)

47. 答:弧齿锥齿轮展成法是被切齿轮(1分)与旋转着的铣刀盘摇台(1分)按照一定的比例关系进行展成运动(1分),加工出来的齿形是渐开线的(1分),它是由刀片切削刃顺序位置的包络线形成的(1分)。

48. 答:生产中,锥齿轮在滚动检验机上检验接触区时应注意:检验时,应将检验机调整到理论安装距(1分),齿轮齿面应涂以红丹粉(1分),在轻载荷下经短时间运转后,观察齿面的接触区情况(2分),判别是否合乎工艺要求或图纸技术要求(1分)。

49. 答:游标卡尺测量齿轮公法线时,应首先根据游标零件所对准的尺身刻度读出整数部分(1分),其次再判断游标第几条刻线与尺身刻线对准(1分),对准尺身刻线的游标刻线序号乘上游标读数值即得到小数部分的读数(1分)。将整数部分与小数部分相加即为整个测量结果(2分)。

50. 答:(1)使用前先用汽油或酒精洗干净,再用白绸擦干净,不要损伤测量面(1分);(2)不要用手直接拿块规,不得已的情况下只能用手拿非工作面(1分);(3)工作面和非工作面不能推合,同时工作面不能放在工作台上(1.5分);(4)用后洗干净,并涂上防锈油放入盒内(1.5分)。

51. 答:测量基节时,首先按基节(法向基圆齿距)P_{bn}公称值组合量块(1分),并用量块附件加以固定(1分),调整仪器使活动量爪与固定量爪之间的距离为公称基节,将指标表对零(1分)。然后逐齿进行测量,从指示表上便可读出各个基节的偏差值,以最大值作为最终结果(2分)。

52. 答:(1)优点:测量时不以齿顶圆为基准,因此不受齿顶圆误差的影响,并可放宽对齿顶圆的加工要求(1.5分)。

(2)缺点:对大型齿轮测量不方便;计算麻烦(1.5分)。

(3)多应用于内齿轮和小模数齿轮的测量(2分)。

53. 答:(1)优点:测量时不以齿顶圆为基准,因此不受齿顶圆误差的影响,测量精度较高并可放宽对齿顶圆的精度要求。测量方便。与量具接触的齿廓曲率半径较大,量具的磨损较轻(1.5分)。

(2)缺点:对斜齿轮,当$b<W_n\sin\beta$时不能测量。当用于斜齿轮时,计算比较麻烦(1.5分)。

(3)广泛应用于各种齿轮的测量,但是对大型齿轮因受量具限制使用不多(2分)。

54. 答:逆滚在开始切削以后直接形成齿形(1分)。切削厚度在切削开始时从零逐渐增加,刀尖吃刀量多而压力很大(1分)。刀尖既有摩擦又有滑动,磨损较大(1分)。切削过程平稳,表面粗糙度值小(1分),适宜于精滚齿(1分)。

55. 答:主动轮为右旋时,当握紧右手四指表示主动轮的旋转方向(2分),则与四指垂直的拇指指向就是主动轮上的轴向力方向(2分);主动轮为左旋时,同样方式采用左手定则来判断(1分)。

56. 答:仿形法是采用刀刃形状与被切齿轮的齿槽两侧齿廓形状相同的刀具逐个齿槽进行切制(1分)。这种加工方法生产效率低(1分),被切齿轮精度差(1分),适用于单件精度要求不高(1分)或大模数的齿轮加工(1分)。

57. 答:互相啮合传动的一对齿轮,在任一位置时的传动比(2分),都与其两轮连心线O_1O_2被其啮合齿廓在接触点处的公法线所分成的两线段长成反比(3分)。这一定律称为齿廓啮合基本定律。

58. 答:(1)齿轮中的圆在齿条中都变成了直线(如齿顶线、分度线、齿根线等)(2分)。(2)齿廓上各点的法线是平行的,并且齿廓上各点压力角相同,并等于齿廓直线的齿形角(2分)。(3)在与分度线平行的各直线上其齿距相等(即 $p_i=p=\pi m$)(1分)。

59. 答:(1)内齿轮的轮齿相当于外齿轮的齿槽,内齿轮的齿槽相当于外齿轮的轮齿(2分)。

(2)内齿轮的齿根圆大于齿顶圆(1分)。

(3)为了使内齿轮齿顶的齿廓全部为渐开线,其齿顶圆必须大于基圆(2分)。

60. 答:用展成法切制齿轮时(2分),有时刀具的顶部会过多地切入轮齿根部(1分),因而将齿根的渐开线切去一部分(2分),这种现象称为轮齿的根切现象。

61. 答:(1)夹紧力的作用方向应不破坏工件定位的准确性和可靠性(作用方向应垂直与主要定位基准面)(2分)。(2)夹紧力的作用方向应使工件的变形最小,尽可能避免压伤工件表面(2分)。(3)夹紧力的作用方向的确定应使所需夹紧力尽可能小(1分)。

62. 答:(1)应能保证工件的加工质量要求。(2)应能提高加工效率。(3)有利于降低成本。(4)夹具的操作维护应安全方便。(答全5分,缺项每处扣1分,扣完为止)

63. 答:刀具、夹具、量具、辅具、模具、检具、钳具、工具和工位器具等。(其中任意五种)(满分5分,答出任意5项即可,缺项每处扣1分)

64. 答:所谓加工精度指的是零件在加工以后的几何参数(尺寸、形状和位置)(3分)与图样规定的理想零件的几何参数符合的程度(2分)。

65. 答:螺旋锥齿轮根据其表面节线形状不同有:圆弧齿锥齿轮,延长外摆线锥齿轮和准渐开线锥齿轮(3分)。按其齿长方向的轮齿高度变化又可分为收缩齿和等高齿两种(2分)。

66. 答:大修是工作量最大的一种修理。对机床的全部或大部分部件解体;修复基准件;更换或修复全部不合格的零件;加工和刮研全部滑动接合面;按要求对其局部结构或零件结合修理进行改装;修理、调整机床的电气系统;修复机床的附件及翻新外观等,以达到全面消除修前存在的缺陷,恢复修前所制定的精度标准和性能,重新获得再生产的能力。(答全5分,缺项每处扣0.5分,扣完为止)

67. 答:机床完好的标准是:(1)机床精度、性能能满足生产工艺要求。(2)各传动系统运转正常、变速齐全。(3)各操作系统运转动作灵敏、可靠。(4)润滑系统装置齐全,管道完整,油路畅通,油标醒目。(5)电气系统装置齐全,管线完整,性能灵敏,运动可靠。(6)滑动部位正常,各滑、导部位及零件无严重拉毛、碰伤。(7)机床内外清洁,无黄袍,无油垢,无锈蚀,油质符合要求。(8)基本无漏油、漏水,漏气等现象。(9)零部件完整,随机附件基本齐全,保管妥善。(10)安全、防护装置可靠齐全。(答全5分,缺项每处扣0.5分,扣完为止)

68. 答:机床的定期维护是机床使用一段时间后,两个相互接触的零件间产生磨损,其工作性能逐渐受到影响(2分),这时,就应该对机床的一些部件进行适当的调整、维护(2分),即定期维护,使机床恢复到正常的技术状态(1分)。

69. 答:主要原因是磨损、腐蚀、变形、事故(2分);要克服上述几点,最有效的措施是经常性和定期性对机床进行维护(1分),及时地、定期地对机床有关部件进行检查、调整和维修,使机床经常处于最佳状态(1分);正确合理地操作机床,严格遵守机床安全操作规程(1分)。

70. 答:项修是根据机床的实际技术状态,对状态劣化已达不到生产工艺要求的项目,按实际情况进行针对性的修理(5 分)。

六、综 合 题

1. 解:(1)$d=m\times Z$(1 分)$=5\times30=150$ (2 分)

(2)$d_a=d+2h_a^* m$(1 分)$=150+2\times1\times5=160$ (2 分)

(3)$d_f=d-2m(h_a^*+c^*)$ (1 分)$=150-2\times5\times(1+0.25)=137.5$ (2 分)

答:分度圆直径 $d=150$ 齿顶圆直径 $d_a=160$,齿根圆直径 $d_f=137.5$。(1 分)

2. 解:$m_t=\dfrac{m_n}{\cos\beta_1}=\dfrac{3}{\cos11°28'}=3.061$ (2 分)

$d_1=\dfrac{Z_1\times m_n}{\cos\beta}=\dfrac{20\times3}{\cos11°28'}=61.22$ (2 分)

$d_2=\dfrac{Z_2\times m_n}{\cos\beta}=\dfrac{78\times3}{\cos11°28'}=238.77$ (2 分)

$h=2.25m_n\times2.25\times3=6.75$ (1 分)

$a=\dfrac{(Z_1+Z_2)\times m_n}{2\times\cos\beta}=\dfrac{(20+78)\times3}{2\times\cos11°28'}=150$ (2 分)

答:端面模数 $m_t=3.06$,小轮分度圆直径为 $d_1=61.22$,大轮分度圆直径 $d_2=238.77$,齿全高 $h=6.75$,中心距 $a=150$。(1 分)

3. 解:$\delta_1=\arctan\dfrac{Z_1}{Z_2}=\arctan\dfrac{20}{60}=18°26'$ (4 分)

$\delta_2=\arctan\dfrac{Z_2}{Z_1}=\arctan\dfrac{60}{20}=71°34'$ (4 分)

答:δ_1 为 $18°26'$(1 分),δ_2 为 $71°34'$。(1 分)

4. 解:跨侧齿数 $K=4$,$\alpha=20°$ (1 分)

$W_k=m[2.9521(K-0.5)+0.014Z+0.684X]$ (4 分)

$=2\times[2.9521\times(4-0.5)+0.014\times30+0.684\times0.9]$

$=22.736$ (4 分)

答:公法线长度 $W_k=22.736$。(1 分)

5. 解:根据外径求模数:$m=d_a/(Z+2)$ (2.5 分)

$=87.9/(20+2)=3.995$ (1 分)

根据根径求模数:$m=d_f/(Z-2.5)$ (2.5 分)

$=69.9/(20-2.5)=3.994$ (1 分)

将求得的 m 与标准模数相对照,取模数 $m=4$。(2 分)

答:模数 $m=4$(1 分)

6. 解:(1)求小大轮分锥角 δ_1 和 δ_2

$\delta_1=\arctan\dfrac{Z_1}{Z_2}$ (1.5 分)

$=\arctan\dfrac{30}{35}=40°36'$ (1 分)

$\delta_2=\arctan\dfrac{Z_2}{Z_1}$ (1.5 分)

$=\arctan\dfrac{35}{30}=49°24'$ (1 分)

(2)根据顶圆直径 d_a 和分锥角 δ 求模数 m

$$m_1=\frac{d_{a1}}{Z_1+2h_a^*\times\cos\delta_1}=\frac{157.60}{30+2\times1\times\cos40°36'}=5\ (2\ 分)$$

$$m_2=\frac{d_{a2}}{Z_2+2h_a^*\times\cos\delta_2}=\frac{181.51}{35+2\times1\times\cos49°24'}=5\ (2\ 分)$$

答:模数 $m=5$。(1 分)

7. 解:$H=1.46(W_1-W)$ (5 分)

$=1.46\times(71.36-69.24)=3.095$ (4 分)

答:第二次的切削深度 H 应该是 3.095。(1 分)

8. 解:假定滚刀一头为主动,滚刀转一转,要求工作台$\dfrac{K}{Z_工}$转(K 为滚刀头数,$Z_工$ 为工件齿数),所以列出它们传动链的方程式:

$$1\times\frac{64}{16}\times\frac{20}{20}\times\frac{23}{23}\times\frac{23}{23}\times\frac{46}{46}\times i_差\times\frac{e}{f}\times\frac{a\times c}{b\times d}\times\frac{1}{96}=\frac{K}{Z_工}\ (4\ 分)$$

当滚切直齿圆柱齿轮时,$i_差=1$,因此

当 $Z_工\leqslant161$ 时,$i_分=\dfrac{a\times c}{b\times d}=\dfrac{24K}{Z_工}$ (2 分)

当 $Z_工>161$ 时,$i_分=\dfrac{a\times c}{b\times d}=\dfrac{48K}{Z_工}$ (2 分)

答:加工直齿轮时,分齿挂轮公式如下:(2 分)

当 $Z_工\leqslant161$ 时,$i_分=\dfrac{a\times c}{b\times d}=\dfrac{24K}{Z_工}$;

当 $Z_工>161$ 时,$i_分=\dfrac{a\times c}{b\times d}=\dfrac{48K}{Z_工}$。

9. 解:插齿刀的齿数 $Z_刀=20$,齿数 $Z=40$

$i_分=\dfrac{a\times c}{b\times d}$ (5 分)

$=\dfrac{2.4Z_刀}{Z}=\dfrac{2.4\times20}{40}=\dfrac{48}{40}$ (4 分)

答:分齿挂轮 $i_分=\dfrac{a\times c}{b\times d}=\dfrac{48}{40}$。(1 分)

10. 解:$\alpha=20°$,$\dfrac{hf}{m}=1.2$ (1 分)

$$\lambda=\frac{57.296\left(\dfrac{\pi m}{4}+hf\tan\alpha\right)}{R}\ (4\ 分)$$

$$=\frac{70.025m}{R}=\frac{70.025\times4}{84.853}=3.30°=3°18'\ (4\ 分)$$

答:齿角 $\lambda=3°18'$。(1 分)

11. 解:(1)标准中心距 $a=\dfrac{m(Z_1+Z_2)}{2}$ (3 分)

$$=\frac{7\times(30+40)}{2}=245\text{ (1 分)}$$

(2)实际中心距 $a'=246.4$ (1 分)

(3)啮合角 α'

$\cos\alpha'=\frac{a}{a'}\times\cos\alpha$ (2 分)

$$=\frac{245}{246.4}\times\cos20°=0.934\ 35\text{ (1 分)}$$

啮合角 $\alpha'=20°52'34''$。(1 分)

答:啮合角 $\alpha'=20°52'34''$。(1 分)

12. 解:$\Delta h=\frac{W_1-W}{2\sin\alpha}$ (5 分)

$$=\frac{69.72-69.12}{2\sin25°}=0.709\ 86\approx0.71\text{ (4 分)}$$

答:第二次径向进给量应为 0.71 mm。(1 分)

13、解:加工质数齿轮的分齿挂轮时,设 $\delta=\frac{1}{15}$,取"+"值。

$i_{分}=\frac{a\times c}{b\times d}$ (5 分)

$$=\frac{24Z_{刀}}{Z+S}=\frac{24\times1}{113+\frac{1}{15}}=\frac{45\times25}{53\times100}\text{ (4 分)}$$

答:$i_{分}=\frac{a\times c}{b\times d}=\frac{45\times25}{53\times100}$。(1 分)

14. 解:$i_{展}=\frac{119.537\ 2\cos\beta\cos\alpha_{砂}}{Zm_n\cos\alpha_{工}}$ (5 分)

$$=\frac{119.537\ 2\times\cos0°\times\cos20°}{42\times5\times\cos25°}=0.590\ 19\text{ (4 分)}$$

答:展成挂轮的比值 $i_{展}=0.590\ 19$。(1 分)

15. 解:$W_k=m\cos\alpha[(K-0.5)\pi+Z\text{inv}\alpha]+2Xm\sin\alpha$ (5 分)

$=5\cos25°[(7-0.5)\pi+42\text{inv}25°]+2\times0.2\times5\times\sin25°$

$=99.09$ (4 分)

答:公法线长度 $W_k=99.09$。(1 分)

16. 解:固定弦齿厚:$\overline{S_c}=m\cos^2\alpha\left(\frac{\pi}{2}+2X\tan\alpha\right)$ (3 分)

$$=5\times\cos^2 20°\left(\frac{\pi}{2}+2\times0.2\times\tan20°\right)=7.578\text{ (2 分)}$$

固定弦齿高:$\overline{h_c}=h_a-\frac{1}{2}\overline{S_c}\times\tan\alpha$ (3 分)

$$=(5+0.2\times5)-\frac{1}{2}\times7.578\times\tan20°=4.62\text{ (1 分)}$$

答:固定弦齿厚 $\overline{S_c}=7.578$,固定弦齿高 $\overline{h_c}=4.62$。(1 分)

17. 解：$m_t = \frac{m_n}{\cos\beta}$ (1分)

$= \frac{5}{\cos 28°25'34''} = 5.6855$ (1分)

$d = m_t \times Z$ (1分)

$= 5.685\ 5 \times 68 = 386.614$ (1分)

$h = 2.25 \times m_n$ (1分)

$= 11.25$ (1分)

$h_a = m_n(h_a^* + X_n)$ (1分)

$= 5[1 + (-0.35)] = 3.25$ (1分)

$h_f = h - h_a$ (1分)

$= 11.25 - 3.25 = 8$ (1分)

答：端面模数 $m_t = 5.685\ 5$，分度圆直径 $d = 386.614$，齿顶高 $h_a = 3.25$，齿根高 $h_f = 8$，齿全高 $h = 11.25$。(1分)

18. 解：$\Delta h = \frac{\overline{S}_{cnt} - \overline{S}_{cn}}{2\tan\alpha_n}$ (5分)

$= \frac{7.62 - 7.22}{2 \times \tan 25°} = 0.43$ (4分)

答：第二次径向进给量应为0.43。(1分)

19. 解：$i_{差} = \frac{K \times \sin\beta}{m_n \times n}$ (5分)

$= \frac{7.957\ 75 \times 0.258\ 82}{5 \times 1} = 0.411\ 925$ (4分)

答：差动挂轮的比值为 $i_{差} = 0.411\ 925$。(1分)

20. 解：$\beta_{安} = \beta + \lambda$ (5分)

$= 15° + 3°12' = 18°12'$ (4分)

答：滚齿机刀架扳动的角度 $\beta_{安}$ 应为 $18°12'$，因加工的是左旋齿轮，因此刀架应向顺时针方向扳动 $18°12'$。(1分)

21. 解：设 $\delta = \frac{1}{25}$，取"+"值。

$i_{分} = \frac{a \times c}{b \times d}$ (5分)

$= \frac{24K}{Z + S} = \frac{24 \times 1}{103 + \frac{1}{25}} = \frac{25 \times 60}{70 \times 92}$ (4分)

答：分齿挂轮 $i_{分} = \frac{a \times c}{b \times d} = \frac{25 \times 60}{70 \times 92}$。(1分)

22. 解：Y7150的展成挂轮公式为：

$i_{展} = \frac{a \times c}{b \times d}$ (5分)

$= \frac{K \times \cos\beta \times \cos\alpha_{砂}}{Z \times m_n \times \cos\alpha_n} = \frac{119.537\ 2 \times \cos 15° \times \cos 20°}{42 \times 5 \times \cos 20°} = 0.549\ 83$ (4分)

答:展成挂轮的比值 $i_{展}=0.54983$。(1分)

23. 解:固定弦齿厚:$\overline{S}_{cn}=m_n\cos^2\alpha_n\left(\frac{\pi}{2}+2X_n\tan\alpha_n\right)$ (2分)

$$=7\times\cos^2 22°30'\left[\frac{\pi}{2}+2\times(-0.2)\times\tan 22°30'\right]=8.395\ (2分)$$

固定弦齿高:$\overline{h}_{cn}=h_a-\frac{1}{2}\overline{S}_{cn}\tan\alpha$ (2分)

$$=7\times(1-0.2)-\frac{1}{2}\times 8.39\times\tan 22°30'=3.861\ (2分)$$

答:固定弦齿厚 $\overline{S}_{cn}=8.395$,固定弦齿高 $\overline{h}_{cn}=3.861$。(2分)

24. 解:$K=9$

$W_{kn}=m_n\times\cos\alpha_n[\pi(K-0.5)+Z_v\mathrm{inv}\alpha_n]+2X_n\times m_n\times\sin\alpha_n$ (5分)

$=8\times\cos 20°[\pi(9-0.5)+72.28753\times 0.0149]+2\times 0.2\times 8\times 0.342$

$=209.936$ (4分)

答:公法线长度 $W_{kn}=209.936$。(1分)

25. 解:从题中可知,齿厚的上偏差 $E_{ss}=-0.308$(1分);齿厚的下偏差 $E_{si}=-0.484$(1分);齿厚公差 $T_s=E_{ss}-E_{si}=-0.308-(-0.484)=0.176$(1分)。

公法线上偏差:

$E_{wms}=E_{ss}\cos\alpha-0.72F_r\sin\alpha$ (2分)

$=-0.308\times\cos 25°-0.72\times 0.051\times\sin 25°$

$=-0.295$ (1分)

公法线公差:

$T_{wm}=T_s\cos\alpha-1.44F_r\sin\alpha=0.176\cos 25°-1.44\times 0.051\times\sin 25°=0.129$ (2分)

公法线下偏差:

$E_{wmi}=-0.295-(0.129)=-0.424$ (1分)

答:公法线平均长度的上偏差 $E_{wms}=-0.295$,下偏差 $E_{wmi}=-0.424$,公差 $T_{wm}=0.129$。(1分)

26. 解:(1)小轮分锥角:$\delta_1=90°-63°26'=26°34'$ (1分)

(2)齿顶圆直径:$d_{a1}=m(Z_1+2\cos\delta_1)$ (1分)

$=3\times(20+2\cos 26°34')=65.37$ (1分)

$d_{a2}=m(Z_1+2\cos\delta_2)$ (1分)

$=3\times(40+2\cos 63°26')=122.68$ (1分)

(3)锥距:$R=\frac{d_1}{2\sin\delta_1}$ (2分)

$$=\frac{3\times 20}{2\sin 26°34'}=67.08\ (1分)$$

(4)齿宽:$b=0.3R=0.3\times 67.08=20.124$,取20 (1分)

答:小轮分锥角 $\delta_1=26°34'$,小轮齿顶圆直径 $d_{a1}=65.37$,大轮齿顶圆直径 $d_{a2}=122.68$,锥距 $R=67.08$,齿宽 $b=20$。(1分)

27. 解 $\Sigma=90°$,$i_{滚}=\frac{a}{b}\times\frac{c}{d}$ (5分)

$\frac{\sqrt{Z_1^2+Z_2^2}}{75}=\frac{\sqrt{29^2+48^2}}{75}=0.747\ 737$ (4 分)

答:Y236 刨齿机的滚切挂轮比值为 0.747 737。(1 分)

28. 解:从给出的齿轮条件看出,这对齿轮是标准直齿锥齿轮,齿根高 $h_f=1.2$ m,因此:

$$\theta_1=\left[\frac{355.3\frac{h_f}{m}+90}{Z_1}-0.8\right]\sin\delta_1=\left(\frac{516.36}{22}-0.8\right)\sin32°9'=12°04'\ (4\ 分)$$

$$\theta_2=\left[\frac{355.3\frac{h_f}{m}+90}{Z_2}-0.8\right]\sin\delta_2=\left(\frac{516.36}{35}-0.8\right)\sin57°51'=11°49'\ (4\ 分)$$

答:小轮摇台摆角 $\theta_1=12°04'$,大轮摇台摆角 $\theta_2=11°49'$。(2 分)

29. 解:分度圆弧齿厚 $S=m\times\frac{\pi}{2}=\frac{3.175\times\pi}{2}=4.987$ (5 分)

分度圆弦齿厚 $\overline{S}=S-\frac{S^3}{6d^2}=4.987-\frac{4.987^3}{6\times(3.175\times28)^2}=4.984$ (4 分)

答:分度圆弦齿厚 $\overline{S}=4.984$。(1 分)

30. 解:分度圆弧齿厚 $S=m\times\frac{\pi}{2}=\frac{3.175\times\pi}{2}=4.987$ (3 分)

分度圆直径 $d=m\cdot Z=3.175\times18=57.15$ (3 分)

分度圆弦齿高 $\overline{h}_a=h_a+\frac{s^2}{4d}\cos\delta=3.175+\frac{4.987^2}{4\times57.15^2}\cos32°44'=3.177$ (3 分)

答:分度圆弦齿高 $\overline{h}_a=3.177$。(1 分)

31. 解:$d_1=m\times Z_1=3\times21=63$ (1 分)

$d_2=m\times Z_2=3\times40=120$ (1 分)

$h_{a1}=(h_a^*+X_1)m=(0.85+0.29)\times3=3.42$ (2 分)

$h_{a2}=(h_a^*+X_2)m=[0.85+(-0.29)]\times3=1.68$ (2 分)

$h=(2h_a^*+C^*)m=(2\times0.85+0.188)\times3=5.664$ (1 分)

$h_{f1}=h-h_{a1}=5.664-3.42=2.244$ (1 分)

$h_{f2}=h-h_{a2}=5.664-1.68=3.984$ (1 分)

答:小大轮分度圆直径 $d_1=63$,$d_2=120$;小大轮齿顶高 $h_{a1}=3.42$,$h_{a2}=1.68$;小大轮的齿全高均为 5.664;小大轮齿根高 $h_{f1}=2.244$,$h_{f2}=3.984$。(1 分)

32. 解:分度圆直径 $d=mZ=40\times4=160$ (3 分)

锥距 $R=\frac{d}{2\sin45°}=\frac{160}{2\times0.707\ 107}=113.137$ (3 分)

齿宽 $b=0.3R=0.3\times113.137=33.94\approx34$ (3 分)

答:分度圆直径 $d=160$,锥距 $R=113.137$,齿宽 $b=34$。(1 分)

33. 解:(1)当用切入法切制大齿轮时,切入法 $Z_i=1$

$i_{分}=\frac{a}{b}\times\frac{c}{d}=\frac{10}{Z}=\frac{10}{40}$ (3 分)

(2)当用滚切法切制大小轮时,$Z_i=13$

大齿轮的分齿挂轮　$i_{分}=\frac{2Z_i}{Z_2}=\frac{2\times13}{40}=\frac{26}{40}$ (3 分)

小齿轮的分齿挂轮 $i_{分}=\frac{2Z_i}{Z_1}=\frac{2\times 13}{21}=\frac{26}{21}$ (3 分)

答:当用切入法粗加工大轮时 $i_{分}=\frac{10}{40}$,当用滚切法精切大轮时 $i_{分}=\frac{26}{40}$,当用滚切法切制小轮时 $i_{分}=\frac{26}{21}$。(1 分)

34. 解:$W=\frac{D_{da}-D_{di}}{2}=\frac{51.20-50.40}{2}=0.4$ (9 分)

答:该刀盘的刀顶距 W 为 0.4 。(1 分)

35. 解:$d_p=1.68\times m$ (5 分)

$=1.68\times 4=6.72$ (4 分)

答:测量内齿轮的圆棒直径 d_p 为 6.72 。(1 分)

制齿工(初级工)技能操作考核框架

一、框架说明

1. 依据《国家职业标准》注，以及中国北车确定的“岗位个性服从于职业共性”的原则，提出制齿工(初级工)技能操作考核框架(以下简称:技能考核框架)。

2. 本职业等级技能操作考核评分采用百分制。即:满分为 100 分，60 分为及格，低于 60 分为不及格。

3. 实施“技能考核框架”时，考核制件(活动)命题可以选用本企业的加工件(活动项目)，也可以结合实际另外组织命题。

4. 实施“技能考核框架”时，考核的时间和场地条件等应依据《国家职业标准》，并结合企业实际确定。

5. 实施“技能考核框架”时，其“鉴定项目”的分类按以下要求确定:

(1)“工件加工”属于本职业等级技能操作的核心职业活动，其“项目代码”为“E”。

(2)“识图与识读工艺文件”、“精度检验”属于本职业等级技能操作的辅助性活动，其“项目代码”分别为“D”和“F”。

6. 实施“技能考核框架”时，其“鉴定项目”和“选考数量”按以下要求确定:

(1)按照《国家职业标准》有关技能操作鉴定比重的要求，本职业等级技能操作考核制件的“鉴定项目”应按“D”+“E”+“F”组合，其考核配分比例相应为:“D”占 20 分，“E”占 70，“F”占 10 分。

(2)按照《国家职业标准》规定，技能考核时，在“E”类鉴定项目中的“滚齿”、“插齿”、“ 剃齿、珩齿”、“ 铣(刨)齿”和“齿轮倒角和倒棱”等 5 项鉴定职业功能任选其一进行考核

(3)依据中国北车确定的核心职业活动选取 2/3，并向上取整”的规定，以及上述“第 6 条(2)”要求，在所选“E”类鉴定项目中的全部 1 项中，选择 1 项。

(4)依据中国北车确定的“确定‘选考数量’时，所涉及‘鉴定要素’的数量占比，应不低于对应‘鉴定项目’范围内‘鉴定要素’总数的 60%，并向上取整”的规定，考核制件的鉴定要素“选考数量”应按以下要求确定:

①在“D”类“鉴定项目”中，在已选定的 1 个或全部鉴定项目中，至少选取已选鉴定项目所对应的全部鉴定要素的 60%项，并向上保留整数。

②在“E”类“鉴定项目”中，在已选的 1 个或全部鉴定项目所包含的全部鉴定要素中，至少选取总数的 60%项，并向上保留整数。

③在“F”类“鉴定项目”中，对应“精度检验”所选定的 1 个或全部鉴定项目对应的全部鉴定要素至少选取 60%项，并向上保留整数。

举例分析:

当确定职业功能滚齿后，按照上述“第 6 条”要求，若命题时按最少数量选取，即:在“D”类鉴定项目中选取了“识图与识读工艺文件”，在“E”类鉴定项目中选取了“滚齿”，在“F”类鉴定

项目中选取了"其他项精度检验"(其他对应于滚齿,插齿,剃齿,珩齿,铣齿的精度检验);

此考核制件所涉及的"鉴定项目"总数为3项,具体包括:"识图与识读工艺文件"," 工件加工"和"其他项精度检验";

此考核制件所涉及的鉴定要素"选考数量"相应为11项,具体包括:"识图与识读工艺文件"鉴定项目包含的全部3个鉴定要素中的2项,"工件加工"鉴定项目包括的10个鉴定要素中的6项,"精度检验"鉴定项目包含的全部4个鉴定要素中的3项。

7. 本职业等级技能操作需要两人及以上共同作业的,可由鉴定组织机构根据"必要、辅助"的原则,结合实际情况确定协助人员的数量。在整个操作过程中,协助人员只能起必要、简单的辅助作用。否则,每违反一次,至少扣减应考者的技能考核总成绩10分,直至取消其考试资格。

8. 实施"技能考核框架"时,应同时对应考者在质量、安全、工艺纪律、文明生产等方面行为进行考核。对于在技能操作考核过程中出现的违章作业现象,每违反一项(次)至少扣减技能考核总成绩10分,直至取消其考试资格。

注:按照中国北车规定,各《职业技能操作考核框架》的编制依据现行的《国家职业标准》或现行的《行业职业标准》或现行的《中国北车职业标准》的顺序执行。

二、制齿工(初级工)技能操作鉴定要素细目表

职业功能	鉴定项目				鉴定要素		
	项目代码	名称	鉴定比重(%)	选考方式	要素代码	名称	重要程度
加工准备	D	识图与识读工艺文件	20	必选	001	能读懂一般零件的三视图、局部视图和剖视图	X
					002	能读懂零件图中的材料、加工参数、尺寸公差及技术要求	X
					003	能读懂齿轮零件的工艺规程	X
工件加工	E	滚齿	70	任选一项	001	能选择滚齿加工切削量	X
					002	能选择滚齿加工切削液	X
					003	能使用滚齿机的通用夹具和专用夹具装夹工件	X
					004	能用百分表找正工件外圆和端面跳动	X
					005	能根据所加工齿轮零件的参数选用齿轮刀具	X
					006	能装卸、调整齿轮滚刀或花键滚刀	X
					007	能调整滚刀进刀量	X
					008	能应用逆铣法和顺铣法滚削圆柱直齿齿轮和斜齿齿轮	X
					009	能滚削圆柱直齿和斜齿变位齿轮,加工零件的精度达到9级	X
					010	能维护保养普通滚齿机和花键铣床	Z
		插齿	70		001	能选择插齿加工切削用量	X
					002	能选择插齿加工切削液	X
					003	能使用插齿机的通用夹具和专用夹具装夹工件	X
					004	能用百分表找正工件外圆和端面跳动	X
					005	能根据所加工齿轮零件的参数选用插齿刀具	X

续上表

职业功能	鉴定项目				鉴定要素		
	项目代码	名称	鉴定比重(%)	选考方式	要素代码	名称	重要程度
工件加工	E	插齿	70	任选一项	006	能装卸、调整插齿刀具	X
					007	能调整插齿加工进刀量	X
					008	能加工圆柱直齿齿轮,加工零件的精度达到 9 级,表面粗糙度达到工艺要求	X
					009	能插削圆柱直齿变位齿轮	X
					010	能维护保养普通插齿机床	Z
		剃齿、珩齿	70		001	能选择切削量	X
					002	能选择切削液	X
					003	能使用剃齿、珩齿机床的通用夹具和专用夹具装夹工件	X
					004	能根据所加工齿轮零件的参数选用剃齿刀、珩磨轮	X
					005	能装卸、调整剃齿、珩齿刀具	X
					006	能调整进刀量	X
					007	能对圆柱直齿和斜齿齿轮进行剃、珩加工,尺寸误差不大于 0.02 mm	X
					008	能维护保养剃齿、珩齿机床设备	Z
		铣(刨)齿	70		001	能选择铣(刨)齿加工切削量	X
					002	能选择铣(刨)齿加工切削液	X
					003	能使用直齿锥齿轮加工机床的通用夹具和专用夹具装夹工件	X
					004	能用百分表找正工件外圆和端面跳动	X
					005	能根据所加工齿轮零件的参数选用刨齿或铣齿刀具	X
					006	能装卸、调整刨齿或铣齿刀具	X
					007	能调整铣(刨)齿加工进刀量	X
					008	能加工直齿锥齿轮,加工精度等级达到 9 级,表面粗糙度、齿厚、齿侧间隙加工误差及轮齿齿面接触区分别达到工艺要求	X
					009	能维护保养锥齿轮加工机床设备	Z
		齿轮倒角和倒棱	70		001	能选择切削量	X
					002	能使用立式倒角机加工机床的通用夹具和专用夹具装夹工件	X
					003	能根据所加工齿轮零件的参数选用倒角刀具	X
					004	能装卸、调整倒角刀具	X
					005	能调整 Y9380 等倒角机床	X
					006	能完成齿轮的倒角和倒棱,表面粗糙度达到工艺要求	X
					007	能维护保养倒角、倒棱机床设备	Z

续上表

职业功能	鉴定项目				鉴定要素		
	项目代码	名称	鉴定比重（%）	选考方式	要素代码	名　称	重要程度
精度检验	F	齿轮倒角和倒棱精度检验	10	任选	001	能检测齿轮倒角是否合格	X
					002	能检测齿轮倒棱是否合格	X
		其他项精度检验			001	能使用游标卡尺测量齿轮的外径、内径及长度	X
					002	能使用千分尺测量齿轮的外径、内径及长度	X
					003	能测量圆柱齿轮的齿厚	X
					004	能测量圆柱齿轮的公法线或跨棒距	X

注：重要程度中X表示核心要素，Y表示一般要素，Z表示辅助要素。下同。

制齿工(初级工)技能操作考核样题与分析

职业名称：______
考核等级：______
存档编号：______
考核站名称：______
鉴定责任人：______
命题责任人：______
主管负责人：______

中国北车股份有限公司劳动工资部制

职业技能鉴定技能操作考核制件图示或内容

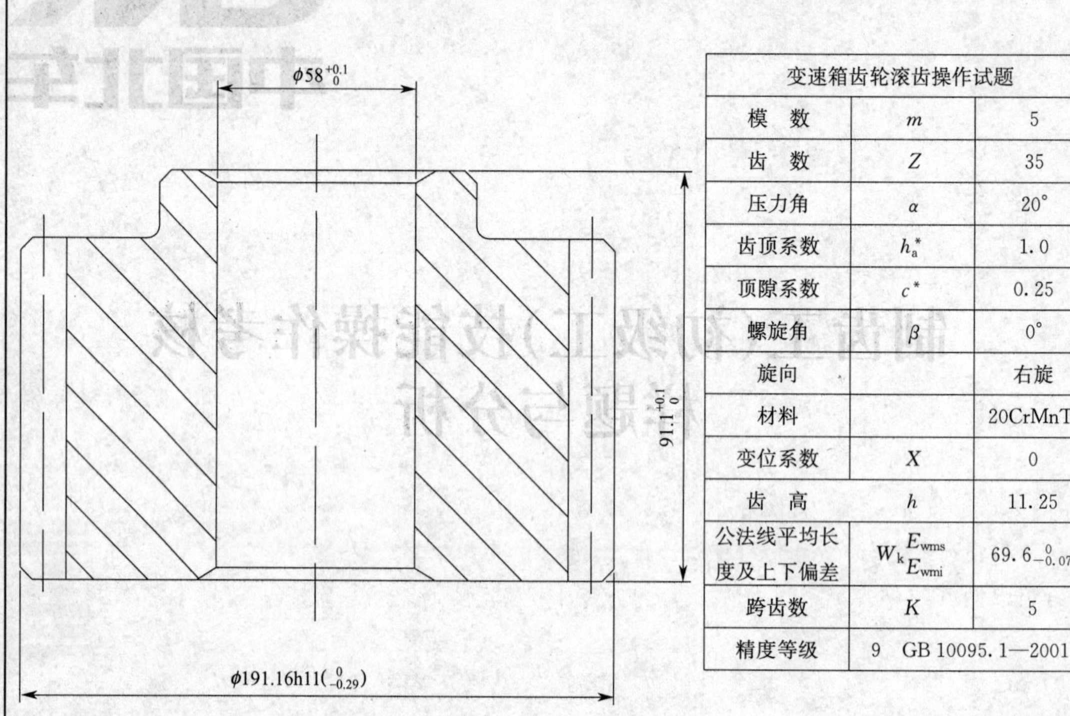

变速箱齿轮滚齿操作试题		
模　数	m	5
齿　数	Z	35
压力角	α	20°
齿顶系数	h_a^*	1.0
顶隙系数	c^*	0.25
螺旋角	β	0°
旋向		右旋
材料		20CrMnTi
变位系数	X	0
齿　高	h	11.25
公法线平均长度及上下偏差	$W_k{}^{E_{wms}}_{E_{wmi}}$	$69.6_{-0.07}^{0}$
跨齿数	K	5
精度等级	9　GB 10095.1—2001	

工艺要求：

1. 装夹工件前清洁工件表面及工装夹具表面；
2. 夹具定位面跳动小于等于 0.01 mm；
3. 装夹工件以外圆找正不大于 0.05 mm，以端面找正不大于 0.03 mm。

备注：本图只为考试应用，取自于工艺文件中滚齿工序（留磨量），并非成品图纸。

职业名称	制齿工
考核等级	初级工
试题名称	变速箱齿轮滚齿
材质等信息：20CrMnTi	

职业技能鉴定技能操作考核准备单

职业名称	制齿工
考核等级	初级工
试题名称	变速箱齿轮滚齿

一、材料准备

1. 材料规格。
2. 坯件尺寸。

二、设备、工、量、卡具准备清单

序号	名称	规格	数量	备注
1	滚齿机	Y3180H	1	根据各单位实际情况
2	游标卡尺	0～125 mm	1	根据各单位实际产品
3	滚刀	$M=5,\alpha=20°$,标准刀	1	根据各单位实际产品
4	芯轴	J6-J1-11-8/0	1	根据各单位实际工装

三、考场准备

1. 相应的公用设备、设备与器具的润滑与冷却等。
2. 相应的场地及安全防范措施。
3. 其他准备。

四、考核内容及要求

1. 考核内容(按考核制件图示及要求制作)。
2. 考核时限:不少于 240 分钟。
3. 操作者应遵守质量、安全、工艺纪律,文明生产要求。对于在技能操作考核过程中出现的违章作业现象,每违反一项(次)至少扣减技能考核总成绩 10 分,直至取消其考试资格。
4. 考核评分(表):

职业名称	制齿工	考核等级	初级工		
试题名称	变速箱齿轮滚齿	考核时限	240 分钟		
鉴定项目	考核内容	配分	评分标准	扣分说明	得分
识图与识读工艺文件	零件图材料	2.5	每处错误扣 0.5 分		
	加工参数	2.5	每处错误扣 0.5 分		
	尺寸公差	2.5	每处错误扣 0.5 分		
	技术要求	2.5	每处错误扣 0.5 分		
	齿轮零件	5	每处错误扣 1 分		
	工艺规程	5	每处错误扣 1 分		

续上表

鉴定项目	考核内容	配分	评分标准	扣分说明	得分
滚齿	切削量	5	每次错误扣1分		
	切削速度	5	每次错误扣1分		
	逆袭法	2.5	错误操作不得分		
	顺铣法	2.5	错误操作不得分		
	圆柱齿轮	2.5	每次错误扣0.5分		
	斜齿轮	2.5	每次错误扣0.5分		
	通用夹具装夹工件	5	每次错误扣1分		
	专用夹具装夹工件	5	每次错误扣1分		
	百分表找外圆	5	每次错误扣1分		
	百分表找端面	5	每次错误扣1分		
	齿轮刀具	10	每次错误扣2分		
	滚削圆柱变位齿轮精度达到9级	5	每次错误扣1分		
	滚削斜齿变位齿轮精度达到9级	5	每次错误扣1分		
精度检验（其他项）	测量圆柱齿轮公法线长度	5	每次错误扣2分，测量错误不得分		
	测量圆柱齿轮跨棒距	5			
	能测量圆柱齿轮的齿厚	4	每次错误扣1分		
	游标卡尺测量外径	5	每次错误扣1分		
	游标卡尺测量内径及长度	5	每次错误扣1分		
质量、安全、工艺纪律、文明生产等综合考核项目	考核时限	不限	每超时5分钟，扣10分		
	工艺纪律	不限	依据企业有关工艺纪律规定执行，每违反一次扣10分		
	劳动保护	不限	依据企业有关劳动保护管理规定执行，每违反一次扣10分		
	文明生产	不限	依据企业有关文明生产管理定执行，每违反一次扣10分		
	安全生产	不限	依据企业有关安全生产管理规定执行，每违反一次扣10分		

职业技能鉴定技能考核制件(内容)分析

职业名称	制齿工
考核等级	初级工
试题名称	变速箱齿轮滚齿
职业标准依据	国家职业标准

试题中鉴定项目及鉴定要素的分析与确定

分析事项 \ 鉴定项目分类	基本技能“D”	专业技能“E”	相关技能“F”	合计	数量与占比说明
鉴定项目总数	1	1	1	3	按照《国家职业标准》规定，在“滚齿”、“插齿”、“剃齿、珩齿”、“铣(刨)齿”和“齿轮倒角和倒棱”5项鉴定职业功能任选其一进行考核
选取的鉴定项目数量	1	1	1	3	
选取的鉴定项目数量占比(%)	100	100	100	100	
对应选取鉴定项目所包含的鉴定要素总数	3	10	4	17	
选取的鉴定要素数量	2	6	3	11	
选取的鉴定要素数量占比(%)	66.6	60	75	64.7	

所选取鉴定项目及相应鉴定要素分解与说明

鉴定项目类别	鉴定项目名称	国家职业标准规定比重(%)	框架中鉴定要素名称	本命题中具体鉴定要素分解	配分	评分标准	考核难点说明
“D”	识图与识读工艺文件	20	能读懂零件图中的材料、加工参数、尺寸公差及技术要求	零件图材料	2.5	每处错误扣0.5分	
				加工参数	2.5	每处错误扣0.5分	
				尺寸公差	2.5	每处错误扣0.5分	
				技术要求	2.5	每处错误扣0.5分	
			能读懂齿轮零件的工艺规程	齿轮零件	5	每处错误扣1分	
				工艺规程	5	每处错误扣1分	
“E”	滚齿	70	能选择滚齿加工切削量	切削量	5	每次错误扣1分	难点
				切削速度	5	每次错误扣1分	难点
			能应用逆铣法和顺铣法滚削圆柱直齿齿轮和斜齿齿轮	逆袭法	2.5	错误操作不得分	
				顺铣法	2.5	错误操作不得分	
				圆柱齿轮	2.5	每次错误扣0.5分	
				斜齿轮	2.5	每次错误扣0.5分	
			能使用滚齿机的通用夹具和专用夹具装夹工件	通用夹具装夹工件	5	每次错误扣1分	
				专用夹具装夹工件	5	每次错误扣1分	难点
			能用百分表找正工件外圆和端面跳动	百分表找外圆	5	每次错误扣1分	难点
				百分表找端面	5	每次错误扣1分	难点
			能根据所加工齿轮零件的参数选用齿轮刀具	齿轮刀具	10	每次错误扣2分	难点
			能滚削圆柱直齿和斜齿变位齿轮，加工零件的精度达到9级	滚削圆柱变位齿轮精度达到9级	5	每次错误扣1分	难点
				滚削斜齿变位齿轮精度达到9级	5	每次错误扣1分	难点

续上表

鉴定项目类别	鉴定项目名称	国家职业标准规定比重(%)	框架中鉴定要素名称	本命题中具体鉴定要素分解	配分	评分标准	考核难点说明
“F”	精度检验(其他项)	20	能测量圆柱齿轮的公法线或跨棒距	测量圆柱齿轮公法线长度	4	每次错误扣2分，测量错误不得分	
				测量圆柱齿轮跨棒距	4		
			能测量圆柱齿轮的齿厚	能测量圆柱齿轮的齿厚	4	每次错误扣1分	
			能使用游标卡尺测量齿轮的外径、内径及长度	游标卡尺测量外径	4	每次错误扣1分	
				游标卡尺测量内径及长度	4	每次错误扣1分	
质量、安全、工艺纪律、文明生产等综合考核项目				考核时限	不限	每超时5分钟，扣10分	
				工艺纪律	不限	依据企业有关工艺纪律规定执行，每违反一次扣10分	
				劳动保护	不限	依据企业有关劳动保护管理规定执行，每违反一次扣10分	
				文明生产	不限	依据企业有关文明生产管理定执行，每违反一次扣10分	
				安全生产	不限	依据企业有关安全生产管理规定执行，每违反一次扣10分	

制齿工(中级工)技能操作考核框架

一、框架说明

1. 依据《国家职业标准》[注]，以及中国北车确定的“岗位个性服从于职业共性”的原则，提出制齿工(中级工)技能操作考核框架(以下简称:技能考核框架)。

2. 本职业等级技能操作考核评分采用百分制。即:满分为 100 分,60 分为及格,低于 60 分为不及格。

3. 实施“技能考核框架”时,考核制件(活动)命题可以选用本企业的加工件(活动项目),也可以结合实际另外组织命题。

4. 实施“技能考核框架”时,考核的时间和场地条件等应依据《国家职业标准》,并结合企业实际确定。

5. 实施“技能考核框架”时,其“鉴定项目”的分类按以下要求确定:

(1)“工件加工”属于本职业等级技能操作的核心职业活动,其“项目代码”为“E”。

(2)“识读与制定加工工艺”与“识图”、“ 精度检验及误差分析”属于本职业等级技能操作的辅助性活动,其“项目代码”分别为“D”和“F”。

6. 实施“技能考核框架”时,其“鉴定项目”和“选考数量”按以下要求确定:

(1)按照《国家职业标准》有关技能操作鉴定比重的要求,本职业等级技能操作考核制件的“鉴定项目”应按“D”+“E”+“F”组合,其考核配分比例相应为:其中普通类“D”占 20 分,“E”占 70 分,“F”占 10 分;数控类“D”占 35 分,“E”占 60 分,“F”占 5 分。

(2)按照《国家职业标准》有关技能操作鉴定比重的要求,本职业中级考核等级应在“普通齿轮机床”和“数控齿轮机床”中任选其一进行考核。

(3)依据中国北车确定的核心职业活动选取 2/3,并向上取整”的规定,以及上述“第 6 条(2)”要求,在所选“E”类鉴定项目中的全部 1 项中,选择 1 项。

(4)依据中国北车确定的“确定‘选考数量’时,所涉及‘鉴定要素’的数量占比,应不低于对应‘鉴定项目’范围内‘鉴定要素’总数的 60%,并向上取整”的规定,考核制件的鉴定要素“选考数量”应按以下要求确定:

①在“D”类“鉴定项目”中,在已选定的 2 个鉴定项目所包含的全部鉴定要素中,至少选取已选鉴定项目所对应的全部鉴定要素的 60%项,并向上保留整数。

②在“E”类“鉴定项目”中,在已选的 1 个鉴定项目所包含的全部鉴定要素中,至少选取总数的 60%项,并向上保留整数。

③在“F”类“鉴定项目”中,在已选的 1 个鉴定项目所包含的全部鉴定要素中,至少选取总数的 60%项,并向上保留整数。

举例分析:

当确定职业功能普通滚齿后,按照上述“第 6 条”要求,若命题时按最少数量选取,即:在

"D"类鉴定项目中选取了"识读与制定加工工艺"与"识图",在"E"类鉴定项目中选取了"工件加工",在"F"类鉴定项目中选取了" 精度检验及误差分析",则:

此考核制件所涉及的"鉴定项目"总数为 4 项,具体包括:"识读与制定加工工艺"、"识图"、"工件加工"、" 精度检验及误差分析";

此考核制件所涉及的鉴定要素"选考数量"相应为 17 项,具体包括:"识读与制定加工工艺"鉴定项目包含的全部 9 个鉴定要素中的 5 项,"识图"鉴定项目包含的全部 7 个鉴定要素中的 5 项,"工件加工"鉴定项目包括的 8 个鉴定要素中的 5 项," 精度检验及误差分析"鉴定项目包含的全部 3 个鉴定要素中的 2 项。

7. 本职业等级技能操作需要两人及以上共同作业的,可由鉴定组织机构根据"必要、辅助"的原则,结合实际情况确定协助人员的数量。在整个操作过程中,协助人员只能起必要、简单的辅助作用。否则,每违反一次,至少扣减应考者的技能考核总成绩 10 分,直至取消其考试资格。

8. 实施"技能考核框架"时,应同时对应考者在质量、安全、工艺纪律、文明生产等方面行为进行考核。对于在技能操作考核过程中出现的违章作业现象,每违反一项(次)至少扣减技能考核总成绩 10 分,直至取消其考试资格。

注:按照中国北车规定,各《职业技能操作考核框架》的编制依据现行的《国家职业标准》或现行的《行业职业标准》或现行的《中国北车职业标准》的顺序执行。

二、制齿工(中级工)技能操作鉴定要素细目表

职业功能	鉴定项目					鉴定要素		
	项目代码	名称		鉴定比重(%)	选考方式	要素代码	名称	重要程度
加工准备	D	识图		10	必选	001	能读懂斜齿轮等零件图	X
						002	能读懂倒锥齿轮等零件图	X
						003	能读懂多联齿轮等零件图	X
						004	能读懂部件装配图	X
						005	能读懂齿轮箱体零件图	X
						006	能读懂圆柱齿轮等零件图	X
						007	能读懂斜齿轮等零件图	X
		识读与制定加工工艺	普通齿轮机床	10		001	能读懂斜齿轮工艺规程	X
						002	能读懂倒锥齿轮工艺规程	X
						003	能读懂多联齿轮工艺规程	X
						004	能制定斜齿轮切齿操作步骤	X
						005	能制定多联齿轮切齿操作步骤	X
						006	能读懂圆柱齿轮工艺规程	X
						007	能读懂锥齿轮工艺规程	X
						008	能制定圆柱齿轮的切齿操作步骤	X
						009	能制定锥齿轮的切齿操作步骤	X

续上表

职业功能	鉴定项目			鉴定比重(%)	选考方式	鉴定要素		
	项目代码	名称				要素代码	名称	重要程度
加工准备	D	识读与制定加工工艺	数控齿轮机床	25	必选	001	能确定齿轮加工工步顺序	X
						002	能确定齿轮加工工步内容	X
						003	能确定齿轮加工切削参数	X
						004	能读懂直齿轮数控加工程序	X
						005	能读懂斜齿轮数控加工程序	X
						006	能读懂多联齿轮数控加工程序	X
						007	能读懂锥齿轮的数控加工程序	X
工件加工	E	滚齿、插齿及剃齿		其中普通分值为70分，数控分值为60分	任选一项	001	在齿轮机床上能用夹具装夹斜齿、锥齿等形状较复杂的齿轮工件	X
						002	能根据图纸要求选择齿轮刀具	X
						003	能判定齿轮加工刀具的磨损极限	X
						004	能在加工前对齿轮机床的机、电、气、液系统进行常规检查	X
						005	能发现齿轮机床的故障	X
						006	能调整滚齿机加工大质数齿轮、少齿数圆柱齿轮、细长轴齿轮及大直径薄壁齿圈等	X
						007	能调整插齿机加工多联齿轮、倒锥齿轮及内齿圈	X
						008	能调整剃齿机加工双联齿轮、斜齿轮、细长轴齿轮等	X
		铣齿	共同部分	其中普通分值为70分，数控分值为60分		001	能在齿轮机床上用万能夹具装夹形状较复杂的锥齿轮工件	X
						002	能根据图纸要求选择齿轮刀具	X
						003	能判定齿轮加工刀具的磨损极限	X
						004	能在加工前对齿轮机床的机、电、气、液系统进行常规检查	Y
						005	能发现齿轮机床的故障	Y
			普通齿轮机床			001	能操作弧齿锥齿轮铣齿机，加工齿轮精度等级达到8级	X
						002	能调整直齿锥齿轮机床，加工直齿锥齿轮，要求精度等级达到8级，在齿长、齿高的接触区都达到工艺要求	X
			数控齿轮机床			001	能手工输入程序	X
						002	能使用程序自动输入装置	X
						003	能进行试切对刀和建立工件坐标系	X
						004	能使用各种机内对刀仪对刀	X
						005	能修正刀补	X
						006	能在数控齿轮机床上加工齿轮，加工精度达到7级	X
						007	能使用程序试运行，程序分段运行及自动运行等切削运行方式	X

续上表

职业功能	鉴定项目					鉴定要素		
	项目代码	名称		鉴定比重(%)	选考方式	要素代码	名称	重要程度
工件加工	E	磨齿	共同部分	其中普通分值为70分，数控分值为60分	任选一项	001	能在齿轮机床上用夹具装夹斜齿、锥齿等形状较复杂的齿轮工件	X
						002	能根据图纸要求选择齿轮刀具	X
						003	能判定齿轮加工刀具的磨损极限	X
						004	能在加工前对齿轮机床的机、点、气、液系统进行常规检查	Y
						005	能发现齿轮机床的故障	Y
			普通齿轮机床			001	能操作磨齿机(如蜗杆砂轮磨齿机、弧齿锥齿轮磨齿机等)，加工各种机构的齿轮	X
						002	齿轮加工精度达到7级	X
			数控齿轮机床			001	能手工输入程序	X
						002	能使用程序自动输入装置	X
						003	能进行试切对刀和建立工件坐标系	X
						004	能使用各种机内自动对刀仪对刀	X
						005	能修正刀补	X
						006	能使用程序试运行、程序分段运行及自动运行等切削运行方式	X
						007	能用数控齿轮机床加工齿轮，加工精度等级达到7级	X
精度检验及误差分析	F	精度检验及误差分析		其中普通分值为10分，数控分值为5分	必选	001	能用径向跳动检查仪测量齿轮的齿圈径向跳动	X
						002	能分析并找出机床产生齿轮齿圈径向跳动的主要原因	X
						003	能选择齿轮的测量基准、测量位置和检验心轴	X

注："鉴定项目"栏内未标注"普通"或"数控"的均为两者通用。

制齿工(中级工)技能操作考核样题与分析

职业名称：________________

考核等级：________________

存档编号：________________

考核站名称：________________

鉴定责任人：________________

命题责任人：________________

主管负责人：________________

中国北车股份有限公司劳动工资部制

职业技能鉴定技能操作考核制件图示或内容

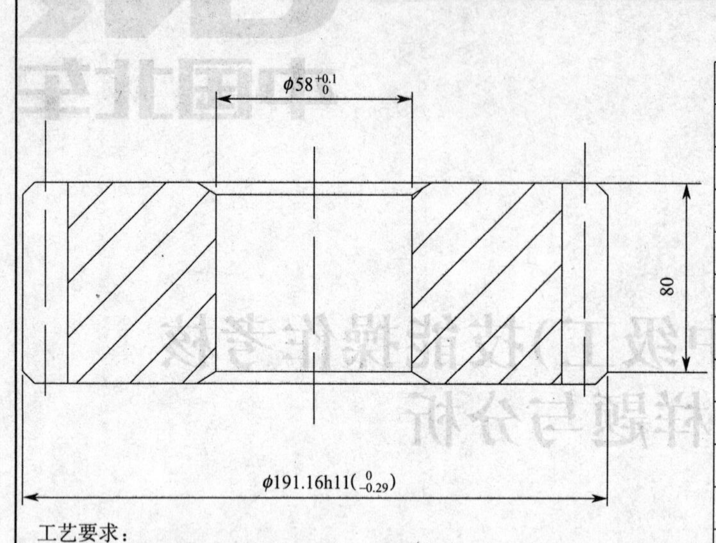

变速箱齿轮滚齿操作试题		
模　数	m	5
齿　数	Z	35
压力角	α	20°
齿顶系数	h_a^*	1.0
顶隙系数	c^*	0.25
螺旋角	β	0°
旋向		右旋
材料		42CrMo
变位系数	X	0
齿　高	h	11.25
公法线平均长度及上下偏差	$W_k{}^{E_{wms}}_{E_{wmi}}$	$69.6^{0}_{-0.07}$
跨齿数	K	5
精度等级	8　GB 10095.1—2001	

工艺要求：

1. 装夹工件前清洁工件表面及工装夹具表面；
2. 夹具定位面跳动小于等于 0.01 mm；
3. 装夹工件以外圆找正不大于 0.05 mm，以端面找正不大于 0.03 mm。

备注：本图只为考试应用，取自于工艺文件中滚齿工序（留磨量），并非成品图纸。

职业名称	制齿工
考核等级	中级工
试题名称	变速箱齿轮滚齿
材质等信息：42CrMo	

职业技能鉴定技能操作考核准备单

职业名称	制齿工
考核等级	中级工
试题名称	变速箱齿轮滚齿

一、材料准备

1. 材料规格

2. 坯件尺寸

3. ……

二、设备、工、量、卡具准备清单

序号	名称	规格	数量	备注
1	普通滚齿机	Y3180H	1	根据各单位实际情况
2	游标卡尺	0～125 mm	1	根据各单位实际产品
3	滚刀	$M=7,\alpha=20°$,标准刀	1	根据各单位实际产品
4	芯轴	J6-J1-11-2/0	1	根据各单位实际工装

三、考场准备

1. 相应的公用设备、设备与器具的润滑与冷却等。

2. 相应的场地及安全防范措施。

3. 其他准备。

四、考核内容及要求

1. 考核内容(按考核制件图示及要求制作)。

2. 考核时限:不少于 300 分钟。

3. 操作者应遵守质量、安全、工艺纪律,文明生产要求。对于在技能操作考核过程中出现的违章作业现象,每违反一项(次)至少扣减技能考核总成绩 10 分,直至取消其考试资格;

4. 考核评分(表):

职业名称	制齿工	考核等级	中级工		
试题名称	变速箱齿轮滚齿	考核时限	300 分钟		
鉴定项目	考核内容	配分	评分标准	扣分说明	得分
识图	斜齿轮	1	每处错误扣 0.5 分		
	零件图	1	每处错误扣 0.5 分		
	倒锥齿轮	1	每处错误扣 0.5 分		
	零件图	1	每处错误扣 0.5 分		
	多联齿轮零件图	2	每处错误扣 0.5 分		
	部件零件图	1	每处错误扣 0.5 分		
	装配图	1	每处错误扣 0.5 分		
	齿轮箱体	1	每处错误扣 0.5 分		
	零件图	1	每处错误扣 0.5 分		

续上表

鉴定项目	考核内容	配分	评分标准	扣分说明	得分
识图与识读工艺文件	斜齿轮	1	每处错误扣 0.5 分		
	工艺规程	1	每处错误扣 0.5 分		
	倒锥齿轮	1	每处错误扣 0.5 分		
	工艺规程	1	每处错误扣 0.5 分		
	锥齿轮	1	每处错误扣 0.5 分		
	工艺规程	1	每处错误扣 0.5 分		
	多联齿轮	1	每处错误扣 0.5 分		
	操作步骤	1	每处错误扣 0.5 分		
	斜齿轮	1	每处错误扣 0.5 分		
	操作步骤	1	每处错误扣 0.5 分		
	能在普通滚齿机上装夹工装夹具	3	每次操作错误扣 1 分		
	能通过工装夹具装夹斜齿轮	3	每次操作错误扣 1 分		
	能通过工装夹具装夹锥齿轮	3	每次操作错误扣 1 分		
	能通过工装夹具装夹形状较复杂的齿轮工件	3	每次操作错误扣 1 分		
	能理解分析图纸齿轮的设计结构	3	每次错误扣 1 分		
	能抓住齿轮的主要参数	3	每次错误扣 1 分		
	能根据图纸要求选择滚齿刀具的参数	3	每次错误扣 1 分		
	能根据相关参数选择正确的齿轮刀具	3	每次错误扣 2 分		
	能在加工前对齿轮机床的机械系统进行常规检查	3	检查遗漏每次扣 1 分		
	能在加工前对齿轮机床的电力系统进行常规检查	3	检查遗漏每次扣 1 分		
	能在加工前对齿轮机床的气压系统进行常规检查	3	检查遗漏每次扣 1 分		
	能在加工前对齿轮机床的液压系统进行常规检查	3	检查遗漏每次扣 1 分		
	能调整滚齿机加工大质数齿轮	6	每次操作错误扣 1 分		
	能调整滚齿机加工少齿数圆柱齿轮	6	每次操作错误扣 1 分		
	能调整滚齿机加工细长轴齿轮	6	每次操作错误扣 1 分		
	能调整滚齿机加工大直径薄壁齿圈	6	每次操作错误扣 1 分		
	设备故障	10	判断错误一处扣 2 分		
精度检验及误差分析	径向跳动	5	错误不得分		
	分析并找出径向跳动原因	5	错误不得分		

续上表

鉴定项目	考核内容	配分	评分标准	扣分说明	得分
质量、安全、工艺纪律、文明生产等综合考核项目	考核时限	不限	每超时5分钟,扣10分		
	工艺纪律	不限	依据企业有关工艺纪律规定执行,每违反一次扣10分		
	劳动保护	不限	依据企业有关劳动保护管理规定执行,每违反一次扣10分		
	文明生产	不限	依据企业有关文明生产管理定执行,每违反一次扣10分		
	安全生产	不限	依据企业有关安全生产管理规定执行,每违反一次扣10分		

职业技能鉴定技能考核制件(内容)分析

职业名称	制齿工
考核等级	中级工
试题名称	变速箱齿轮滚齿
职业标准依据	国家职业标准

试题中鉴定项目及鉴定要素的分析与确定

鉴定项目分类 分析事项	基本技能“D”	专业技能“E”	相关技能“F”	合计	数量与占比说明
鉴定项目总数	2	3	1	6	按照《国家职业标准》有关技能操作鉴定比重的要求，本职业中级考核等级应在“普通齿轮机床”和“数控齿轮机床”中任选其一进行考核
选取的鉴定项目数量	2	1	1	4	
选取的鉴定项目数量占比(%)	100	33.3	100	66.67	
对应选取鉴定项目所包含的鉴定要素总数	16	8	3	27	
选取的鉴定要素数量	10	5	2	17	
选取的鉴定要素数量占比(%)	62.5	62.5	66.6	62.9	

所选取鉴定项目及相应鉴定要素分解与说明

鉴定项目类别	鉴定项目名称	国家职业标准规定比重(%)	《框架》中鉴定要素名称	本命题中具体鉴定要素分解	配分	评分标准	考核难点说明
“D”	识图	10	能读懂斜齿轮等零件图	斜齿轮	1	每处错误扣0.5分	
				零件图	1	每处错误扣0.5分	
			能读懂倒锥齿轮等零件图	倒锥齿轮	1	每处错误扣0.5分	难点
				零件图	1	每处错误扣0.5分	
			能读懂多联齿轮等零件图	多联齿轮零件图	2	每处错误扣0.5分	难点
			能读懂部件装配图	部件零件图	1	每处错误扣0.5分	
				装配图	1	每处错误扣0.5分	
			能读懂齿轮箱体零件图	齿轮箱体	1	每处错误扣0.5分	
				零件图	1	每处错误扣0.5分	
	识图与识读工艺文件	10	能读懂斜齿轮工艺规程	斜齿轮	1	每处错误扣0.5分	
				工艺规程	1	每处错误扣0.5分	
			能读懂倒锥齿轮工艺规程	倒锥齿轮	1	每处错误扣0.5分	难点
				工艺规程	1	每处错误扣0.5分	
			能读懂锥齿轮工艺规程	锥齿轮	1	每处错误扣0.5分	
				工艺规程	1	每处错误扣0.5分	
			能制定多联齿轮切齿操作步骤	多联齿轮	1	每处错误扣0.5分	
				操作步骤	1	每处错误扣0.5分	难点
			能制定斜齿轮切齿操作步骤	斜齿轮	1	每处错误扣0.5分	
				操作步骤	1	每处错误扣0.5分	

续上表

鉴定项目类别	鉴定项目名称	国家职业标准规定比重(%)	《框架》中鉴定要素名称	本命题中具体鉴定要素分解	配分	评分标准	考核难点说明
"E"	滚齿	70	在齿轮机床上能用夹具装夹斜齿、锥齿等形状较复杂的齿轮工件	能在普通滚齿机上装夹工装夹具	3	每次操作错误扣1分	
				能通过工装夹具装夹斜齿轮	3	每次操作错误扣1分	
				能通过工装夹具装夹锥齿轮	3	每次操作错误扣1分	
				能通过工装夹具装夹形状较复杂的齿轮工件	3	每次操作错误扣1分	难点
			能根据图纸要求选择齿轮刀具	能理解分析图纸齿轮的设计结构	3	每次错误扣1分	
				能抓住齿轮的主要参数	3	每次错误扣1分	
				能根据图纸要求选择滚齿刀具的参数	3	每次错误扣1分	
				能根据相关参数选择正确的齿轮刀具	3	每次错误扣2分	难点
			能在加工前对齿轮机床的机、电、气、液系统进行常规检查	能在加工前对齿轮机床的机械系统进行常规检查	3	检查遗漏每次扣1分	
				能在加工前对齿轮机床的电力系统进行常规检查	3	检查遗漏每次扣1分	
				能在加工前对齿轮机床的气压系统进行常规检查	3	检查遗漏每次扣1分	
				能在加工前对齿轮机床的液压系统进行常规检查	3	检查遗漏每次扣1分	
			能调整滚齿机加工大质数齿轮、少齿数圆柱齿轮、细长轴齿轮及大直径薄壁齿圈等	能调整滚齿机加工大质数齿轮	6	每次操作错误扣1分	难点
				能调整滚齿机加工少齿数圆柱齿轮	6	每次操作错误扣1分	
				能调整滚齿机加工细长轴齿轮	6	每次操作错误扣1分	
				能调整滚齿机加工大直径薄壁齿圈	6	每次操作错误扣1分	
			能发现齿轮机床的故障	设备故障	10	判断错误一处扣2分	
"F"	精度检验及误差分析	10	能用径向跳动检查仪测量齿轮的齿圈径向跳动	径向跳动	5	错误不得分	
			能分析并找出机床产生齿轮齿圈径向跳动的主要原因	分析并找出径向跳动原因	5	错误不得分	难点

续上表

鉴定项目类别	鉴定项目名称	国家职业标准规定比重(%)	《框架》中鉴定要素名称	本命题中具体鉴定要素分解	配分	评分标准	考核难点说明
质量、安全、工艺纪律、文明生产等综合考核项目				考核时限	不限	每超时5分钟,扣10分	
				工艺纪律	不限	依据企业有关工艺纪律规定执行,每违反一次扣10分	
				劳动保护	不限	依据企业有关劳动保护管理规定执行,每违反一次扣10分	
				文明生产	不限	依据企业有关文明生产管理规定执行,每违反一次扣10分	
				安全生产	不限	依据企业有关安全生产管理规定执行,每违反一次扣10分	

制齿工(高级工)技能操作考核框架

一、框架说明

1. 依据《国家职业标准》注，以及中国北车确定的“岗位个性服从于职业共性”的原则，提出制齿工(高级工)技能操作考核框架(以下简称：技能考核框架)。

2. 本职业等级技能操作考核评分采用百分制。即：满分为100分，60分为及格，低于60分为不及格。

3. 实施“技能考核框架”时，考核制件(活动)命题可以选用本企业的加工件(活动项目)，也可以结合实际另外组织命题。

4. 实施“技能考核框架”时，考核的时间和场地条件等应依据《国家职业标准》，并结合企业实际确定。

5. 实施“技能考核框架”时，其“鉴定项目”的分类按以下要求确定：

(1)“工件加工”属于本职业等级技能操作的核心职业活动，其“项目代码”为“E”。

(2)“制定加工工艺”与“绘图”、“ 精度检验及误差分析”属于本职业等级技能操作的辅助性活动，其“项目代码”分别为“D”和“F”。

6. 实施“技能考核框架”时，其“鉴定项目”和“选考数量”按以下要求确定：

(1)按照《国家职业标准》有关技能操作鉴定比重的要求，本职业等级技能操作考核制件的“鉴定项目”应按“D”+“E”+“F”组合，其考核配分比例相应为：其中普通类“D”占20分，“E”占65分，“F”占15分；数控类“D”占30分，“E”占60分，“F”占10分。

(2)按照《国家职业标准》有关技能操作鉴定比重的要求，本职业高级考核等级应在“普通齿轮机床”和“数控齿轮机床”中任选其一进行考核。

(3)依据中国北车确定的核心职业活动选取2/3，并向上取整”的规定，以及上述“第6条(2)”要求，在所选“E”类鉴定项目中的全部1项中，选择1项。

(4)依据中国北车确定的“确定‘选考数量’时，所涉及‘鉴定要素’的数量占比，应不低于对应‘鉴定项目’范围内‘鉴定要素’总数的60%，并向上取整”的规定，考核制件的鉴定要素“选考数量”应按以下要求确定：

①在“D”类“鉴定项目”中，在已选定的2个鉴定项目所包含的全部鉴定要素中，至少选取已选鉴定项目所对应的全部鉴定要素的60%项，并向上保留整数。

②在“E”类“鉴定项目”中，在已选的1个或全部鉴定项目所包含的全部鉴定要素中，至少选取总数的60%项，并向上保留整数。

③在“F”类“鉴定项目”中，在已选的1个或全部鉴定项目所包含的全部鉴定要素中，至少选取总数的60%项，并向上保留整数。

举例分析：

当确定职业功能普通磨齿后，按照上述“第6条”要求，若命题时按最少数量选取，即：在

“D”类鉴定项目中选取了“制定加工工艺”与“绘图”，在“E”类鉴定项目中选取了“磨齿”，在“F”类鉴定项目中选取了“ 精度检验及误差分析”，则：

此考核制件所涉及的“鉴定项目”总数为4项，具体包括：“制定加工工艺”、“绘图”、“磨齿”、“ 精度检验及误差分析”；

此考核制件所涉及的鉴定要素“选考数量”相应为12项，具体包括：“制定加工工艺”鉴定项目包含的全部8个鉴定要素中的5项，“绘图”鉴定项目包含的全部5个鉴定要素中的3项，“磨齿”鉴定项目包括的9个鉴定要素中的6项，“ 精度检验及误差分析”鉴定项目包含的全部2个鉴定要素中的2项。

7. 本职业等级技能操作需要两人及以上共同作业的，可由鉴定组织机构根据“必要、辅助”的原则，结合实际情况确定协助人员的数量。在整个操作过程中，协助人员只能起必要、简单的辅助作用。否则，每违反一次，至少扣减应考者的技能考核总成绩10分，直至取消其考试资格。

8. 实施“技能考核框架”时，应同时对应考者在质量、安全、工艺纪律、文明生产等方面行为进行考核。对于在技能操作考核过程中出现的违章作业现象，每违反一项(次)至少扣减技能考核总成绩10分，直至取消其考试资格。

注：按照中国北车规定，各《职业技能操作考核框架》的编制依据现行的《国家职业标准》或现行的《行业职业标准》或现行的《中国北车职业标准》的顺序执行。

二、制齿工(高级工)技能操作鉴定要素细目表

职业功能	鉴定项目					鉴定要素		
	项目代码	名称		鉴定比重(%)	选考方式	要素代码	名称	重要程度
加工准备	D	绘图		10	必选	001	能绘制圆柱齿轮等零件草图	Y
						002	能绘制锥齿轮等零件草图	Y
						003	能绘制蜗轮等零件草图	Y
						004	能绘制蜗杆等零件草图	Y
						005	能绘制常用齿轮机床的工装夹具草图	Y
		制定加工工艺	普通齿轮机床	10		001	能制定圆柱齿轮等简单零件的加工工艺规程	X
						002	能制定加工圆柱齿轮的加工顺序	X
						003	能制定加工多联齿轮的加工顺序	X
						004	能制定加工蜗轮的加工顺序	X
						005	能制定加工锥齿轮的加工顺序	X
						006	能制定较简单零件的锥齿轮的加工工艺规程	Y
						007	能定制加工锥齿轮等精密零件的加工顺序	X
						008	能定制加工圆柱齿轮等精密零件的加工顺序	X
			数控齿轮机床	20		001	能编制圆柱齿轮等零件的加工工艺	X
						002	能编制圆柱齿轮等零件的加工程序	X
						003	能编制锥齿轮等零件的加工工艺	X
						004	能编制锥齿轮等零件的加工程序	X
						005	能编制多联齿轮的加工工艺	X
						006	能编制多联齿轮的加工程序	X

续上表

职业功能	鉴定项目					鉴定要素		
	项目代码	名称		鉴定比重(%)	选考方式	要素代码	名称	重要程度
工件加工	E	滚齿、插齿及剃齿	共同部分	其中普通分值为65分，数控分值为60分	任选一项	001	能选择齿轮机床通用夹具、组合夹具及调整专用夹具	X
						002	能根据图纸要求设计常见工装夹具	X
						003	能分析机床夹具的定位误差	X
						004	能根据齿轮材料、加工精度和工作效率的要求，选择齿轮刀具的形式、材质及几何参数	X
						005	能选择硬齿面齿形刀具	X
						006	能判断齿轮机床的常见机械故障	Y
		滚齿、插齿及剃齿	普通齿轮机床			001	能在滚齿机上调整加工高精度蜗轮	X
						002	能在滚齿机上滚切短齿齿轮	X
						003	能在滚齿机上调整加工锥度花键	X
						004	能在滚齿机上调整对角滚齿加工	X
						005	能进行滚吃调整的计算	X
						006	能在插齿机上调整加工斜齿轮	X
						007	能进行插齿调整计算	X
						008	能调整插床，加工内渐开线花键和矩形齿花键	X
						009	能在剃齿机上调整加工鼓形齿和小锥度齿，能进行剃齿调整计算	X
						010	能调整花键铣床，加工渐开线花键和矩形花键	X
			数控齿轮机床			001	能阅读各类报警信息	X
						002	能排除编程错误故障	X
						003	能排除超程故障	X
						004	能排除欠压故障	X
						005	能排除缺油故障	X
						006	能排除急停故障	X
						007	能在数控齿轮机上调整加工高精度的圆柱齿轮、特殊齿形齿轮和蜗轮，精度等级达到7级以上	X
						008	能完成数控齿轮机床定期及不定期维护保养	Y
		铣齿	共同部分	其中普通分值为65分，数控分值为60分		001	能选择齿轮机床通用夹具	X
						002	能选择齿轮机床组合夹具	X
						003	能调整专用夹具	X
						004	能根据图纸要求设计常见工装夹具	Y
						005	能分析机床夹具的定位误差	X
						006	能根据齿轮材料、加工精度和工作效率的要求，选择齿轮刀具的形式、材质及几何参数	X
						007	能判断齿轮机床的常见机械故障	Y

续上表

职业功能	鉴定项目					鉴定要素		
	项目代码	名称		鉴定比重(%)	选考方式	要素代码	名称	重要程度
工件加工	E	铣齿	普通齿轮机床	其中普通分值为65分,数控分值为60分	任选一项	001	能在弧齿轮加工机床上调整加工弧齿锥齿轮,达到8级精度,并符合图纸与工艺要求	X
			数控齿轮机床			001	能阅读各类报警信息	X
						002	能排除编程错误故障	X
						003	能排除超程故障	X
						004	能排除欠压故障	X
						005	能排除缺油故障	X
						006	能排除急停故障	X
						007	能在数控齿轮机床上调整加工高精度的弧齿锥齿轮,精度等级达到8级	X
		磨齿	共同部分	其中普通分值为65分,数控分值为60分		001	能选择齿轮机床通用夹具、组合夹具及调整专用夹具	X
						002	能根据图纸要求设计常见的工装夹具	X
						003	能分析机床夹具的定位误差	X
						004	能根据齿轮材料、加工精度和工作效率的要求,选择齿轮刀具的形式、材质及几何参数	X
						005	能选择砂轮的形式、材质和几何参数	X
						006	能判断齿轮机床的常见机械故障	Z
			普通齿轮机床			001	能调整操作蜗轮砂轮磨齿机等机床,磨制各种结构的齿形	X
						002	能调整操作弧齿锥齿轮磨齿机,磨制弧齿锥齿轮	X
						003	能磨制7级及以上精度等级的高精度齿轮	X
			数控齿轮机床			001	能完成数控齿轮机床定期及不定期维护保养	Y
						002	能阅读各类报警信息	X
						003	能排除编程错误故障	X
						004	能排除超程故障	X
						005	能排除欠压故障	X
						006	能排除缺油故障	X
						007	能排除急停故障	X
精度检验及误差分析	F	精度检验及误差分析		普通为15分,数控为10分	必选	001	能根据测量结果分析产生加工误差的原因	X
						002	能为新产品试验提供加工数据	X

注:“鉴定项目”栏内未标注“普通”或“数控”的均为两者通用。

制齿工(高级工)技能操作考核样题与分析

职业名称：________________

考核等级：________________

存档编号：________________

考核站名称：________________

鉴定责任人：________________

命题责任人：________________

主管负责人：________________

中国北车股份有限公司劳动工资部制

职业技能鉴定技能操作考核制件图示或内容

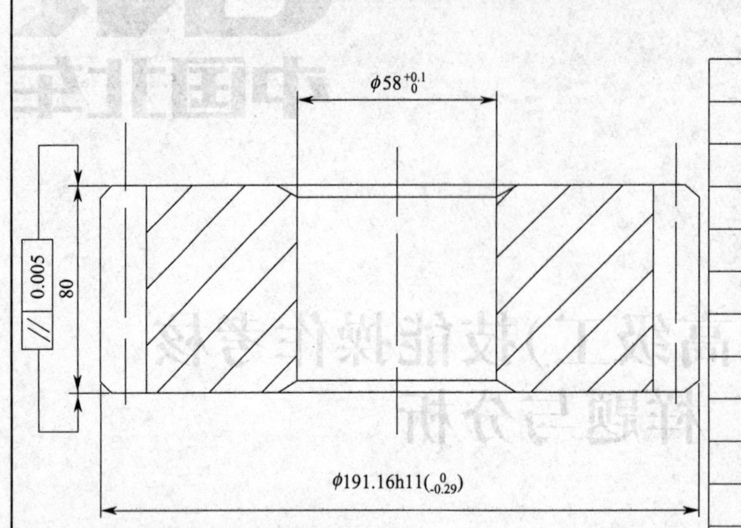

变速箱齿轮磨齿操作试题		
模　数	m	5
齿　数	Z	35
压力角	α	20°
齿顶系数	h_a^*	1.0
顶隙系数	c^*	0.25
螺旋角	β	0°
旋向		右旋
材料		42CrMo
变位系数	X	0
齿　高	h	11.25
公法线平均长度及上下偏差	$W_k\frac{E_{wms}}{E_{wmi}}$	$69.130^{-0.06}_{-0.12}$
跨齿数	K	5
精度等级	7　GB 10095.1—2001	

工艺要求：

1. 装夹工件前清洁工件表面及工装夹具表面；
2. 夹具定位面跳动小于等于 0.005 mm；
3. 装夹工件以外圆找正不大于 0.005 mm，以端面找正不大于 0.01 mm。

职业名称	制齿工
考核等级	高级工
试题名称	变速箱齿轮磨齿
材质等信息：42CrMo	

职业技能鉴定技能操作考核准备单

职业名称	制齿工
考核等级	高级工
试题名称	变速箱齿轮磨齿

一、材料准备

1. 材料规格。
2. 坯件尺寸。

二、设备、工、量、卡具准备清单

序号	名称	规格	数量	备注
1	普通磨齿机	H1000	1	根据各单位实际情况
2	公法线千分尺	50～75 mm	1	根据各单位实际产品
3	砂轮	双斜边砂轮 350×35×127 WA70-IVCF2	1	根据各单位实际产品
4	芯轴	J6-J7-11-2/0	1	根据各单位实际工装

三、考场准备

1. 相应的公用设备、设备与器具的润滑与冷却等。
2. 相应的场地及安全防范措施。
3. 其他准备。

四、考核内容及要求

1. 考核内容(按考核制件图示及要求制作)。
2. 考核时限:不少于 360 分钟。
3. 操作者应遵守质量、安全、工艺纪律,文明生产要求。对于在技能操作考核过程中出现的违章作业现象,每违反一项(次)至少扣减技能考核总成绩 10 分,直至取消其考试资格。
4. 考核评分(表):

职业名称	制齿工	考核等级	高级工		
试题名称	变速箱齿轮磨齿	考核时限	360 分钟		
鉴定项目	考核内容	配分	评分标准	扣分说明	得分
绘图	绘制草图	1	每处错误扣 0.5 分		
	圆柱齿轮	1	每处错误扣 0.5 分		
	绘制草图	1	每处错误扣 0.5 分		
	蜗轮	1	每处错误扣 0.5 分		
	绘制草图	1	每处错误扣 0.5 分		
	锥齿轮	1	每处错误扣 0.5 分		
	绘制草图	1	每处错误扣 0.5 分		
	蜗杆	1	每处错误扣 0.5 分		
	绘制常用齿轮夹具草图	2	每处错误扣 0.5 分		

续上表

鉴定项目	考核内容	配分	评分标准	扣分说明	得分
制定加工工艺	结构简单的圆柱齿轮	1.5	每处错误扣0.5分		
	定制工艺规程	1.5	每处错误扣0.5分		
	结构精密的圆柱齿轮	1.5	每处错误扣0.5分		
	定制加工顺序	2	每处错误扣0.5分		
	结构精密锥齿轮等零件	1.5	每处错误扣0.5分		
	定制相关产品加工顺序	2	每处错误扣0.5分		
工件加工	通用夹具的选择与调整	6.5	每次错误扣0.5		
	组合夹具的选择与调整	6.5	每次错误扣0.5		
	图纸要求	6.5	每处错误扣0.5分		
	工装夹具	6.5	每处错误扣0.5分		
	夹具的定位误差	6.5	每处错误扣0.5分		
	刀具形式	6.5	每处错误扣0.5分		
	刀具材质	6.5	每处错误扣0.5分		
	刀具几何参数	6.5	每处错误扣0.5分		
	机械故障	6.5	故障判断错误每处扣0.5		
	高精度齿轮	6.5	每处错误扣0.5		
精度检验	分析误差原因	7.5	遗漏每处扣0.5		
	加工数据	7.5	遗漏每处扣0.5		
安全、工艺纪律、文明	考核时限	不限	每超时5分钟，扣10分		
	工艺纪律	不限	依据企业有关工艺纪律规定执行，每违反一次扣10分		
质量、生产等综合考核项目	劳动保护	不限	依据企业有关劳动保护管理规定执行，每违反一次扣10分		
	文明生产	不限	依据企业有关文明生产管理定执行，每违反一次扣10分		
	安全生产	不限	依据企业有关安全生产管理规定执行，每违反一次扣10分		

职业技能鉴定技能考核制件(内容)分析

职业名称	制齿工
考核等级	高级工
试题名称	变速箱齿轮磨齿
职业标准依据	国家职业标准

试题中鉴定项目及鉴定要素的分析与确定

分析事项 \ 鉴定项目分类	基本技能“D”	专业技能“E”	相关技能“F”	合计	数量与占比说明
鉴定项目总数	2	1	1	4	按照《国家职业标准》有关技能操作鉴定比重的要求，本职业高级考核等级应在“普通齿轮机床”和“数控齿轮机床”中任选其一进行考核
选取的鉴定项目数量	2	1	1	4	
选取的鉴定项目数量占比(%)	100	100	100	100	
对应选取鉴定项目所包含的鉴定要素总数	13	9	2	24	
选取的鉴定要素数量	8	6	2	16	
选取的鉴定要素数量占比(%)	61.5	66.6	100	66.6	

所选取鉴定项目及相应鉴定要素分解与说明

鉴定项目类别	鉴定项目名称	国家职业标准规定比重(%)	《框架》中鉴定要素名称	本命题中具体鉴定要素分解	配分	评分标准	考核难点说明
“D”	绘图	10	能绘制圆柱齿轮零件草图	绘制草图	1	每处错误扣0.5分	
				圆柱齿轮	1	每处错误扣0.5分	
			能绘制蜗轮零件草图	绘制草图	1	每处错误扣0.5分	
				蜗轮	1	每处错误扣0.5分	
			能绘制锥齿轮零件草图	绘制草图	1	每处错误扣0.5分	
				锥齿轮	1	每处错误扣0.5分	
			能绘制蜗杆等零件草图	绘制草图	1	每处错误扣0.5分	
				蜗杆	1	每处错误扣0.5分	
			能绘制常用齿轮机床工装夹具草图	绘制常用齿轮夹具草图	2	每处错误扣0.5分	难点
	制定加工工艺	10	能定制圆柱齿轮等简单零件的加工工艺规程	结构简单的圆柱齿轮	1.5	每处错误扣0.5分	
				定制工艺规程	1.5	每处错误扣0.5分	
			能定制加工圆柱齿轮等精密零件的加工顺序	结构精密的圆柱齿轮	1.5	每处错误扣0.5分	
				定制加工顺序	2	每处错误扣0.5分	难点
			能定制加工锥齿轮等精密零件的加工顺序	结构精密锥齿轮等零件	1.5	每处错误扣0.5分	
				定制相关产品加工顺序	2	每处错误扣0.5分	难点

续上表

鉴定项目类别	鉴定项目名称	国家职业标准规定比重(%)	《框架》中鉴定要素名称	本命题中具体鉴定要素分解	配分	评分标准	考核难点说明
"E"	工件加工	65	能选择齿轮机床通用夹具、组合夹具及调整专用夹具	通用夹具的选择与调整	6.5	每次错误扣0.5	
				组合夹具的选择与调整	6.5	每次错误扣0.5	难点
			能根据图纸要求设计常见的工装夹具	图纸要求	6.5	每处错误扣0.5分	
				工装夹具	6.5	每处错误扣0.5分	
			能分析机床夹具的定位误差	夹具的定位误差	6.5	每处错误扣0.5分	难点
			能根据齿轮材料、加工精度和工作效率的要求，选择齿轮刀具的形式、材质及几何参数	刀具形式	6.5	每处错误扣0.5分	难点
				刀具材质	6.5	每处错误扣0.5分	
				刀具几何参数	6.5	每处错误扣0.5分	难点
			能判断齿轮机床的常见机械故障	机械故障	6.5	故障判断错误每处扣0.5	
			能磨制7级及以上精度等级的高精度齿轮	高精度齿轮	6.5	每处错误扣0.5	难点
"F"	精度检验及误差分析	15	能根据测量结果分析产生加工误差的原因	分析误差原因	7.5	遗漏每处扣0.5	难点
			能为新产品试验提供加工数据	加工数据	7.5	遗漏每处扣0.5	
质量、安全、工艺纪律、文明生产等综合考核项目				考核时限	不限	每超时5分钟，扣10分	
				工艺纪律	不限	依据企业有关工艺纪律规定执行，每违反一次扣10分	
				劳动保护	不限	依据企业有关劳动保护管理规定执行，每违反一次扣10分	
				文明生产	不限	依据企业有关文明生产管理定执行，每违反一次扣10分	
				安全生产	不限	依据企业有关安全生产管理规定执行，每违反一次扣10分	